电子电气信息类专业系列教材

<<<<

>>>>

裴晓芳 编著

电子工艺实训教程

江苏大学出版社
JIANGSU UNIVERSITY PRESS
镇 江

>>>>

图书在版编目(CIP)数据

电子工艺实训教程 / 裴晓芳编著. — 镇江 : 江苏大学出版社，2021.6(2025.7 重印)
ISBN 978-7-5684-1518-7

Ⅰ. ①电… Ⅱ. ①裴… Ⅲ. ①电子技术－高等学校－教材 Ⅳ. ①TN

中国版本图书馆 CIP 数据核字(2021)第 025978 号

内容简介

电子工艺实训是一门以实践为主、理论贯穿其中的课程，属于实践性环节的教学范畴。随着电子工业的飞速发展，电子工业的生产技术更新迭代，本科生有必要掌握一定的用电知识和电工操作技能，学会使用一些常用的电子测试工具及仪表并掌握电子元器件焊接工艺，完成电子产品的制作。

全书共 9 章，第 1 章介绍电子工艺实训中的安全用电知识，内容包括电流的伤害、触电急救知识和设备安全防护知识。第 2 章介绍常用电子测试仪器，使读者掌握常用的电子测试工具与仪表的使用。第 3 章介绍常用电子元器件的识别与检测，使读者掌握元器件的相关鉴别知识。第 4 章介绍 Protel 软件的使用方法，使读者能够利用软件设计原理图和 PCB 图，从而制作印制电路板。第 5 章介绍电子元器件的焊接工艺，以及简要概述 PCB 和 SMT 的生产工艺流程。第 6 章介绍电子设备的组装与调试，使读者熟悉电子产品的主要生产操作过程。第 7 章介绍电子产品技术文件和几个常用的电子工艺实训项目，帮助读者了解电子产品设计工艺文件，提高读者的电子工艺实践应用能力。

电子工艺实训教程
Dianzi Gongyi Shixun Jiaocheng

编　　著/裴晓芳
责任编辑/李菊萍
出版发行/江苏大学出版社
地　　址/江苏省镇江市京口区学府路 301 号(邮编：212013)
电　　话/0511-84446464(传真)
网　　址/http://press.ujs.edu.cn
排　　版/镇江市江东印刷有限责任公司
印　　刷/苏州盛世云印科技有限公司
开　　本/787 mm×1 092 mm　1/16
印　　张/15.25
字　　数/334 千字
版　　次/2021 年 6 月第 1 版
印　　次/2025 年 7 月第 3 次印刷
书　　号/ISBN 978-7-5684-1518-7
定　　价/50.00 元

前　言

本教材参照教育部高等学校教学指导委员会编写的《普通高等学校本科专业类教学质量国家标准》(高等教育出版社,2018),并结合电子工艺实践课程教学的基本要求进行编写。

电子工业的蓬勃发展已经成为推动社会信息化的重要力量。长期实践证明,半导体电子器件的发展、大规模集成电路的问世,以及许多电子设备的制造都离不开电子工艺技术的实施。这些伴随实践创造出来的电子技术及工艺,将电子工艺实训课程推向了新的高度。电子工艺实训课程是一门实践性非常强的学科,是工科类高校本科生的必修实践教学课程。本书内容注重加强培养本科生的实践能力、知识获得能力和提出问题的能力,能帮助读者更全面地掌握电子工艺知识。

本书的前三章主要是对电子工艺的安全用电知识、常用电子测试仪器、常用电子元器件进行介绍,以便读者掌握扎实的基础知识并了解安全用电的重要性;第四、五、六章对PCB绘图、实际元器件焊接和电子设备组装调试进行详细介绍;第七章给出了若干典型电子工艺实训项目,有助于提高读者的实践操作能力。

本书以实践为主,配合理论知识,内容翔实、实例丰富,可以作为高等院校电子信息类、电气类、自动化类、控制类、计算机类等专业相关课程的教材或参考书,也可作为相关工程技术人员的参考书。

本书的出版得到了2019年江苏高校一流专业(电子信息工程,No. 289)建设项目、2019年无锡市信息技术(物联网)扶持资金(第三批)扶持项目即高等院校物联网专业新设奖励项目(通信工程,No. D51)、2020年无锡信息产业(集成电路)扶持基金(高等学校集成电路专业新设奖励)项目(含电子信息工程、光电信息科学与工程、电子科学与技术专业)、南京信息工程大学滨江学院教学研究与改革项目(JGZDI201908)的大力支持。孙翔、范阳、丁洁参与资料收集,丁雯丽、王熙文参与图表修订,翟介新、仇李琦参与校对,在此表示衷心感谢!

由于作者水平有限,书中难免会有一些疏漏和不足之处,恳请读者提出宝贵意见。

编　者

2021.04

目　录

第 1 章

安全用电知识

1.1 电流对人体的伤害

电流对人体的直接伤害分为两种类型,即电伤和电击。

1. 电伤

电伤是指电流对人体外部造成的局部伤害,即电流的热效应、化学效应、机械效应对人体外部组织或器官造成的伤害。电伤主要有如下几种类型:

(1) 电烧伤。它一般有接触灼伤和电弧灼伤两种,接触灼伤多发生于高压触电事故;电弧灼伤多是由带负荷的拉合刀闸在带地线合闸时产生的强烈电弧引发。

(2) 皮肤金属化。它是因高温电弧使周围金属熔化、蒸发并飞溅渗透到皮肤表层所导致。

(3) 电烙印。它发生在人体与带电体有良好接触,但人体不被电击的情况下,在皮肤表面留下与接触带电体形状相似的肿块瘢痕。

2. 电击

电击是指电流流过人体内部造成人体内部器官的伤害。当电流流过人体内部时,会引起人体内部器官(如呼吸系统、血液循环系统、中枢神经等)发生生理或病理变化,导致人体工作机能紊乱,严重时会引发休克乃至死亡。大部分触电死亡事故都是电击造成的。

影响电击伤害的主要因素如下:

(1) 电流

当不同大小的电流流经人体时,通过的电流越大,人体的生理反应越明显。按电流通过人体时的生理机能反应大小和对人体的伤害程度,可以将电流分为以下三级:

感知电流:在一定概率下,通过人体能引起任何感觉的最小电流(有效值,下同)称为该概率下的感知电流。概率为 50% 时,成年男性平均感知电流约为 1.1 mA,成年女性约为 0.7 mA。

摆脱电流:在一定概率下,人触电后能自行摆脱带电体的最大电流称为该概率下的摆脱电流。概率为 50% 时,成年男性的摆脱电流约为 16 mA,成年女性约为 10.5 mA。

室颤电流：通过人体能引起心室发生纤维性颤动的最小电流称为室颤电流。室颤电流是短时间作用的最小致命电流。

（2）电流频率

电流通过人体脑部和心脏时最危险，20～80 Hz 的交流电对人体有危害，因为这一频率区间接近于人体心肌最高震颤频率，最容易引起心肌被动性震颤麻痹而导致心搏骤停。

（3）电流持续时间

电流对人体的伤害与流过人体的电流持续时间有着密切的关系。流经人体时，电流持续时间越长，其对应的室颤阈值越小，电流对人体的危害越大。一方面，电流持续时间越长，体内积累的外能量越多，人体电阻因出汗及电流对人体组织的电解作用而变小，从而加重伤害程度。另一方面，人的心脏每收缩或舒张一次，中间约有 0.1 s 的时间间隙，若电流在这一瞬间通过心脏，即使电流很小，也会引起心室颤动。一般认为，工频电流在 15～20 mA 以下及直流 50 mA 对人体是安全的，但如果持续时间很长，即使 8～10 mA 的电流也可能是致命的。

（4）人体电阻

人体触电，在接触电压一定时流过人体的电流由人体的电阻决定，电阻越小则电流越大，人体受到的伤害也越大。一般情况下，人体电阻可按 1000～2000 Ω 来考虑，在安全程度要求较高的场合，按 500 Ω 来考虑。

（5）电压

作用于人体的电压，对流过人体的电流大小有直接的影响。当人体电阻一定时，作用于人体的电压越高，流过人体的电流就越大，其危险性也越大。实际上，通过人体电流的大小并不与作用于人体的电压成正比，因为当作用于人体的电压升高时，人体电阻会下降，导致流过人体的电流迅速增加，对人体的伤害也就更加严重。

（6）电流路径

电流通过人体的路径不同，使人体出现的生理反应及对人体的伤害程度是不同的。电流通过人体头部会使人立即昏迷，严重时会使人死亡；电流通过脊髓，会使人肢体瘫痪；电流通过呼吸系统，会使人窒息死亡；电流通过中枢神经，会引起中枢神经系统的严重失调而导致死亡；电流通过心脏，会引起心室纤维性颤动，引发心脏停搏造成死亡。研究表明，电流通过人体的各种路径中，哪种电流路径通过心脏的电流分量大，其触电伤害程度就越大。

（7）电流种类及频率

电流种类不同，对人体的伤害程度也不一样。当电压在 250～300 V 以内，触及频率为 50 Hz 的交流电，比触及相同电压的直流电的危险性大 3～4 倍。不同频率的交流电对人体的影响也不相同。通常 50～60 Hz 的交流电对人体危害性最大，低于或高于此频率的交流电对人体的伤害程度显著减轻。但高频率的电流通常以电弧的形式出现，因此，还有灼伤人体的危险。频率在 20 kHz 以上的交流小电流对人体已无危害，所以在医学上用于理疗。

(8) 人体状态

电流对人体的作用与人的年龄、性别、身体及精神状态有很大关系。一般情况下，女性比男性对电流敏感，小孩比成人对电流敏感。在同等触电情况下，妇女和小孩更容易受到伤害。此外，患有心脏病、精神病、结核病、内分泌器官疾病或醉酒的人，因触电造成的伤害都将比正常人严重；相反，一个身体健康、经常从事体力劳动和体育锻炼的人，由触电引起的后果会相对轻一些。

此外，发生触电事故常常伴随高空摔跌，或由于其他原因所造成的纯机械性创伤，这虽与触电有关，但不属于电流对人体的直接伤害。

1.2 触电急救

1.2.1 触电方式

1. 直接触电

(1) 单相触电

人体的某一部分与电气设备的一相带电体及大地（或中性线）构成回路，当电流通过人体流过该回路时，即造成人体触电，称为单相触电。单相触电时，加在人体的电压为电源电压的相电压。对于中性点直接接地的电网及中性点不接地的低压电网都能发生单相触电，绝大多数的触电事故都属于这种形式。

(2) 两相触电

人体两个部位同时触及带电体的两根相线而发生的触电事故，称为两相触电。两相触电时，电流从一相经人体流入另一相导线，加在人体的电压是电源电压的线电压，因此两相触电的危险性比单相触电大。

2. 间接触电

(1) 跨步电压触电及接触电压触电

当电气设备发生接地故障时，电流由设备外壳经接地线、接地体流入大地，电流在接地点周围土壤中产生电压降，因此在以接地点为中心的圆形范围内形成电压分布区，越靠近接地点，电位越高。

跨步电压触电时，人的步距一般按 0.8 m 考虑，步距越大，离中心接地点越近，则跨步电压越大，触电的危险性也越高。跨步电压触电时，电流仅通过身体下半部，基本不通过人体的重要器官，故一般不会立即危及生命。但人体对触电的感觉相当敏感，当跨步电压较高时，流过双脚的电流较大，容易导致双脚肌肉强烈收缩，此时如果身体因重心不稳而跌倒，必将造成电流流过人体心脏等重要器官，从而引起严重的触电伤亡事故。当人体与接地点的距离超过 20 m 时,可认为跨步电压为零,不会发生触电危险。离接地点越近,步距越大,则跨步电压越大,触电的危险性也越大,因此,如果人不慎误入接地点附近,应双脚并拢或单脚跳出危险区域。

(2) 剩余电荷触电

当人体触及带有剩余电荷的设备时,带有电荷的设备对人体放电所造成的触电事故称为剩余电荷触电。例如,在检修中用绝缘电阻表(俗称“摇表”)测量停电后的并联电容器、电力电缆、电力变压器以及大容量的电动机等设备时,因检修前没有对其充分放电,可能造成剩余电荷触电。

1.2.2 触电现场的急救方法

现场急救的原则是迅速、就地、准确、坚持。国外一些统计资料指出,若触电者能在触电后 1 min 内得到救治,则 90% 会有良好的效果;若触电 12 min 后才得到救治,则救活的可能性很小。由此可见,触电急救的要点是动作迅速,救护得法,切不可惊慌失措、束手无策。

1. 尽快使触电者脱离电源

人在触电以后,可能由于痉挛或失去知觉等原因而紧抓带电体,不能自行摆脱电源。这时应使触电者尽快脱离电源。

(1) 低压触电事故中使触电者脱离电源的方法

① 如果触电地点附近有电源开关或插头,可立即断开开关或拔掉电源插头,切断电源。

② 如果电源开关远离触电地点,可用带有绝缘柄的电工钳或有干燥木柄的斧头分相切断电线;或将干木板等绝缘物插入触电者身下,以隔断电流。

③ 电线搭落在触电者身上或被其压在身下时,可用干燥的衣服、手套、绳索、木板、木棒等绝缘物作为工具,拉开触电者或挑开电线,使触电者脱离电源。

(2) 高压触电事故中使触电者脱离电源的方法

① 立即通知有关部门停电。

② 戴上绝缘手套,穿上绝缘靴,用相应电压等级的绝缘工具,拉开高压跌落式熔断器或高压断路器,断开开关。

③ 抛掷裸金属软导线,使线路短路,迫使继电保护装置启动,断开电源,但应保证抛掷的软导线不触及触电者和其他人。

(3) 使触电者脱离电源的注意事项

① 救护人员不可直接用手或其他金属及潮湿的物件作为救护工具,必须选用适当的绝缘工具且单手操作,以防止自身触电。

② 防止触电者脱离电源后可能造成的摔伤。

③ 如果触电事故发生在夜间,首先应该迅速解决临时照明问题,以便在切断电源后

进行抢救,同时应防止出现其他事故。

2. 现场救治

触电者脱离电源之后,应根据实际情况,采取正确的救护方法,迅速进行抢救。

① 如果触电者神智尚清醒但感觉头晕、心悸、出冷汗、恶心、呕吐等,应让其静卧休息,减轻心脏负担。

② 如果触电者神智有时清醒,有时昏迷,应使其静卧休息,密切注意其伤情变化,并立即通知医院做好抢救准备。

③ 如果触电者已失去知觉,但呼吸、心跳存在,应在请医生的同时,迅速解开触电者的衣领、裤带,使其平卧在阴凉通风的地方。如果出现痉挛、呼吸衰弱等症状,应立即进行人工呼吸,并送往医院救治。

④ 如果触电者呼吸停止,但心跳尚存,应立即对触电者进行人工呼吸。如果触电者心跳停止,呼吸尚存,则应采取胸外心脏挤压法进行抢救;如果触电者呼吸、心跳均已停止,则必须同时采用人工呼吸法和胸外心脏挤压法进行抢救。

1.3 电子设备使用中的安全防护

电子设备安全防护是指电子设备在生产和使用过程中,对有可能产生的安全隐患所采取的有效防护措施。

1. 防电击

防电击的措施包括:绝缘、接地、使用防护装置和设施;注意操作安全,接近带电线路时不穿松散衣服、不戴金属饰物;高压测量时,应遵守操作程序。

2. 防静电

静电危险在于电子设备所积蓄的静电荷放电。消除静电的基本原理是为彼此分离的电荷提供通路,使其无危害地中和。

(1) 消除静电的方法

常用的消除静电的方法有三种:

① 连接和接地:将两物体连接,使它们处于相同静电位,再将连接后的物体接地。

② 电离:带电物体无法接地时,设法使其周围的空气电离,形成导电通路,让静电对地放电。

③ 增湿:当湿度增加,非导电材料的表面电导也增加,积蓄的静电荷能迅速泄至大地。

(2) 半导体静电防护

使用金属氧化物半导体器件时,须遵循的规则如下:

① 使用之前,使用者和设备应瞬时触及处于地电位的金属物,以消除静电。

② 焊接工具在使用前应先接地。

③ 器件引线的短路器、器件的包装材料和包装盒等，均应处于地电位，器件在运输储存期间应将引线短接在一起。

④ 设置接地的导电桌面、导电地面、导电椅面，工作人员佩戴接地腕带，穿戴有接地器的鞋和导电围裙。

3. 防雷电

电子设备防雷电措施包括：

① 等电位联结。将设备各个导电部分连接起来，使其电位相同，在整个设备范围内实现等电位区。

② 采用避雷器和雷电防护器。

③ 移动式无线电天线、微波天线同轴线和用金属结构支持的波导应有为雷击电流提供通路的接地结构。

4. 防火

电子设备防火措施包括：

① 设备长期不使用时应与电源断开。

② 所有设备均安装熔断器。

③ 所用材料、元件、电气线路机械结构应符合防火要求。

④ 天线线路安装防雷装置。

⑤ 设备周围不放置易燃、易爆物品。

5. 电工安全操作规程

为了保证人身和设备安全，电工应遵守如下安全操作规程：

① 工作前必须检查工具、测量仪表和防护用具是否完好。

② 任何电器设备内部未经验明无电时，一律视为有电，不准用手触及。

③ 不准在运转中拆卸、修理电气设备，必须在停车、切断电源的情况下取下熔断器，挂上“禁止合闸，有人工作”的警示牌，并验明无电后，才可进行工作。

④ 在总配电盘及母线上工作时，验明无电后，应挂上临时接地线。装拆接地线必须由值班电工进行操作。

⑤ 工作临时中断后或每班开始工作前，都必须重新检查电源是否确已断开，并要验明无电。

⑥ 每次维修结束后，都必须清点所带的工具、零件等，以防遗留在电气设备中造成事故。

⑦ 当专业检修人员修理电气设备时，值班电工必须进行登记，完工后做好交代，共同检查确认后，才可送电。

⑧ 必须在低压电气设备上带电进行工作时，要经过领导批准，并要有专人监护。工作时要佩戴工作帽、工作手套，穿长袖衣服，使用绝缘工具，并站在绝缘物上进行操作，邻

相带电部分和接地金属部分应用绝缘板隔开。

⑨ 严禁带负载操作动力配电箱中的刀开关。

⑩ 带电装卸熔断器时，要佩戴防护眼镜和绝缘手套。必要时应使用绝缘夹钳，站在绝缘垫上操作。严禁使用锉刀、钢直尺等导体进行操作。

⑪ 熔断器的容量要与设备和线路的安装容量相适应。

⑫ 电气设备的金属外壳必须接地（接零），接地线必须符合标准，不准断开带电设备的外壳接地线。

⑬ 拆卸电气设备或线路后，应立即用绝缘胶布包扎好可能继续供电的线头。

⑭ 安装灯头时，开关必须接在相线上，灯头座螺纹必须接在中性线上。

⑮ 对临时安装使用的电气设备，必须将金属外壳接地。严禁将电动工具的外壳接地线和工作中性线拧在一起插入插座，或者将外壳接地线单独接到接地干线上。用橡胶软电缆接可移动的电气设备时，专供保护接地的芯线中不允许有工作电流流过。

⑯ 动力配电盘、配电箱开关、变压器等电气设备附近，不允许堆放易燃、易爆、潮湿和影响操作的物件。

⑰ 使用梯子时，梯子与地面的角度以 60°左右为宜。在水泥地面使用梯子时，要有防滑措施。使用没有搭钩的梯子，要有人扶持；使用人字梯时，其拉绳必须牢固。

⑱ 使用喷灯时，油量不要超过容器容积的 3/4，打气要适当，不得使用漏油漏气的喷灯。不准在易燃、易爆物品附近点燃喷灯。

⑲ 使用电动工具时，要佩戴绝缘手套，并站在绝缘垫上工作。最好加设漏电保护器或安全隔离变压器。

⑳ 电气设备发生火灾时，要立即切断电源，并使用 1121 灭火器或二氧化碳灭火器灭火，严禁使用水或泡沫灭火器。

第 2 章

常用电子仪器的使用

2.1 万用表

万用表是一种多功能、多量程的测量仪表。一般万用表可测量直流电流、直流电压、交流电流、交流电压、电阻和音频电平等，有的还可以测量电容量、电感量及半导体的一些参数（如电流放大系数 β）等。万用表按显示方式的不同分为模拟（指针）万用表（见图 2-1-1）、数字万用表（见图 2-1-2）和台式万用表。

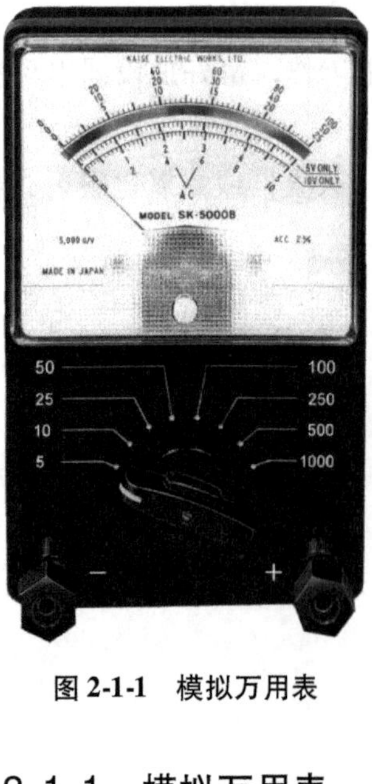

图 2-1-1　模拟万用表

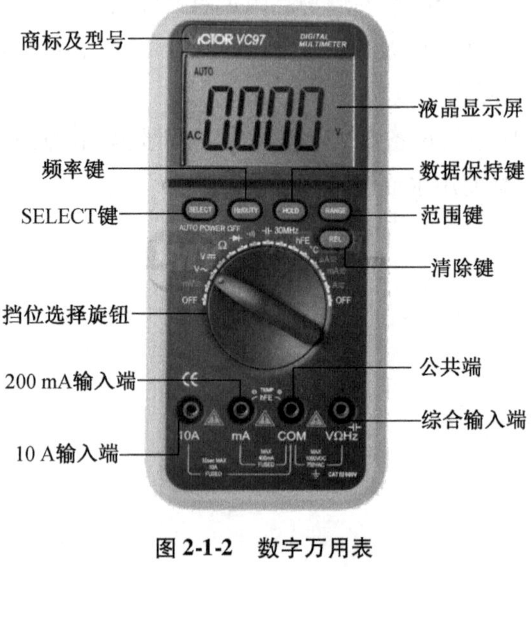

图 2-1-2　数字万用表

2.1.1　模拟万用表

1. 模拟万用表刻度线功能及特点

模拟万用表表盘上有多条刻度线，对于不同的被测量，读数时要在相应的刻度线上读取数值。

（1）Ω 刻度线，测量电阻时使用，其最右端为“0”，最左端为“∞”，刻度不均匀。

（2）交直流电压、电流刻度线，测量交直流电压、电流值时使用，其最左端为“0”，最右端下方标有三组数，它们的最大值分别为“250”“50”和“10”，刻度均匀。

（3）交流 10 V 挡专用刻度线，即交流 10 V 量程挡的专用读数标尺。

（4）测晶体管放大倍数专用刻度线，放大倍数测量范围为 0 ~ 300，刻度均匀。

（5）电容量读数刻度线，电容量测量范围为 0.001 ~ 0.3 μF，刻度不均匀。

（6）电感量读数刻度线，电感量测量范围为 20 ~ 1000 H，刻度不均匀。

（7）音频电平读数刻度线，音频电平测量范围为 -10 ~ +22 dB，刻度不均匀。

2. 模拟万用表的使用

（1）机械零位调整：使用前应检查指针是否在零位，若不在零位，应调整零位调整器，使指针指向零位。

（2）正确连接表笔：红表笔应插入标有“+”的插孔，黑表笔插入标有“-”的插孔。测直流电流或直流电压时，红表笔连接被测电压、电流的正极，黑表笔接负极。用欧姆挡判断二极管的极性时，注意“+”插孔接在表内电池的负极，“-”插孔接在表内电池的正极。

注意：测量电流时，应估计被测电流的大小，选择正确的量程。

（3）量程转换：量程转换前应先断电，绝对不允许带电转换量程。根据被测量选择量程，切不可使用电流挡或欧姆挡测电压，否则会损坏万用表。

（4）合理选择量程挡：测量电压、电流时，应使表针偏转至满刻度的 1/2 或 2/3 以上；测量电阻时，应使表针偏转至中心刻度附近（电阻挡的设计是以中心刻度为标准的）；测量交流电压、电流时，被测量量必须是正弦交流电压或电流，而被测信号的频率也不能超过说明书上的规定；测量 10 V 以下的交流电压时，应该使用 10 V 专用刻度线读数，它的刻度是不均匀的。

（5）测量电压时，万用表应与被测电路并联；测量电流时，要把被测电路断开，将万用表串联在被测电路中。

（6）测量电阻时，应先进行电阻调零。方法是将两表笔短接，调节“调零”旋钮使指针指在电阻零点（注意欧姆的零刻度线在表盘的右侧）。如调不到零点，则说明万用表内电池的电压不足，需要更换新电池。测量大电阻时，两手不能同时接触电阻，防止人体电阻与被测电阻并联造成测量误差。每变换一次挡位，都要重新进行电阻调零。如果以上方法不能调零，有可能是因为万用表的绕线电阻（阻值约为几欧的电阻）烧断，需拆开万用表进行维修并校正。

（7）万用表使用完毕，将转换开关置于交流电压最大挡位，避免损坏仪表。

（8）万用表长期不用时，应取出电池，防止电池漏液，腐蚀和损坏万用表内部零件。万用表的电池有普通 5 号（1.5 V）和层叠电池（9 V）两种。其中 9 V 用于测量 10 kΩ 以上的电阻和判别小电容的漏电情况。

(9) 由于万用表的电阻挡(R×10 k)采用9 V电池,故不可检测耐压值很低的元件。

(10) 读取数据时,要先按照量程选择正确的刻度线,然后读出大刻度的数值,再读出小刻度的数值,最后对不足最小分度值的指示值估读,即

读数=(大刻度值+小刻度值+估读值)×倍率

其中,倍率=量程/最大刻度值。

2.1.2 数字万用表

数字万用表具有精度高、体积小、功能强、显示直观等优点。

最常见的是三位半数字万用表,其最高位只有不显示(表示0)和显示"1"两种情况,其他各位可显示"0~9",故称三位半。数字万用表一般可测量交直流电压、交直流电流、电阻、电容,还能判别二极管、三极管的极性等。

1. 直流电压与交流电压的测量

(1) 将黑表笔插入"COM"插孔,红表笔插入"V/Ω/Hz"插孔。

(2) 将功能开关置于"直流V-"或"交流V~"量程,将表笔并联接到待测电源或负载上。

注意:① 在被测电压范围未知时,将功能开关置于最大量程并根据需要逐渐下调。

② 如果只有最高位显示"1",表示已超出量程,需将功能开关置于更高的量程。

③ 不要用其测量高于1000 V的直流电压或高于700 V的交流电压。

④ 测量直流电压时,显示数值无负号,表示红表笔接的是正极,有负号则相反。

2. 直流电流与交流电流的测量

(1) 将黑表笔插入"COM"插孔,当测量最大值为200 mA的电流时,红表笔插入"mA"插孔,当测量200 mA~20 A的电流时,红表笔插入"20 A"插孔。

(2) 将功能开关置于"直流A-"或"交流A~"量程,并将表笔串联接入待测电路。

注意:① 被测电流范围未知时,将功能开关置于最大量程并逐渐下调。

② 如果只有最高位显示"1",表示已超出量程,需将功能开关置于更高的量程,因为过载将会烧坏保险丝。

③ 测电流时一定要将表笔串联接入待测电路,否则可能损坏万用表或电路元器件。

④ 测直流电流时,显示数值无负号,表示电流由红表笔流向黑表笔,有负号则相反。

3. 电阻的测量

(1) 将黑表笔插入"COM"插孔,红表笔插入"V/Ω/Hz"插孔(注意:红表笔极性为"+")。

(2) 将功能开关置于"Ω"量程,将两根测试笔跨接到待测电阻上。

注意:① 如果被测电阻值超出所选择量程,将显示"1",此时需更换更大量程。对于测量阻值大于1 MΩ的电阻,要经过几秒后,读数才能稳定。

② 无输入(开路)时,显示为“1”。

③ 检测在线电阻时,须确定被测电阻已去电源,同时电容已放电完毕,方能测量。

④ 当 200 MΩ 挡短接时有 1 MΩ 电阻显示,测量后应从读数中减去 1 MΩ。

4. 电容测试(自动回零)

将电容插入电容测试座中。测试电容时,注意每次转变量程时复零需要时间,漂移读数的存在不会影响测试精度。测量大电容时稳定读数也需要一定时间。

5. 二极管测试

(1) 将黑表笔插入“COM”插孔,红表笔插入“V/Ω/Hz”插孔(注意:红表笔极性为“+”)。

(2) 将功能开关置于二极管及蜂鸣器挡,并将表笔连接到待测二极管两端,红黑表笔需交换位置测量。当二极管没有损坏时,一次测量显示为“1”即无穷大;一次有值,则该值即为二极管的(小电流)正向压降近似值(mV)。根据此值的大小可判断二极管是硅管、锗管还是发光二极管,且有值的这次测量中,红表笔接的引脚为正极(如果被测的是质量较好的发光二极管,此时该管会发出微弱的光)。

6. 通断测试

(1) 将黑表笔插入“COM”插孔,红表笔插入“V/Ω/Hz”插孔。

(2) 将功能开关置于“Ω”量程范围,将两根测试笔跨接在欲测试的电路两端。

(3) 若被测两点之间的电阻值小于 50 Ω,蜂鸣器便会发出声响。

注意:① 当输入端开路时,仪表显示“1”,为过量程状态。

② 必须在切断电源状态下检查被测电路的通断,因为任何负载信号都会使蜂鸣器发声,导致错误判断。

7. 三极管 h_{EF} 测试

(1)将功能开关置于 h_{EF} 量程。

(2)确定三极管是 NPN 型还是 PNP 型,将其基极、发射极和集电极分别插入相应的插孔。

(3)万用表将显示 h_{EF} 的近似值。

在测量过程中,将读数保持开关“HOLD”压下,即能保持显示读数;释放该开关,读数变化。

2.1.3　台式万用表

电流、电压和电阻的测量,一般被视为万用表的基本功能。除此之外,它的一些常见附加功能及其测量的度量单位包括电感(亨利)、电容(法拉)、电导(西门)、温度(摄氏度)、频率(赫兹)、占空比(百分率)。图 2-1-3 所示为一台 NDM3041 台式万用表。

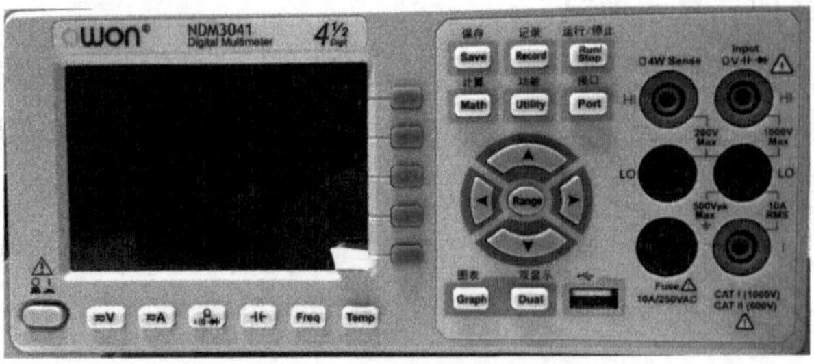

图 2-1-3　NDM3041 台式万用表

1. 面板结构

（1）显示屏:显示用户界面。

（2）菜单选择键:激活对应的菜单。

（3）操作按键。

保存(Save):手动记录时收集数据。每按一次“Save”键,可将当前读数按序号保存到易失性存储器中。

记录(Record):实现手动记录菜单功能和自动记录菜单功能。

运行/停止(Run/Stop):开始或停止自动触发。

计算(Math):对测量结果进行数学运算(统计、限值、相对值)。

功能(Utility):系统设置包括语言、背光、时钟显示、触发测量、设为出厂值、系统信息、屏幕测试、按键测试等。

接口(Port):包括串口设置、SCPI 设置、输出设置、网络设置。

（4）HI 和 LO 取样端子:信号输入端,用于四线电阻测量。

（5）HI 和 LO 输入端子:信号输入端,用于电压、电阻、连通性、频率(周期)、电容、二极管和温度的测试。

（6）量程/方向键:在测量功能右侧菜单中出现量程软键时,按“Range”键可切换自动量程和手动量程;设为手动量程,按“上下”方向键,可增大或减小量程。设置参数时,按“左右”方向键可移动光标位置,按“上下”方向键可增大或减小光标处的数值。

（7）电流输入保险丝:规格为 10 A,AC 250 V。

保险丝更换方法:关闭万用表电源并移除电源线。使用平口螺丝刀按逆时针方向转动保险丝座,用力拔出保险丝座后更换指定规格的保险丝,然后将保险丝座插回仪器中,按顺时间方向旋转将其锁定入位。

（8）AC/DC 电流输入端子:信号输入端,用于电流测量。

（9）电源键:打开/关闭仪器。

（10）测量功能键:DC 或 AC 电压测量、DC 或 AC 电流测量、电阻测量、连通性测量、二极管测量、电容测量、频率(周期)测量、温度测量。

（11）图标(Graph):可选择数字、条形图、趋势图或直方图显示测量数据。

(12) 双显示(Dual):按此键时,右侧菜单显示功能项列表,选择其中一个功能项,如果支持该功能,副显区将显示该功能的测量值。

(13) USB 接口:与外部 USB 设备连接,如插入 U 盘。

2. 设置与基本操作

使用前,应认真阅读有关的使用说明书,熟悉电源开关、插孔、量程开关、特殊插口的功能。

(1) 将“ON/OFF”开关置于“ON”位置,检查 9 V 电池,如果电池电压不足,该信息将显示在显示器上,此时需更换电池。

(2) 测试笔插孔旁边的符号,表示输入电压或电流不应超过指示值,这是为了保护万用表内部线路免受损伤。

(3) 测试之前,功能开关应置于测量所需要的量程。

台式万用表是一台精密的电子仪器,不要随意更换线路,并注意以下几点:

① 不要接高于 1000 V 的直流电压或高于 700 V 的交流有效值电压。

② 不要在功能开关处于“Ω”位置时,将电压源接入。

③ 在电池没有装好或后盖没有盖紧时,不要使用此表。

④ 只有在测试表笔移开并切断电源之后,才能更换电池或保险丝。

2.2　示波器

示波器是一种用途十分广泛的电子测量仪器,它能显示被测信号瞬时值的变化情况。示波器能把肉眼看不见的电信号变换成看得见的图像,以便于人们研究各种电现象的变化过程。示波器的工作原理:高速电子束打在涂有荧光物质的屏幕上,即可产生细小的光点。在被测信号的作用下,电子束就好像一支笔的笔尖,可以在屏幕上描绘出被测信号瞬时值的变化曲线。利用示波器能观察到各种不同幅度信号随时间变化的波形曲线,还可以用它测试不同的电学物理量,如电压、电流、频率、相位差、调幅度等。图 2-2-1 所示为一台V-252 型号的示波器。

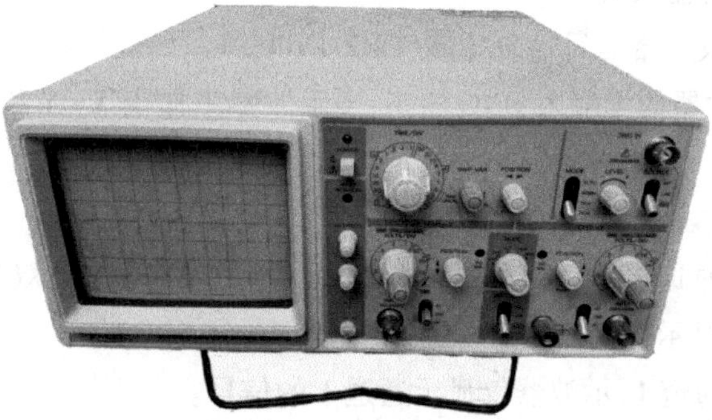

图 2-2-1　V-252 型号示波器

示波器种类、型号很多,功能也各不相同,模拟数字电路实验中使用较多的是 20 MHz 或 40 MHz 的双踪示波器。这些示波器用法大同小异,本节针对 V-252 型号示波器介绍其常用功能。

2.2.1 面板结构

1. 荧光屏

荧光屏是示波器的显示部分。屏上水平方向和垂直方向各有多条刻度线,指示出信号波形电压和时间的关系。水平方向指示时间,垂直方向指示电压。水平方向分为 10 格,垂直方向分为 8 格,每格又分为 5 份。垂直方向标有 0%,10%,90%,100% 的标志,水平方向标有 10%,90% 的标志,供测量直流电平、交流信号幅度及延迟时间等参数时使用。将被测信号在屏幕上占的格数乘以适当的比例常数(V/DIV,TIME/DIV),即能得出电压值与时间值。

2. 电源(POWER)

示波器主电源开关位于荧光屏的右上角,当按下此开关时,电源指示灯亮,表示电源接通。

3. 辉度(INTENSITY)

旋转此旋钮能改变光点和扫描线的亮度。顺时针旋转此旋钮,亮度增大。通常,观察低频信号时亮度可小些,观察高频信号时亮度应大些。应根据具体情况调节亮度,但一般不应太亮以保护荧光屏。

4. 聚焦(FOCUS)

聚焦旋钮可调节电子束截面大小,使扫描线聚焦成最清晰的状态。

5. 辉线旋转旋钮(TRACE ROTATION)

受地磁场的影响,水平辉线可能会与水平刻度线形成夹角,用此旋钮可使辉线旋转,进行校准。

6. 通道 1 垂直放大器信号输入插座(CH1 INPUT)

通道 1 垂直放大器信号输入 BNC(Bayonet Nut Connector)插座,当示波器工作于 X-Y 模式时作为 X 信号的输入端。

7. 通道 2 垂直放大器信号输入插座(CH2 INPUT)

通道 2 垂直放大器信号输入 BNC 插座,当示波器工作于 X-Y 模式时作为 Y 信号的输入端。

8. 垂直轴工作方式选择开关(MODE)

输入通道有 5 种选择方式:通道 1(CH1)、通道 2(CH2)、双通道交替显示方式(ALT)、双通道切换显示方式(CHOP)和叠加显示方式(ADD)。

(1) CH1:选择通道 1,示波器仅显示通道 1 的信号。

(2) CH2:选择通道 2,示波器仅显示通道 2 的信号。

（3）ALT：选择双通道交替显示方式，示波器交替显示通道 1 信号和通道 2 信号。在较高的扫描速度下观测 CH1 和 CH2 两路信号时，常使用这种显示方式。

（4）CHOP：选择双通道切换显示方式，示波器同时显示通道 1 信号和通道 2 信号，并以约 250 Hz 的频率对两路信号进行切换，显示于屏幕。

（5）ADD：选择两通道叠加方式，示波器显示两通道波形叠加后的波形。

9. 内部触发信号源选择开关（INT TRIG）

当 SOURCE 开关置于 INT 时，用此开关具体选择触发信号源。

（1）CH1：以 CH1 的输入信号作为触发信号源。

（2）CH2：以 CH2 的输入信号作为触发信号源。

（3）VERT MODE：以 CH1 和 CH2 两路信号交替作为触发信号源。观测两个通道的波形时，进行交替扫描的同时，触发信号源也交替地切换到相应的通道上。

10. 扫描方式选择开关（MODE）

扫描有自动（AUTO）、常态（NORM），视频－行（TV－H）和视频－场（TV－V）四种方式。

（1）自动（AUTO）：自动方式时，任何情况下都有扫描线。有触发信号时，正常进行同步扫描，波形静止。无触发信号输入或触发信号频率低于 50 Hz 时，扫描为自激方式。

（2）常态（NORM）：仅在有触发信号时进行扫描。无触发信号输入时，扫描处于准备状态，没有扫描线。当触发信号到来后，触发扫描。观测超低频信号（25 Hz）调整触发电平时，使用这种触发方式。

（3）视频－行（TV－H）：用于观测视频－行信号。

（4）视频－场（TV－V）：用于观测视频－场信号。

注意：视频－行（TV－H）和视频－场（TV－V）两种触发方式仅在视频信号的同步极性为负时才起作用。

11. 触发信号源选择开关（SOURCE）

要使屏幕上显示稳定的波形，需将被测信号本身或与被测信号有一定时间关系的触发信号加到触发电路，触发源选择确定触发信号由何处供给。

通常有三种触发源：内触发（INT）、电源触发（LINE）和外触发（EXT）。

（1）内触发（INT）：内触发使用被测信号作为触发信号，是经常使用的触发方式。由于触发信号本身是被测信号的一部分，在屏幕上可以显示出非常稳定的波形。

（2）电源触发（LINE）：电源触发使用交流电源频率信号作为触发信号。这种方法在测量与交流电源频率有关的信号时是有效的。在测量音频电路、闸流管的低电平交流噪音时更为有效。

（3）外触发（EXT）：它以 TRIG INPUT 的输入信号作为触发信号源。外加信号是从外触发输入端输入，外触发信号与被测信号间应具有周期性的关系。由于被测信号没有用作触发信号，所以何时开始扫描与被测信号无关。

12. 外触发信号输入端子(TRIG INPUT)

外触发信号输入端子,用于输入外部触发信号。当使用该功能时,“SOURCE”开关应设置在EXT位置。

13. 触发电平调节和触发极性选择开关(LEVEL)

触发电平调节又称同步调节,它使得扫描与被测信号同步。电平调节旋钮是用来调节触发信号的触发电平,一旦触发信号超过由旋钮设定的触发电平,扫描即被触发。顺时针旋转旋钮,触发电平上升;逆时针旋转旋钮,触发电平下降。当电平旋钮调到电平锁定位置时,触发电平自动保持在触发信号的幅度之内,不需要电平调节就能产生一个稳定的触发。当信号波形复杂,用电平旋钮不能稳定触发时,用释抑(HOLD OFF)旋钮调节波形的释抑时间(扫描暂停时间),则能使扫描与波形稳定同步。

极性选择开关用来选择触发信号的极性。拨在“+”位置时,在信号增加的方向上,当触发信号超过触发电平时就产生触发;拨在“-”位置时,在信号减少的方向上,当触发信号超过触发电平时就产生触发。触发信号的极性和触发电平共同决定了触发信号的触发点。

2.2.2 设置与基本操作

1. 设置准备

(1) 通电前,将灰度挡位、聚焦电位器、扫描速度挡位及衰减电位器调至最左端。

(2) 打开电源开关(POWER),指示灯亮,通电预热3~5 min。

(3) 顺时针缓慢旋转灰度旋钮,直至荧光屏上亮点可见;缓慢调节聚焦旋钮,使亮点圆而细;调节扫描速度旋钮,使亮点变成一条水平亮线。如果亮线出现偏斜,就用小号一字螺钉旋具轻轻调节扫描水平线校正微调电位器,使之水平。

2. 示波器方波校正

在示波器的CH1或CH2端口连上示波器探头,将探头挂在校正信号输出端(CAL),利用示波器内部的标准信号输出0.5 V/Hz的方波信号。适当调节扫描速度旋钮和衰减旋钮,使屏幕上出现清晰可见的方波。

3. 参数调节

(1) 垂直轴电压灵敏度开关

垂直灵敏度的单位为cm/V,cm/mV(或者DIV/mV,DIV/V),垂直偏转因数的单位为V/cm,mV/cm(或者V/DIV,mV/DIV)。实际上,因习惯用法和测量电压读数的方便,有时也把偏转因数当作灵敏度。一般按1,2,5方式把5 mV/DIV到5 V/DIV分为10挡。波段开关指示的值代表荧光屏上垂直方向一格(1 cm)的电压值。例如,波段开关置于1 V/DIV挡时,如果屏幕上信号光点移动1格,则代表输入信号的电压变化为1 V。使用10:1探头时,请将测量结果×10进行换算。

(2) 可变衰减旋钮/增益

每个电压灵敏度开关上方都有一个小旋钮,可微调每挡的垂直偏转因数。将它沿顺时针方向旋到底，处于“校准”位置，此时垂直偏转因数值与波段开关所指示的值一致。沿逆时针方向旋转此旋钮，能够微调垂直偏转因数。垂直偏转因数微调后，会与波段开关的指示值不一致，这点应引起注意。许多示波器具有垂直扩展功能，当微调旋钮被拉出时，垂直灵敏度扩大5倍，即垂直偏转因数缩小5倍。例如，如果波段开关指示的偏转因数是1 V/DIV，采用×5扩展状态时，垂直偏转因数是0.2 V/DIV。

(3) 通道1的垂直位置调整旋钮/直流偏移开关

顺时针旋转此旋钮，辉线上升；逆时针旋转此旋钮，辉线下降。观测大振幅的信号时，拉出此旋钮，可对被放大的波形进行观测。通常情况下，应将此旋钮按入。

(4) 通道2的垂直位置调整旋钮/反相开关

顺时针旋转旋钮，辉线上升；逆时针旋转旋钮，辉线下降。拉出此旋钮，CH2的信号将被反相，便于比较两个极性相反的信号和利用ADD叠加功能观测CH1与CH2的差信号。通常情况下，应将此通道(CH1)旋钮按入。

(5) 垂直放大器输入耦合方式切换开关

AC：经电容器耦合，输入信号的直流分量被抑制，只显示其交流分量。

GND：垂直放大器的输入端被接地。

DC：直接耦合，输入信号的直流分量和交流分量同时显示。

(6) 扫描速度切换开关

扫描速度切换开关是通过一个波段开关来实现的，按1,2,5方式把时基分为若干挡。波段开关的指示值代表光点在水平方向移动一格(1 cm)的时间值。例如，在1 μs/DIV挡位，光点在屏上移动一格，代表时间值为1 μs。

(7) 扫描速度可变旋钮

扫描速度可变旋钮为扫描速度微调，“微调”旋钮用于时基校准和微调。沿顺时针方向将此旋钮旋到底，处于“校准”位置时，屏幕上显示的时基值与波段开关所示的标称值一致；逆时针旋转此旋钮，则可对时基微调。旋钮拉出后处于扫描扩展状态，通常为×10扩展，即水平灵敏度扩大10倍，时基缩小到1/10。例如，在2 μs/DIV挡位，扫描扩展状态下，荧光屏上水平一格(1 cm)代表的时间值等于2 μs×0.1=0.2 μs。

(8) 水平位移旋钮/扫描扩展开关

位移(POSITION)旋钮可调节信号波形在荧光屏上的位置。旋转水平位移旋钮(标有水平双向箭头)可左右移动信号波形，旋转垂直位移旋钮(标有垂直双向箭头)可上下移动信号波形。

4. 直流电压测量

(1) 将待测信号送至CH1(或CH2)的输入端。

(2) 将输入耦合开关(AC-GND-DC)拨至“GND”位置，显示方式置于“AUTO”。

(3) 旋转扫描速度开关旋钮和辉度旋钮，使荧光屏上显示一条亮度适中的时基线。

(4) 调节示波器的垂直位移旋钮，使得时基线与一水平刻度线重合，此线的位置作为零电平参考基准线。

（5）把输入耦合开关置于“DC”位置，将垂直微调旋钮置于“CAL”位置（顺时针旋至底），此时即可在荧光屏上按刻度进行读数。其中，U = 偏转刻度数 × 偏转灵敏度。

5. 交流电压测量

（1）将待测信号送至CH1（或CH2）的输入端。

（2）把输入耦合开关置于“AC”位置。

（3）调整垂直灵敏度开关（V/DIV）于适当位置，将垂直微调旋钮置于“CAL”位置（顺时针旋至底）。

（4）分别调整水平扫描速度开关和触发同步系统的相关开关，使荧光屏上能显示一个周期以上的稳定波形。

（5）计算峰峰值，V_{P-P}（峰峰值）= 峰值偏转刻度数 × 偏转灵敏度。

6. 时间测量

（1）将待测信号送至CH1（或CH2）的输入端。

（2）调整垂直灵敏度开关（V/DIV）于适当位置，使荧光屏上显示的波形幅度适中。

（3）选择适当的扫描速度，并将扫描微调置于校准位置，使被测信号的周期占有较多的格数。

（4）调整触发电平或触发选择开关，显示出清晰、稳定的信号波形。

（5）记录被测两点间的距离（格数）。被测两点的时间间隔 = t/DIV × 格数。

2.3 信号发生器

信号发生器产生测量时所用的信号源，它是一种常用的电子测量仪器，如图2-3-1所示。

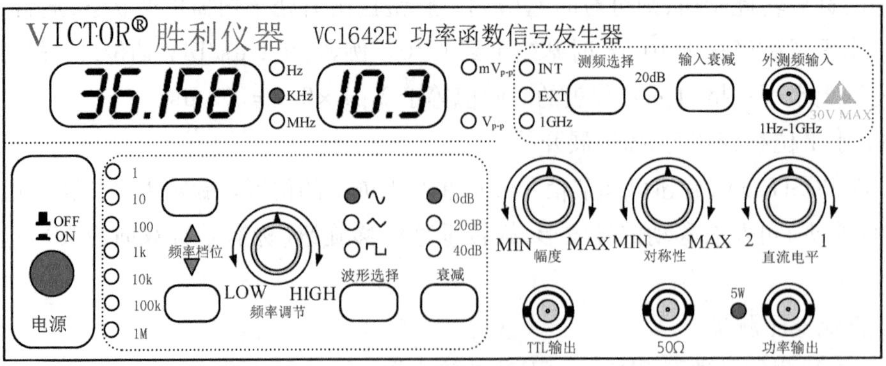

图2-3-1　信号发生器

在电子电路调试中，需要各种各样的信号源。根据测量要求的不同，信号发生器大致可分为三大类：正弦信号发生器、函数（波形）信号发生器和脉冲信号发生器。其中，正弦信号发生器具有波形不受线性电路或系统影响的独特特点。因此,正弦信号发生器在线性系统中具有特殊的意义。

1. 正弦信号发生器的分类

(1) 按正弦信号频段分类:① 超低频信号发生器,频段范围为 0.001 Hz ~ 1000 Hz;② 低频信号发生器,频段范围为 1 Hz ~ 1 MHz;③ 视频信号发生器,频段范围为 20 Hz ~ 10 MHz;④ 高频信号发生器,频段范围为 30 kHz ~ 30 MHz;⑤ 超高频信号发生器,频段范围为 4 MHz ~ 300 MHz。

(2) 按性能分类:① 信号发生器;② 标准信号发生器。其中,标准信号发生器要求其提供的信号有准确的频率和电压,并有良好的波形和适当的调制。

2. 正弦信号发生器的主要质量指标

(1) 频率指标

① 有效频率范围,指信号源各项技术指标都能得到保证时的输出频率范围,且在这一范围内,频率连续可调。

② 频率准确度,指信号源频率实际值与其标称值的相对偏差。普通信号源的频率准确度一般在 ±1% ~ ±5% 的范围内,而标准信号源的频率准确度一般优于 0.1% ~1%。

③ 频率稳定度,指在一定的时间间隔内,信号源频率准确度的变化情况。由于使用要求的不同,各种信号源频率的稳定度也不一样。一般信号源频率稳定度应比所要求的信号源频率准确度高 1 ~ 2 个数量级。由频率可变的 LC 或 RC 振荡器作为主振的信号源,其频率稳定度一般在 10^{-4} 量级左右。目前,因在信号源中广泛采用了锁相频率合成技术,可把信号源的频率稳定度提高 2 ~ 3 个数量级。

(2) 输出指标

① 输出电平范围:表征信号源所能提供的最小和最大输出电平的可调范围。一般标准高频信号发生器的输出电平为 0.1 μV ~ 1 V。

② 输出稳定度:一是指输出对时间的稳定度;二是指在有效频率范围内调节频率时,输出电平的变化情况。

③ 输出阻抗:信号源的输出阻抗视类型不同而异。低频信号发生器一般有输出阻抗匹配变压器,它可有几种不同的输出阻抗,常见的有 50 Ω,75 Ω,150 Ω,600 Ω,5 kΩ 等;高频或超高频信号发生器一般为 50 Ω 或 75 Ω 不平衡输出。

2.3.1　面板结构与技术参数

下面以 VC1642 系列函数信号发生器为例介绍信号发生器的面板与结构。VC1642 系列函数信号发生器是一种具有多种功能的函数信号发生器。它可以连续地输出正弦波、方波、矩形波、锯齿波和三角波 5 种基本函数信号和调变信号,并具有外测 GHz 级的频率功能,这 5 种函数信号的频率和幅度均可连续调节和显示。其中,VC1642 为基本功能型,VC1642E 则在基本功能的基础上增加了独立的 5 W 功率输出。

1. 面板结构

（1）电源开关（POWER）：按下此开关，机内 220 V 交流电压接通，电路开始工作。

（2）频率挡位指示灯：指示输出频率所在挡位的倍率。

（3）频率挡位换挡键（RANGE）：按动此键，可将输出频率升高或降低 1 个倍频。

（4）频率微调旋钮（FREQ）：此旋钮可在每个挡位内微调频率。

（5）输出波形指示灯：指示函数输出的基本波形。

（6）波形选择键（WAVE）：按动此键，可依次选择输出信号的波形，同时与之对应的输出波形指示灯点亮。

（7）衰减量程指示灯：指示函数输出信号的衰减量。

（8）衰减选择键（ATT）：按动此键，可使函数输出信号幅度衰减 0 dB，20 dB 或 40 dB。

（9）输出幅度调节旋钮（AMPL）：调节此旋钮可改变函数输出和功率输出的幅度。

（10）对称性（占空比）调节旋钮（DUTY）：调节此旋钮可改变输出波形的对称度。

（11）直流抵补（直流偏置）调节旋钮（DC OFFSET）：调节此旋钮可改变输出信号的直流分量。

（12）输出插座（TTL）：此端口输出与函数输出同频率的 TTL 电平同步方波信号。

（13）函数输出插座（50 Ω）：函数信号的输出口，输出阻抗为 50 Ω，具有过压、回输保护功能。

（14）功率输出指示灯（仅 VC1642E 具有）：当频率在 1 ~ 6 挡且有功率输出时，此灯点亮。

（15）功率输出插座（POWER OUT，仅 VC1642E 具有）：功率信号输出口，频率在 200 kHz 以下输出功率最大可达 5 W，具有过压、回输保护功能。

（16）外测频输入插座（INPUT）：当仪器进入外测频状态，该输入端口的信号频率将显示在频率显示窗口中。

（17）外测频输入衰减键（ATT）：外测频信号输入衰减选择开关，按下此开关，则对输入信号有 20 dB 的衰减量。

（18）外测频输入衰减指示灯：指示灯亮起，表示外测频输入信号衰减 20 dB，灯灭不衰减。

（19）频率显示窗口功能选择键（FUN）：按动此键，可依次选择内测频、外测频、外测高频功能。

（20）频率显示窗口功能指示灯：表示频率显示窗口功能所处的状态。INT 表示内测频，频率显示窗口显示当前函数输出的频率；EXT 表示外测频，频率显示窗口显示外测信号的频率，此灯单独亮时，表示其测量范围为 1 Hz ~ 10 MHz；1 GHz 表示外测高频，这时 EXT 也同时点亮，测量范围为 10 MHz ~ 1 GHz。

（21）幅度单位指示灯：显示幅度单位，为 V（或 mV）。

(22) 幅度显示窗口:内置 3 位 LED 数码管,用于显示输出幅度值。

(23) 频率单位指示灯:显示频率单位 Hz,kHz 或 MHz。

(24) 频率显示窗口:内置 5 位 LED 数码管,用于显示频率值。

(25) 220 V 电源插座:盒内带保险丝,其容量为 500 mA。

(26) 压控频率输入插座(VCF):用于外接电压信号控制输出频率的变化,可用于扫频和调频。

2. 技术参数

(1) 输出频率为 0.6 Hz ~ 6 MHz。按十进制可分为 ×1, ×10, ×100, ×1 k, ×10 k, ×100 k, ×1 M 共 7 挡,频率微调范围是以 0.6 ~ 6 乘以该挡倍率。各挡具体频率如表 2-3-1 所示。

表 2-3-1　信号发生器技术参数

挡位	倍率	频率
1 挡	×1	0.6 Hz ~ 6 Hz
2 挡	×10	6 Hz ~ 60 Hz
3 挡	×100	60 Hz ~ 600 Hz
4 挡	×1 k	600 Hz ~ 6 kHz
5 挡	×10 k	6 kHz ~ 60 kHz
6 挡	×100 k	60 kHz ~ 600 kHz
7 挡	×1 M	600 kHz ~ 6 MHz

(2) 输出信号阻抗。

函数输出:50 Ω;

TTL 输出:扇出 20 门(可带动 20 个 TTL 门)。

(3) 输出信号波形。

函数输出:正弦波、方波、矩形波、锯齿波、三角波;

TTL 输出:TTL 脉冲波。

(4) 信号幅度。

① 函数输出(1 MΩ 负载):

不衰减时,输出信号的峰值为 2 V ~ 20 V,连续可调;

衰减 20 dB 时,输出信号的峰值为 0.2 V ~ 2.0 V,误差为 ±20%,连续可调;

衰减 40 dB 时,输出信号的峰值为 20 mV ~ 200 mV,误差为 ±20%,连续可调。

说明:对于 50 Ω 的负载,各数值应为上述值的 1/2。

② VC1642E 功率输出:在 1 Hz ~ 200 kHz 范围内,输出功率 ≥5 W,定压输出(空载电压峰峰值最大约为 20 V)。

③ 负载最小阻抗:4 Ω。

(5) 函数输出占空比调节:20% ~80%(±10%)。

(6) 输出直流偏置特性: -10 V~ +10 V(±10%)(空载或高阻0 dB 衰减状态下,偏移电平与信号叠加幅度峰值不得超过±10 V)。

(7) 输出信号特征:

① 正弦波失真度小于1.5%;

② 三角波线性度大于99%(输出幅度的10% ~90%);

③ 方波上升沿时间小于50 ns(输出幅度的10% ~90%);

④ 方波下降沿时间小于50 ns(输出幅度的10% ~90%);

⑤ 方波的上升、下降沿过冲电压小于或等于5% V_o(在带50 Ω 负载时,V_o 表示输出信号的实际值);

⑥ 测试条件:10 kHz 频率输出,带50 Ω 负载,输出电压的峰值为5 V,整机预热30 min。

(8) 电源适应性及整机功耗:电压220(1 ±10%)V,频率50/60(1 ±5%) Hz,功耗小于50 W。

(9) 信号频率稳定度: ±0.1%/min(测试条件同上)。

(10) 外测量频率范围:1 Hz~1000 MHz,又可分为两挡,即1 Hz~10 MHz,10 MHz~1000 MHz。

(11) 外测量频率灵敏度:250 mVrms。

(12) 外测量频率输入特性:当频率在1 Hz~10 MHz 时,输入阻抗≥500 kΩ,C≤45 pF;当频率在10 MHz~1000 MHz 时,输入阻抗≥50 Ω,C≤30 pF。

2.3.2 设置与基本操作

使用前请先检查电源电压是否为220 V,确认后方可将电源线插头插入仪器后面板的电源插座内。插入220 V 交流电源线后,按下面板上的电源开关,频率显示窗口显示VC1642E,整机开始工作。建议开机预热30 min,再进行操作。

1. 函数信号输出设置

(1) 频率设置:按动频率挡位换挡键“RANGE”,选定输出函数信号的频段,调节频率微调旋钮“FREQ”至所需频率。调节时,可通过观察频率显示窗口得知输出频率。

(2) 波形设置:按动波形选择键“WAVE”,可依次选择正弦波、矩形波或三角波。

(3) 幅度设置:调节输出幅度调节旋钮“AMPL”,通过幅度显示窗口观察,直至调节到所需的信号幅度,若所需信号幅度较小,可按动衰减选择键“ATT”来衰减信号幅度。

(4) 对称性设置:调节对称性(占空比)调节旋钮“DUTY”,可使输出的函数信号对称度发生改变,改善正弦波的失真度,使三角波调频变为锯齿波,改变矩形波的占空比等对称特性。

(5) 直流偏置设置:通过调节直流抵补(直流偏置)调节旋钮“DC OFFSET”,可在输出信号中加入直流分量,改变输出信号的电平范围。

（6）TTL 信号输出:即由 TTL 输出插座输出的信号,它是与函数信号输出频率一致的同步标准 TTL 电平信号。

（7）功率信号输出:即由功率输出插座“POWER OUT”输出的信号,它是与函数信号输出功率完全一致的信号。当频率在 0.6 Hz ~ 200 kHz 范围内时,可提供 5 W 的输出功率;当频率在第 7 挡时,功率输出信号自动关断。

（8）保护说明:当函数信号输出或功率信号输出接上负载后,如无输出信号,则说明负载上存在高压信号或负载短路,机器自动保护。排除故障后,仪器自动恢复正常工作。

2. 频率测量

（1）内测量:按“测频选择”按钮,选择内测频功能,此时 INT 指示灯亮起,表示进入内测频状态,此时频率显示窗口显示的为本仪器函数信号输出的频率。

（2）外测量:外测量频率分为 1 Hz ~ 10 MHz 和 10 MHz ~ 1000 MHz 两个量程。按“频率选择”按钮选择外测频状态,EXT 指示灯亮起,表示外测频,测量范围为 1 Hz ~ 10 MHz;EXT 与 1000 MHz 指示灯同时亮起,表示外测高频,测量范围为 10 MHz ~ 1000 MHz,测量结果显示在频率显示窗口中。当输入的被测信号幅度大于 3 V 时,应接通输入衰减电路,可用外测频输入衰减键“ATT”进行衰减电路的选通,若外测频输入衰减指示灯亮起,表示外测频输入信号被衰减 20 dB。外测频为等精度测量方式,测频闸门自动切换,不用手动更改。

3. 使用中的注意事项

（1）本仪器采用大规模集成电路,调试、维修时应有防静电措施,以免造成仪器损坏。

（2）请勿在高温、高压、潮湿、强振荡、强磁场、强辐射、易爆环境、防雷电条件差、防尘条件差、温湿度变化大等场所使用和存放仪器。

（3）请在相对稳定的环境中使用,并提供良好的通风散热条件。校准测试时,测试仪器或其他设备的外壳应良好接地,以免意外损坏。

（4）当保险丝熔断后,请先排除故障。

注意:更换保险丝以前,必须将电源线与交流市电电源切断,把仪表和被测线路断开,将仪器电源开关关断,以免受到电击或其他人身伤害。仅可更换具有指定电流、电压和熔断速度等额定值的保险丝。

（5）信号发生器的负载不能存在高压、强辐射、强脉冲的信号,以防电流功率回输造成仪器的永久损坏;功率输出负载不要短路,以防功放电路过载;当显示窗口显示不正常、死机等时,只要关机后重新启动,即可恢复正常。

（6）为了达到最佳效果,使用前请先预热 30 min。

（7）非专业人员请勿擅自打开机壳或拆装本仪器,以免影响本仪器的性能,或造成不必要的损失。

2.4 直流稳压源

直流电源(DC POWER)有正负两个电极,正极的电位高,负极的电位低,当两个电极与电路连通后,能够使电路两端维持恒定的电位差,从而在外电路中形成由正极到负极的电流。单靠水位的高低差不能维持稳恒的水流,而借助于水泵持续地把水由低处送往高处就能维持一定的水位差而形成稳恒的水流。与此类似,单靠电荷所产生的静电场不能维持稳恒的电流,而借助于直流电源,就可以利用非静电作用(简称为“非静电力”)使正电荷从电位较低的负极处经电源内部返回到电位较高的正极处,以维持两个电极之间的电位差,从而形成稳恒的电流。因此,直流电源是一种能量转换装置,它把其他形式的能量转换为电能供给电路,以维持电流的稳恒流动。直流稳压源如图 2-4-1 所示。

图 2-4-1　直流稳压源

直流电源中的非静电力是由电源负极指向正极的。当直流电源与外电路接通时,外电路中由于电场力的作用,形成由电源正极到负极的电流。而在电源内部(内电路),非静电力的作用则使电流由负极流到正极,从而使电荷的流动形成闭合的循环。

下面以 WYK－H 系列直流稳压电源为例介绍其使用方法。WYK－H 系列直流稳压电源为线性串联调整式,调整管前端为高频斩波,通过调整管的管压降改变脉宽占空比,保持调整管的管压降在 3 V 左右,保证输出电压在 0～48 V 额定值连续调节以提高整机效率。

该电源具有如下特点:

① 输出电压可以从 0 V 起调,输出电流可以从 0 A 起调;

② 电压、电流调节方便;

③ 稳压精度高,纹波电压低。

1. 技术指标

(1) 工作条件

环境温度：-10～400 ℃；

相对湿度：≤85%；

输入电压：单相220 V或三相(三相四线制)220 V。

(2) 技术参数

输出电压：0～48 V额定值连续可调(多圈)；

输出电流：0～15 A额定值连续可调(多圈)。

2. 常见故障的排除

① 接线柱两端无电压：检查调流电位器是否调到最小，控制开关是否处在“ON”状态。

② 开机，输出电压失控，蜂鸣器长鸣：按过压复位开关，检查输出电压是否超出额定电压值。如果是，则说明稳压电源已损坏，一般情况是大功率调整管击穿。

③ 带载输出电压严重下跌：检查调流电位器是否调节不当，顺时针旋转调流电位器，电压、电流应上升。

④ 开机，保险丝烧断，风机不转：一般情况是高频开关管IGBT(Insulated Gate Bipolar Transistor)击穿短路造成。

3. 注意事项

① 整机必须接入规定的市电，即电压220(1±10%)V，频率(50±2)Hz。

② 打开电源开关，指示灯应亮。稳压灯(CV)亮，说明电源处于稳压状态；稳流灯(CC)亮，稳压灯熄灭，说明电源处于稳流状态。

③ 保险丝烧断应查明原因(如整流桥短路或击穿)，修复后才能重新开机。

2.5 交流毫伏表

交流毫伏表是电工电子实验中用来测量交流电压有效值的常用电子测量仪器。其优点是电压测量范围广、频率宽、输入阻抗高、灵敏度高等。交流毫伏表种类很多，现以AS2294D型交流毫伏表(见图2-5-1)为例介绍其结构特点、测量方法及使用注意事项等。

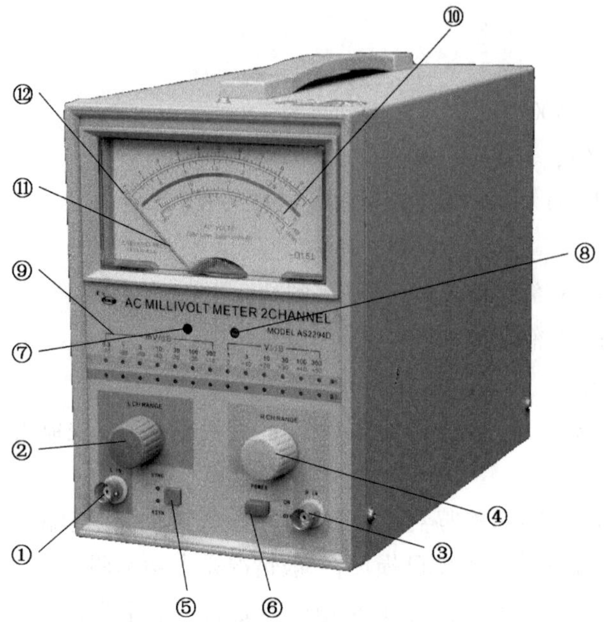

图 2-5-1 AS2294D 型交流毫伏表

2.5.1 面板结构

AS2294D 型双通道交流毫伏表由两组性能相同的集成电路、晶体管放大电路和表头指示电路组成。

其表头采用同轴双指针式电表,可进行双路交流电压的同时测量和比较,实现“同步/异步”操作,给立体声双通道测量带来方便。该表电压测量范围为 30 μV ~ 300 V,共 13 挡;测量电压频率范围为 5 Hz ~ 2 MHz;测量电平范围为 -90 dBV ~ 50 dBV。

AS2294D 型双通道交流毫伏表的前、后面板介绍如下:

① 左通道输入(L IN)插座:输入被测交流电压。

② 左通道(L CH RANGE)量程调节旋钮(灰色)。

③ 右通道输入(R IN)插座:输入被测交流电压。

④ 右通道(R CH RANGE)量程调节旋钮(桔红色)。

⑤ “同步/异步”按键:“SYNC”即桔红色灯亮,左、右通道量程调节旋钮进入同步调整状态,旋转两个量程调节旋钮中的任意一个,另一个的量程也跟着同步改变;“ASYN”即绿灯亮,左、右通道量程调节旋钮进入异步状态,转动某个通道量程调节旋钮,只改变相应通道的量程。

⑥ 电源开关:按下,即仪器电源接通(ON);弹起,即仪器电源被切断(OFF)。

⑦ 左通道(L)量程指示灯(绿色):绿色指示灯所亮位置对应的量程为该通道当前所选量程。

⑧ 右通道(R)量程指示灯(桔红色):桔红色指示灯所亮位置对应的量程为该通道当

前所选量程。

⑨“电压/电平”量程挡:共13挡,分别是0.3 mV/-70 dB,1 mV/-60 dB,3 mV/-50 dB,10 mV/-40 dB,30 mV/-30 dB,100 mV/-20 dB,300 mV/-10 dB,1 V/0 dB,3 V/10 dB,10 V/20 dB,30 V/30 dB,100 V/40 dB,300 V/50 dB。

⑩ 刻度盘:共4条刻度线,由上到下分别是0~1,0~3,-20~0 dB,-20~2 dBm。测量电压时,若所选量程是10的倍数,读数看“0~1”即第一条刻度线;若所选量程是3的倍数,读数看“0~3”即第二条刻度线。当前所选量程均是指指针从0达到满刻度时的电压值,具体每一大格及每一小格所代表的电压值应根据所选量程确定。

⑪ 红色指针:指示右通道(R IN)输入交流电压的有效值。

⑫ 黑色指针:指示左通道(L IN)输入交流电压的有效值。

⑬ FLOAT(浮置)/GND(接地)开关。

⑭ 信号输出插座。

⑮ 220 V交流电源输入插座。

2.5.2　设置与基本操作

1. 交流电压的测量

AS2294D型交流毫伏表实际上是两个独立的电压表,因此它可作为两个单独的电压表使用。测量时,先将被测电压正确地接入所选输入通道,然后根据所选通道的量程开关及表针指示位置读取被测电压值。

2. 异步状态测量

当被测的两个电压值相差较大,如测量放大电路的电压放大倍数(或增益)时,可将仪器置于异步状态进行测量。按下“同步/异步”按键置于异步状态即使“ASYN”灯亮,将被测放大电路的输入信号u_i和输出信号u_o分别接到左、右通道的输入端,根据两个不同的量程开关和表针指示的电压值或dB值,就可算出(或直接读出)放大电路的电压放大倍数(或增益)。

如输入左通道(L IN)的指示值$u_i=10$ mV(-40 dB),输出右通道(R IN)的指示值$u_o=0.5$ V(-6 dB),则电压放大倍数$\beta=\frac{u_o}{u_i}=\frac{0.5\times10^3\ \text{mV}}{10\ \text{mV}}=50$倍;直接读取的电压增益dB值为-6 dB-(-40 dB)=34 dB。

3. 同步状态测量

同步状态测量适合于测量立体声录放磁头的灵敏度。由于两路电压表的性能、量程相同,因此可直接读出两个被测声道的不平衡度。

将“同步/异步”按键置于同步状态即使“SYNC”灯亮,分别接入左、右立体声的左、右放大器。如性能相同(平衡),红、黑表针应重合;如不重合,则可读出不平衡度的dB值。

4. 浮置功能的应用

① 在测量差动放大电路双端输出电压时，电路的两个输出端都不能接地，否则会引起测量结果不准确，此时可将后面板上的“浮置/接地”开关向上扳，采用浮置方式测量。

② 对某些需要防止地线干扰的放大器或带有直流电压输出的端子以及对元器件两端电压进行在线测量等，均可采用浮置方式测量，以防止公共接地带来的干扰或短路。

③ 在音频信号传输中，有时需要平衡传输，此时测量其电平时，应采用浮置方式测量。

5. 使用注意事项

① 测量时仪器应垂直放置，即仪器表面应垂直于桌面。

② 所测交流电压中的直流分量不得大于 100 V。

③ 测量 30 V 以上的电压时，应注意安全。

④ 接通电源或转换量程开关时，由于电容放电，指针有晃动现象，待指针稳定后方可读数。

⑤ 测量时应根据被测量的大小选择合适的量程，量程一般应取被测量的 1.2 ~ 2 倍，即使指针偏转 1/2 量程以上。在无法预知被测量大小的情况下，先用大量程挡，然后逐渐减小量程直至合适挡位。

⑥ 毫伏表属于不平衡式仪表且灵敏度很高，测量时，黑夹子必须牢固接至被测电路的“公共地”，与其他仪器连用时还应正确“共地”，红夹子接测试点。接拆电路时应注意接线顺序，测试时，先接黑夹子，后接红夹子；测量完毕，应先拆红夹子，后拆黑夹子。

⑦ 仪器应避免剧烈震动，周围不应有高热及强磁场干扰。

⑧ 仪器面板上的开关不应剧烈、频繁地扳动，以免造成人为的损坏。

2.6 逻辑笔

逻辑笔（见图 2-6-1）是一种用来测试逻辑电路功能的便捷工具，它能快速地测出逻辑电路的高、低电平，观察单脉冲和 1 Hz 的连续脉冲，判断电路的通断状态，并能记忆锁存第一个脉冲信号。

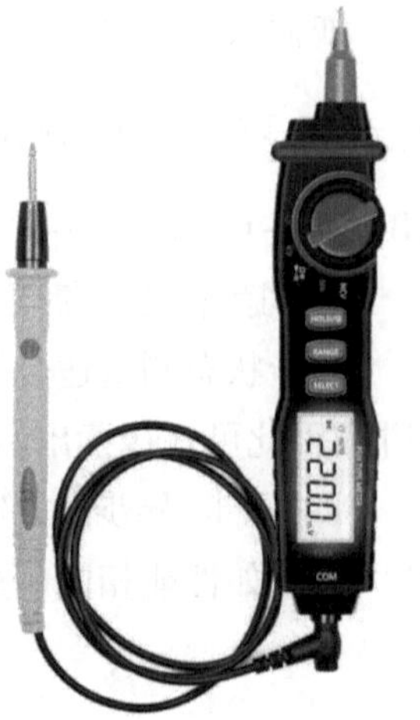

图 2-6-1 逻辑笔

1. 逻辑笔的功能

（1）LEVEL 红、绿、橙三色发光二极管，用于测试高、低电平的显示。

（2）“TTL/CMOS”选择开关，用于选择被测试逻辑电路。

（3）“PLUSE/MEM”拨动开关，用于指示脉冲原有状态和现有脉冲的方向。

2. 逻辑笔的使用方法

（1）将红色鳄鱼夹夹在被测电路的电源正极，黑色鳄鱼夹夹在电源的负极。注意：电源两端电压不能高于直流 18 V。

（2）若测试 DTL 或 TTL 集成电路，将笔上的选择开关推向“TTL”一边；若测试 CMOS 集成电路，则将该开关推向“CMOS”一边，然后将测试笔的探针接触被测电路上的一点，笔上的发光二极管会显示该点的状态：

① 红、绿、橙 3 只发光二极管都不亮——高阻抗；

② 红色发光二极管亮——高电平“1”；

③ 绿色发光二极管亮——低电平“0”；

④ 橙色发光二极管亮——脉冲。

（3）若要测试并储存脉冲或电压瞬变，先将笔下方的选择开关推向“PLUSE”一边，用探针接触电路上的一点，则发光二极管会显示该点的原有状态。然后将该选择开关推向“MEM”一边，若测试笔探测到有脉冲出现或电压瞬变，则橙色二极管发光，且二极管会长亮。再与上述原有状态比较，即可得知脉冲的方向。用完后须将该选择开关推回“PLUSE”一边，重置。

第 3 章

常用电子元器件的识别与检测

3.1 概 述

电子元器件是电路中具有独立电气性能的基本单元,是组成电子产品的基础。在电路原理图中,元器件是一个抽象概括的图形文字符号,而在实际电路中是一个具有不同几何形状、物理性能、安装要求的具体实物。本章从应用的角度出发介绍电子元器件。

一般所说的电子元器件,指的是具有独立电路功能、构成电路的基本单元。电子元器件包括通用的阻抗元件(电阻、电容、电感)、半导体分立器件、集成电路、机电元件(连接器、开关、继电器等),还包括各种专用的元器件(电声器件、光电器件、敏感元器件、显示器件、压电器件、磁性元件及电池等)。

1. 电子元器件的分类

(1) 按电路功能分类——分立器件与集成器件

分立器件:具有一定的电压电流关系的独立器件,包括基本的阻抗元件、机电元件、半导体分立器件(二极管、晶体管、场效应晶体管、晶闸管)等。

集成器件:通常称为集成电路,指一个完整的功能电路或系统。它是采用集成制造技术将各种元器件制作在一个封装内,组成具有特定电路功能和技术参数指标的器件。

(2) 按封装形式分类——直插式与表贴式

直插式元器件:组装到印制电路板上时需要在印制电路板上打通孔,其引脚在印制电路板的另一面实现焊接连接的元器件,它通常有较长的引脚和较大的体积。

表贴式元器件:组装到印制电路板上时无需在印制电路板上打通孔,其引脚直接贴装在印制电路板铜箔上的元器件,它通常是短引脚或无引脚片式结构。

(3) 按使用环境分类——民用品、工业品和军用品

民用品:可靠性一般,价格较低,应用在家用、娱乐、办公等领域。

工业品:可靠性较高,价格一般,应用在工业控制、交通、仪器仪表等领域。

军用品:可靠性很高,价格较高,应用在军工、航天航空、医疗等领域。

2. 电子元器件的封装形式

电子元器件的封装是指为制造好的电子元器件的“芯”加上保护外壳和连接引线，使之便于测试、包装、运输和组装到印制电路板上。封装不仅起着安装、固定、密封等保护芯片及增强电热性能等方面的作用，而且通过把元器件的端点用导线连接到封装外壳的引脚上，这些引脚又通过印制电路板上的导线与其他器件相连接，从而实现元器件内部和外部电路的连接。

电子元器件按封装形式可分为直插元器件和表贴元器件两大类，元器件的类型与封装类型并不是一一对应的。例如，1 kΩ，1/4 W 的电阻，其封装形式可以是直插式封装 AXIAL－0.4，也可以是表贴式封装 1206；又如，晶体管外形封装 TO－92，对应的元器件可以是小功率晶体管，也可以是小功率晶闸管。

(1) 直插元器件

直插元器件是电子元器件中适合采用通孔技术进行组装的元器件的总称。通孔技术(Through Hole Technology，THT)是将元器件插装到印制电路板上，然后再用焊锡焊牢的技术，焊点与元器件分别位于印制电路板的两面。

直插元器件的优点：

① 焊接难度不高，适合手工焊接。

② 焊接牢固，一般不会轻易被外力破坏。

③ 若使用直插芯片底座，则元器件更换非常方便。

直插元器件的缺点：

① 体积较大，占用印制电路板的面积较大。

② 需要在印制电路板上为每个引脚准备一个过孔，增加了印制电路板的制作难度。直插元器件的常见封装类型如表 3-1-1 与图 3-1-1 所示。

表 3-1-1　直插元器件的常见封装类型

封装类型	元器件名称
AXIAL 轴状	电感、电阻
RAD 方形电容	无极性电容
SIP 单列直插封装	排阻、集成电路
XTAL 晶振	晶振、圆柱形晶振
TO 晶体管外形	小功率晶体管/晶闸管、中功率晶体管、78/79 系列三端稳压管
DIODE 二极管	二极管
RB 电解电容	电解电容
DIP 双列直插封装	集成电路
PGA 针栅阵列	中央处理器(CPU)

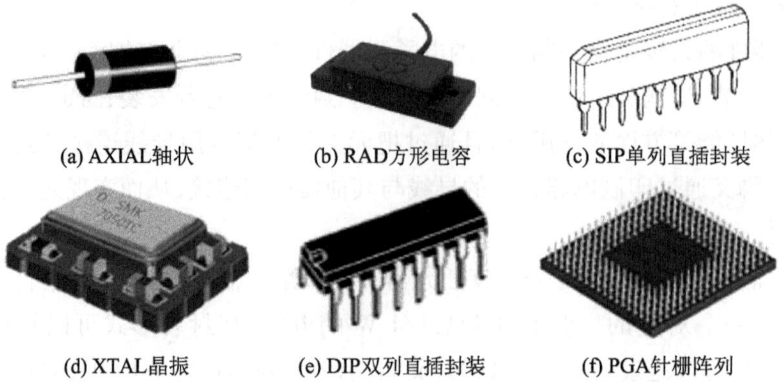

图 3-1-1　常见封装类型

（2）表贴元器件

表面贴装元器件(简称表贴元器件)是电子元器件中适合采用表面贴装工艺进行组装的元器件的总称,包括表贴元件(SMC)、表贴器件(SMD)。表面贴装技术(Surface Mount Technology,SMT)是将元器件直接贴装在印制电路板铜箔上的技术,焊点与元器件在印制电路板的同一面。现在几乎所有的电子元器件都有表面贴装形式。表贴元器件在功能和主要电性能上与传统直插式元器件并没有什么差别,主要的不同之处在于元器件的结构和封装形式。另外,表贴元器件在焊接时要经受较高的温度,元器件和印制电路板必须具有匹配的热膨胀系数。

表贴元器件的主要特点如下:

① 体积、质量均比直插式元器件小,提高了集成度。

② 无引脚或引脚很短,减少了寄生电感和电容,改善了高频特性,有利于提高电磁兼容性。

③ 形状简单、结构牢固,组装后与印制电路板的间隔很小,紧贴在印制电路板上,耐振动和冲击,提高了电子产品的可靠性。

④ 尺寸和包装标准化,适合采用自动贴装机进行组装,效率高,质量好,能实现大批量生产,综合成本低。

表贴元器件的类型如表 3-1-2 所示,其优缺点如表 3-1-3 所示。

表 3-1-2　表贴元器件的类型

表贴元器件类型		元器件名称
矩形片式	2 端无极性	电阻、电容、电感
	2 端有极性	电解电容、二极管
	3～5 端有极性	晶体管、集成电路
圆柱形		电阻、二极管

续表

表贴元器件类型	元器件名称
异形元件	电位器、电解电容、电感、开关、连接器
IC周边引线	双列L型引脚(SOP)、双列J型引脚(SOJ)、方形四周L型引脚(QFP)、方形四周L型引脚(PLCC)
IC底部引线	无引脚球栅阵列(BGA)、无引脚底部焊片(QFN)

表3-1-3　表贴元器件的优缺点

项目	片式无引脚	翼型(L型)引脚	J型引脚	无引脚底部焊片	无引脚球栅阵列
优点	较大的空间利用系数； 组装性能好； 抗振动和冲击	能适应薄、小间距组件的发展趋势； 能使用各种焊接工艺进行焊接	较大的空间利用系数； 引线较硬，在运输和使用过程中不易损坏	较大的空间利用系数； 可设置散热焊盘，利用PCB散热	较大的空间利用系数； 适合多引脚； 间距可以较大
缺点	细小尺寸元器件对组装设备和工艺要求高	占用面积较大； 运输和使用过程中引脚易受损	焊接工艺的适应性不及翼型引脚	对组装设备和工艺要求较高； 检测和返修难度高	对组装设备和工艺要求较高； 检测和返修难度高
封装形式	长方体元件	SOIC,SOP,QFP	SOJ,PLCC	QFN	BGA

3. 电子元器件的发展趋势

(1) 微小型化。各种移动产品、便携式产品及航空航天、军工、医疗等领域对产品微小型化、多功能化的要求，促使电子元器件越来越微小型化。

(2) 集成化。集成化的最大优势在于实现成熟电路的规模化制造，从而实现电子产品的普及和发展，不断满足信息化社会的各种需求。

(3) 柔性化。现代的元器件已经不是纯硬件了，软器件及与之相应的软件电子学的发展，极大地拓展了元器件的应用柔性化，以适应现代电子产品个性化、小批量、多品种的需求。

(4) 系统化。元器件的系统化是指通过集成电路和可编程技术，在一个芯片(或封装)内实现一个电子系统的功能。

3.2　电阻器与电位器

电荷在物体中运动会受到一定的阻力，这种阻力称为电阻，具有一定阻值的元器件称为电阻器。它是电子产品中用得最多且必不可少的电子元器件之一，约占电子产品设备总数的35%,而在有些产品(如彩电)中该比例大于50%,因此电阻器的质量对产品的影响很大。电阻器在电路中主要起分压、分流、限流、偏置等作用。另外,电阻器还可以与其他元件配合,组成耦合、滤波、反馈、补偿等各种不同功能的电路。

3.2.1 电阻器

电阻器(Resistance)的符号为 R,它是导体的一种基本性质,与导体的尺寸、材料和温度有关。由欧姆定律 $I=U/R$ 可知,$R=U/I$,电阻 R 的基本单位是欧姆,用希腊字母“Ω”表示,它定义为:在导体两端加上 1 V 的电压时,产生 1 A 电流所对应的阻值。

1. 电阻器的分类与符号

电阻器的种类很多,按组成材料可分为碳膜电阻器、金属膜电阻器、合成膜电阻器和线绕电阻器等;按用途可分为通用型电阻器、精密型电阻器等;按工作性能及电路功能分为固定电阻器、可变电阻器和热敏感电阻器三大类。此外,还可按引脚引出线的方式、结构形状、功率大小等分类。

通常,底色为米黄色或土黄色的是碳膜电阻器,底色为蓝色的是金属膜电阻器,底色为灰色的是金属氧化膜电阻器,如图 3-2-1 所示。

(a) 碳膜电阻器　　(b) 金属膜电阻器　　(c) 金属氧化膜电阻器

图 3-2-1　各种电阻器

2. 电阻器的主要参数

在电阻器的使用中,必须正确应用电阻器的参数。电阻器的性能参数包括标称阻值及允许偏差、额定功率、极限工作电压、电阻温度系数、频率特性和噪声电动势等。对于普通电阻器,使用中最常用的参数是标称阻值和允许偏差、额定功率。

(1) 标称阻值和允许偏差

标称阻值是指电阻器表面所标示的阻值。一般其阻值范围应符合国标中规定的阻值系列。目前电阻器标称阻值有三大系列,即 E6,E12,E24 系列,其中 E24 系列最全。电阻的基本单位是欧姆,用“Ω”表示,除欧姆(Ω)外,还有千欧(kΩ)和兆欧(MΩ)。其换算关系为

$$1\ \mathrm{M\Omega}=10^{3}\ \mathrm{k\Omega}=10^{6}\ \Omega;1\ \mathrm{k\Omega}=10^{3}\ \Omega$$

用 R 表示电阻的阻值时,应遵循以下原则:若 $R<1000\ \Omega$,用“Ω”表示;若 $1000\ \Omega \leqslant R \leqslant 1000\ \mathrm{k\Omega}$,用“kΩ”表示;若 $R \geqslant 1000\ \mathrm{k\Omega}$,用“MΩ”表示。

工业标准电阻、电容、电感大小按 E6,E12,E24,E48,E96,E116,E192 系列来规范分度。所谓 E12 分度规范,即把阻值分为 12 挡;而 E24 分度规范,即把阻值分为 24 挡。

(2) 额定功率

当电流通过电阻时,会消耗一定的功率,这部分功率变成热量使电阻温度升高。为保证电阻能正常使用而不被烧坏,规定电阻器在正常大气压力及额定温度条件下,长期安全使用允许消耗的最大功率值,称为电阻的额定功率。它是选择电阻器的主要参数之一。不同功率的电阻器在电路图中采用不同的符号表示。

电阻器的额定功率一般有 1/8,1/4,1/2,1,2,5,10 W 等,额定功率大的电阻器体积也大。在一般半导体收音机或功放等电流较小的电路中,电阻的额定功率一般只需 1/4 W 或 1/8 W 即可。标称功率大于 10 W 的电阻器,一般在图形符号上直接用数字标记出来。

3. 电阻器的标识

电阻器的标识方法主要有数码表示法、文字符号法、色标法、SMT 精密电阻表示法和直标法。

(1) 数码表示法

在电阻器上用三位(普通精度)或四位(高精度)数码表示电阻的标称值。数码从左到右,第一、二位为有效值,第三位为指数即倍乘数,第四位是允许偏差。对于电阻来说,国际单位为 Ω。例如"102",即表示 1 kΩ;还有 1203,333 等标识。

阻值在 100 Ω 以下的电阻,用"R"表示小数点。如 3.9 Ω 电阻表示为 3R9;0.33 Ω 电阻表示为 R33。数码表示法多见于贴片电阻(SMC 封装)。

(2) 文字符号法

文字符号法是将阿拉伯数字和字母符号按一定的规律组合起来以表示标称阻值及允许偏差的方法。其优点是认读方便、直观,可提高数值标记的可靠性,多用在大功率电阻器上。

文字符号法规定:用于表示阻值时,字母符号 Ω(R),k,M,G,T 之前的数字表示阻值的整数值,之后的数字表示阻值的小数值,字母符号表示小数点的位置和阻值单位。

例如,Ω33→0.33 Ω,3k3→3.3 kΩ,3M3→3.3 MΩ,3G3→3.3 GΩ。

(3) 色标法

色标法多用于轴向封装电阻(穿通式封装)。色标法用不同颜色的色环表示电阻器的阻值和允许偏差,不同颜色代表着不同数值。常见的色标法有四环电阻表示法和五环电阻表示法。

普通精度的电阻用四环电阻表示法,即用四条色带分别表示阻值及偏差。其中,第一、第二环表示阻值的有效数字,第三环表示倍率(乘数),即表示有效数字后面 0 的个数,与前三环距离最大的第四环表示允许偏差。如图 3-2-2 所示为四环电阻表示法。例如:红、红、红、银四环表示的阻值为 $22 \times 10^2 = 2200$ Ω,允许偏差为 ±10%;绿、蓝、金、金四环

表示阻值为 $56\times10^{-1}=5.6\ \Omega$,允许偏差为 ±5%。

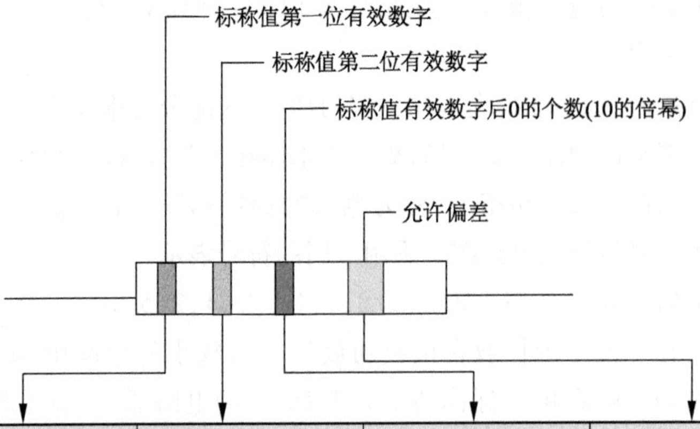

颜色	第一位有效数字	第二位有效数字	倍率	允许偏差
黑	0	0	10^0	
棕	1	1	10^1	F ±1%
红	2	2	10^2	G ±2%
橙	3	3	10^3	
黄	4	4	10^4	
绿	5	5	10^5	D ±0.5%
蓝	6	6	10^6	C ±0.2%
紫	7	7	10^7	B ±0.1%
灰	8	8	10^8	
白	9	9	10^9	
金			10^{-1}	J ±5%
银			10^{-2}	K ±10%
无色				M ±20%

图 3-2-2　四环电阻表示法

精密电阻采用五环标志,前三环表示有效数字,第四环表示倍数,与前四环距离最大的第五环表示允许偏差。如图 3-2-3 所示为五环电阻表示法。例如:棕、黑、绿、棕、棕表示的阻值为 $105\times10^1=1050\ \Omega=1.05\ \text{k}\Omega$,允许偏差为 ±1%;棕、紫、黄、银、棕表示的阻值为 $174\times10^{-2}=1.74\ \Omega$,允许偏差为 ±1%。

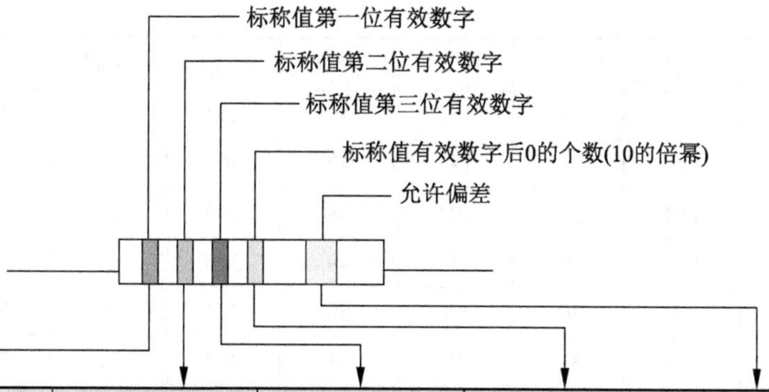

颜色	第一位有效值	第二位有效值	第三位有效值	倍率	允许偏差
黑	0	0	0	10^0	
棕	1	1	1	10^1	±1%
红	2	2	2	10^2	±2%
橙	3	3	3	10^3	
黄	4	4	4	10^4	
绿	5	5	5	10^5	±0.5%
蓝	6	6	6	10^6	±0.25%
紫	7	7	7	10^7	±0.1%
灰	8	8	8	10^8	
白	9	9	9	10^9	-20% ~ +50%
金				10^{-1}	±5%
银				10^{-2}	±10%

图 3-2-3　五环电阻表示法

(4) SMT 精密电阻表示法

它通常也是用 3 位代码标识,其中包含 2 个数字和 1 个字母,两个数字是有效数字,字母表示 10 的倍幂,但是要根据实际情况到精密电阻查询表(见表 3-2-1、表 3-2-2)中去查找(根据表中代码对应的阻值看)。

表 3-2-1　精密电阻查询表

代码	阻值	代码	阻值	代码	阻值	代码	阻值	代码	阻值
1	100	21	162	41	261	61	422	81	681
2	102	22	165	42	267	62	432	82	698
3	105	23	169	43	274	63	442	83	715
4	107	24	174	44	280	64	453	84	732
5	110	25	178	45	287	65	464	85	750

续表

代码	阻值	代码	阻值	代码	阻值	代码	阻值	代码	阻值
6	113	26	182	46	294	66	475	86	768
7	115	27	187	47	301	67	487	87	787
8	118	28	191	48	309	68	499	88	806
9	121	29	0. 196	49	316	69	511	89	825
10	124	30	200	50	324	70	523	90	845
11	127	31	3205	51	332	71	536	91	866
12	130	32	210	52	340	72	549	92	887
13	133	33	215	53	348	73	562	93	909
14	137	34	221	54	357	74	576	94	931
15	140	35	226	55	365	75	590	95	953
16	143	36	232	56	374	76	604	96	976
17	147	37	237	57	383/388	77	619		
18	150	38	243	58	392	78	634		
19	154	39	249	59	402	79	649		
20	153	40	255	60	412	80	665		

表 3-2-2　字母对应的倍幂

符号	A	B	C	D	E	F	G	H	X	Y	Z
倍数	10^0	10^1	10^2	10^3	10^4	10^5	10^6	10^7	10^{-1}	10^{-2}	10^{-3}

例如:24A 所表示的阻值为 $174 \times 10^0 = 174\ \Omega$。

(5) 直标法

在电阻体上直接标出阻值及偏差,如 10 kΩ5% 。早期多用这种方法,随着电阻体积越来越小,直标法已不再适用。

4. 常见电阻器及其选用

(1) 常见电阻器(电位器)

① 碳膜(包括合成碳膜)电阻,如图 3-2-1(a)所示。

碳膜电阻的阻值范围宽(1 Ω ~ 10 MΩ),耐高压,但精度差(偏差为 ±5%, ±10%, ±20%),高频特性也较差,所以常作为放大电路中的偏置电阻、数字电路中的上拉及下拉电阻。

由于其精度低,因此标称阻值及偏差用 E6(精度为 20%),E12(精度为 10%),E24(精度为 5%)分度。其中额定功率范围从 1/8 W 到 10 W,耗散功率从 1/4 W 到 1/2 W,偏差为 5% 和 10% 的碳膜电阻器用得最多。碳膜电阻的热稳定性较差,温度系数典型值为 $5 \times 10^{-3}/℃$,即温度每升高 1℃,阻值的变化量为 5‰。例如,一个标称阻值为 10 kΩ 的碳膜电阻器，当温度升高 10 ℃时，阻值增加 $10\times10^{3}\times5‰\times10$，约 0.5 kΩ。

② 金属膜（包括金属氧化膜）电阻，如图 3-2-1（b）（c）所示。它是用真空镀膜或阴极溅射工艺，将特定的金属或合金（如镍铬合金、氧化锡或氮化钽）淀积在绝缘基体表面形成薄膜电阻体构成的电阻器，也称为金属膜电阻或金属氧化膜电阻。

金属膜电阻阻值范围宽（10 Ω ~ 10 MΩ）、精度高（偏差为 0.1% ~ 1%）、温度系数小（金属膜电阻为 $10^{-5}\sim10^{-4}$/℃，金属氧化膜电阻典型值为 3×10^{-4}/℃）、噪声小、体积小、频率响应特性好，常用作电桥电路、RC 振荡电路及有源滤波器的参数电阻，以及高频及脉冲电路、运算放大电路中的匹配电阻，但其耐压较低。

③ 线绕电阻。线绕电阻阻值范围宽（0.01 Ω ~ 10 MΩ）、精度高（偏差为 0.05%）、温度系数小（$<10^{-5}$/℃），但耗散功率大、寄生参数（分布电容、寄生电感）大、高频特性差。它常用在对阻值有严格要求的电路系统中，如调谐网络电路和精密衰减电路。

④ 特种电阻。特种电阻主要有热敏电阻（包括负温度系数的 NTC 电阻及正温度系数的 PTC 电阻）、压敏电阻、光敏电阻、气敏电阻及磁敏电阻等。

（2）电阻器的选用

① 正确选用电阻器的阻值和偏差

阻值选用：所选电阻器的标称阻值与所需电阻器阻值的差值越小越好。

偏差选用：RC 电路所需电阻器的偏差应尽量小，一般可选偏差在 5% 以内的电阻器。退耦电路、反馈电路、滤波电路、负载电路等对偏差的要求不太高，可选偏差在 10% ~ 20% 的电阻器。

② 注意电阻器的极限参数

额定电压：当实际电压超过额定电压时，即便满足功率要求，电阻器也会被击穿损坏。

额定功率：所选电阻器的额定功率应为实际承受功率的 2 倍以上，这样才能保证电阻器在电路中长期工作的可靠性。

③ 首选通用型电阻器。通用型电阻器种类较多、规格齐全、生产批量大，且阻值范围、外观形状、体积大小都有挑选的余地，便于采购和后期维修。

④ 根据电路特点选用。在高频电路中，分布参数越小越好，应选用金属膜电阻、金属氧化膜电阻等高频电阻；在低频电路中，线绕电阻、碳膜电阻都能适用；功率放大电路、偏置电路、取样电路对稳定性的要求比较高，应选温度系数小的电阻器；退耦电路、滤波电路对阻值变化没有严格要求，任何电阻器都适用。

⑤ 根据电路板大小选用电阻。

5. 电阻器的阻值测量

电阻在使用前需检查其性能好坏，也就是测量其实际阻值与标称阻值是否相符，偏差是否在允许范围之内，若偏差在允许范围之内，电阻就是好的，否则它就是坏的。测量方法是用万用表的电阻挡进行测量，根据万用表的类型可分为模拟万用表测量方法和数字万用表测量方法。

(1) 模拟万用表测量方法

① 确定量程。根据被测电阻值确定量程,使指针指示在表盘刻度线的中间部位,这样可使测试结果更加准确,且便于观察。

② 挡位选择。通常阻值在 100 Ω 以下的电阻器可选 R×1 挡,100 Ω~1 kΩ 的电阻器可选 R×10 挡,1 kΩ~10 kΩ 的电阻器可选 R×100 挡,10 kΩ~100 kΩ 的电阻器可选 R×1 k 挡,100 kΩ 以上的电阻器可选 R×10 k 挡。

③ 调零。将红、黑表笔短接,调节电阻调零旋钮,使指针指向电阻刻度的"0"位置,随后测量电阻的阻值。

④ 操作规范。人手不要触碰电阻两端或接触表笔的金属部分,否则会引起测试误差;不测试在路电阻。

⑤ 读数。将读出来的数值乘以挡位的倍率,即为实际电阻测量值。

(2) 数字万用表测量方法

① 挡位选择。选择能够测试阻值的最小挡位,以保证测试结果的准确性。通常阻值在200 Ω 以下的电阻器选择 200 挡,200 Ω~2 kΩ 的电阻器选择 2 k 挡,2 kΩ~20 kΩ 的电阻器选择 20 k 挡,20 kΩ~200 kΩ 的电阻器选择 200 k 挡,200 kΩ~2 MΩ 的电阻器选择2 M 挡,2 MΩ~20 MΩ 的电阻器选择 20 M 挡,20 MΩ 以上的电阻器选择 200 M 挡。

② 数字表读数。数字表上显示的值乘以挡位的倍率,即为实际电阻测量值。

③ 其他事项与模拟万用表相同。

6. 电阻器性能判断

① 定性判断:如果万用表测出的电阻值接近标称值,就可以认为该电阻器的质量基本上是好的,如果测量值与标称值相差太多或根本不导通,就可以认为电阻器是坏的。

② 定量判断:计算(实际值 - 标称值)/标称值,看相对误差是否在允许的范围之内。

3.2.2 电位器

电位器是一种可调电子元件。它是由一个电阻体和一个转动或滑动系统组成的。当电阻体的两个固定触点之间外加一个电压时,通过转动或滑动系统改变触点在电阻体上的位置,在动触点与固定触点之间便可得到一个与动触点位置成一定关系的电压。在各类电子设备中,电位器是一种可调式电子元件,常用作分压器或变阻器。

1. 电位器的种类

(1) 按所用材料的不同,可分为碳膜电位器、金属膜电位器、线绕电位器、有机实心电位器、碳质实心电位器等。

(2) 按结构的不同,可分为单联、双联、多联电位器,带开关的电位器,锁紧和非锁紧型电位器等。

(3) 按调节方式的不同,可分为旋转式和直滑式电位器。

（4）按阻值变化规律的不同，可分为直线式电位器、指数式电位器、对数式电位器。

各种电位器的实物图如图 3-2-4 所示。

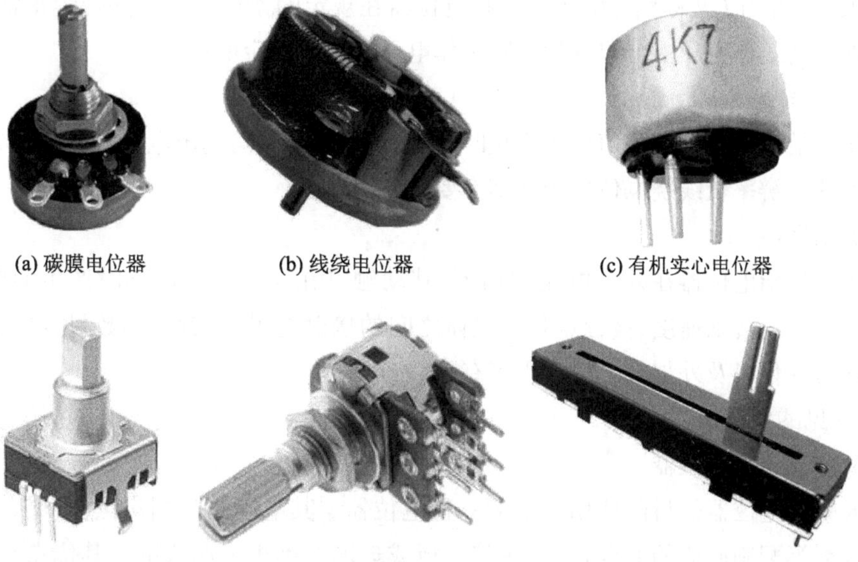

(a) 碳膜电位器　(b) 线绕电位器　(c) 有机实心电位器

(d) 旋转电位器　(e) 双联电位器　(f) 直滑式电位器

图 3-2-4　电位器

2. 电位器的主要参数

（1）标称阻值

标称阻值是指电位器上标注的电阻值，它等于电阻体两个固定端之间的电阻值。其单位有欧姆（Ω）、千欧（kΩ）、兆欧（MΩ）等。

（2）额定功率

额定功率是指电位器在交流或直流电路中，在产品标准规定的大气压和温度下，长期连续正常工作允许消耗的最大功率。额定功率一般有 0.1 W，0.25 W，0.5 W，1 W，1.6 W，2 W，3 W，5 W，10 W，16 W，25 W 等。

（3）阻值变化规律

阻值变化规律是指电位器的电阻值随滑动触点旋转角度或滑动行程的变化关系。

① 直线式电位器（用 A 表示）：其电阻体上的导电物质分布均匀，单位长度的阻值大致相等，电阻值的变化与电位器的旋转角度或滑动行程成直线关系，这类电位器多用于分压电路。

② 指数式电位器（用 B 表示）：其电阻体上的导电物质分布不均匀，刚开始转动时，阻值的变化较小；转动角度逐渐增大，阻值的变化较大。阻值的变化与电位器的旋转角度成指数关系，这类电位器多用于音量控制。

③ 对数式电位器（用 C 表示）：其电阻体上的导电物质分布不均匀，刚开始转动时，阻值的变化很大；转动角度逐渐增大，阻值的变化较小。阻值的变化与电位器的旋转角度成

对数关系,这类电位器多用于音量控制。

(4) 最大工作电压

最大工作电压(又称额定电压),是指电位器在规定的条件下能长期持续正常工作允许承受的最高工作电压。电位器的实际工作电压应小于额定电压。

(5) 分辨率

分辨率是指电位器在阻值连续变化时,其阻值的变化量与输出电压之比。通常,非线绕电位器的分辨率较线绕电位器的分辨率要高。

(6) 动噪声

动噪声是指电位器在外加电压作用下,其动触点在电阻体上滑动时产生的电噪声。该噪声的大小与转轴速度、接触点和电阻体之间的接触电阻、动触点的数目、电阻体电阻率的不均匀变化以及外加电压的大小等有关。

3. 常见的电位器

(1) 合成碳膜电位器

合成碳膜电位器是目前使用最多的一种电位器。其电阻体是用炭黑、石墨、石英粉、有机黏合剂等配制而成的混合物,涂在胶木板或玻璃纤维板上制成的。其优点是分辨率高、阻值范围宽;缺点是滑动噪声大、耐热耐湿性不好。

合成碳膜电位器的品种有普通合成碳膜电位器、带开关小型合成碳膜电位器、单联无开关(带开关)电位器、双联同轴无开关(带开关)电位器、双联异轴无开关(带开关)电位器、小型精密合成碳膜电位器、推拉开关合成碳膜电位器、直滑式合成碳膜电位器、精密多圈合成碳膜电位器等。它们的功率一般在 2 W 以下,广泛应用于家电及无线电电子设备中。

(2) 线绕电位器

线绕电位器的电阻体是由电阻丝绕在涂有绝缘材料的金属或非金属板上制成的。其优点是功率大、噪声小、精度高、稳定性好;缺点是高频特性较差。

(3) 金属膜电位器

金属膜电位器的电阻体是用金属合金膜、金属氧化膜、金属复合膜、氧化钽膜材料通过真空技术沉积在陶瓷基体上制成的。其优点是分辨率高、滑动噪声较合成碳膜电位器小;缺点是阻值范围小、耐磨性不好。

(4) 直滑式电位器

直滑式电位器的电阻体为长条形,它是通过与滑座相连的滑柄做直线运动来改变电阻值的。它一般在电视机、音响中用于音量控制或均衡控制。

(5) 单圈电位器与多圈电位器

单圈电位器:它的滑动臂只能在不到 360°的范围内旋转,一般用于对音量的控制。

多圈电位器:它的转轴每转一圈,滑动臂触点在电阻体上仅改变很小一段距离,其滑动臂从一个极端位置滑到另一个极端位置的过程中,转轴需要转动多圈。它一般用在精密调节电路中。

(6) 实心电位器

实心电位器是用炭黑、石墨、石英粉、有机黏合剂等材料混合加热后，压在塑料基体上，再经加热聚合而成的电位器。它的种类有小型实心电位器、直线式实心电位器、对数式实心电位器等。其优点是分辨率高、耐磨性好、阻值范围宽、可靠性高、体积小；缺点是噪声大、耐高温性能差。

(7) 单联电位器与双联电位器

单联电位器：由一个独立的转轴来控制一组电位器。

双联电位器：通常是将两个规格相同的电位器装在同一转轴上，调节转轴时，两个电位器的滑动触点同步转动，适用于双声道立体声放大电路的音量调节。市场中，也有一些双联电位器为异步异轴。

(8) 步进电位器

步进电位器由步进电动机、转轴电阻体、动触点等组成。动触点可以通过转轴手动调节，也可由步进电动机驱动，它多在音频功率放大器中用于音量控制。

(9) 带开关电位器

带开关电位器上附有开关装置。其种类包括单刀单掷、单刀双掷和双刀单掷等。开关与电位器同轴，开关的运动与控制方式分为旋转式和推拉式两种，多用于黑白电视机中的音量控制兼电源开关。小型旋转式带开关电位器主要用于半导体收音机或其他小型电子产品中的音量控制（或电流、电压的调节）兼电源开关。

(10) 贴片式电位器

贴片式电位器也称片状电位器，是一种无手动旋转轴的超小型直线式电位器，调节时需使用螺钉旋具等工具。其种类有单圈电位器和多圈电位器，有立式与卧式两种结构。

4. 电位器的选用与检测

(1) 电位器的选用

选用电位器时，不仅要根据使用要求来选择不同类型和不同结构形式的电位器，同时还应满足电子设备对电位器的性能及主要参数的要求，所以选择电位器应综合考虑多个方面。选用电位器的基本要求有以下几点：

① 根据使用要求选择电位器的类型。在要求不高或使用环境较好的场合中，应首先选用合成碳膜电位器。如果电路需要精密调节，而且消耗的功率较大，应选用线绕电位器。线绕电位器由于分布参数较大，只适用于低频电路，所以在高频电路中不宜选用这种电位器。另外，线绕电位器的噪声小，对噪声有控制要求的电路可选用这类电位器。金属玻璃釉电位器的阻值范围宽、可靠性高、高频特性好、耐高温耐湿性好，是高频电路和精密电子设备首选的电位器；另外，金属玻璃釉微调电位器可在小型电子设备中使用。

② 根据用途选择电位器的阻值变化特性。电位器的阻值变化特性应根据其用途来选择。例如，用于音量控制的电位器应首选指数式电位器，在无指数式电位器的情况下可

用直线式电位器来代替，但不能选用对数式电位器，否则会使音量调节范围变小。作分压电路的电位器应选直线式电位器，作音调控制的电位器应选用对数式电位器。

③ 根据电路的要求选择电位器的参数。电位器的参数主要有标称阻值、额定功率、工作电压、线性精度及机械寿命等，它们是选用电位器的依据。根据使用要求选择好电位器的类型后，就要根据电路的要求选择电位器的技术性能参数。不同电位器的机械寿命不相同，一般合成碳膜电位器的机械寿命最长，可达 20 万周，而玻璃釉电位器的机械寿命仅为 100 ~200 周。选用电位器时，要根据电路对耐磨性的不同要求，选用不同机械寿命的电位器。

④ 根据结构的要求选择电位器。选用电位器时，要注意电位器尺寸的大小、轴柄的长短、轴端的式样，以及轴上位置是否需要锁紧开关、单联还是多联、单圈还是多圈等。在结构上，对于需要经常调节的电位器，应选择轴端铣成平面的电位器，以便安装旋钮。对于不需要经常调节的电位器，可选择轴端有沟槽的电位器，用螺钉旋具调整后便不再转动，以保持工作状态的相对稳定。对于要求准确且一经调好后不能再变动的电位器，应选择带锁紧装置的电位器。带开关电位器的开关部分用于电路电源的通断控制，而电位器部分用于对电量的调节。带开关电位器的开关形式有单刀单掷、单刀双掷和双刀双掷等，选择时应根据需要来确定。带开关电位器分为推拉式开关电位器和旋转式开关电位器两种。推拉式开关电位器在开关动作时，其动触点不参加动作，这样的好处一来对电阻体没有磨损，二来也不会改变已装好的电位器的位置。旋转式电位器的开关每动作一次，动触点就要在电阻体上滑行一次，因此磨损大，会影响电位器的使用寿命。单联电位器一般用于对单电量的调节，在收录机、CD 唱机及其他立体声音响设备中用于调节两个声道的音量和音调的电位器应选择双联电位器。

（2）电位器的检测

① 标称阻值的检测。测量时，选用万用表电阻挡的适当量程，将两表笔分别接在电位器的两个固定引脚焊片之间，先测量电位器的总阻值是否与标称阻值相同。将两表笔分别接电位器中心头与两个固定端中的任一端，慢慢转动电位器手柄，使其从一个极端位置旋转至另一个极端位置，若电位器正常，万用表表针指示的电阻值应从标称阻值（或 0 Ω）连续变化至 0 Ω（或标称阻值）。在整个旋转过程中表针应平稳变化，而不应有任何跳动现象。若在调节电阻值的过程中，表针有跳动现象，则说明该电位器存在接触不良的故障。若测得的阻值为无穷大或较标称阻值大，则说明该电位器已开路或损坏。

直滑式电位器的检测方法与此相同。

② 带开关电位器的检测。对于带开关的电位器，除应按上述方法检测电位器的标称阻值及接触情况外，还应检测其开关是否正常。先旋转电位器轴柄，检查开关是否灵活，接通或断开时是否有清脆的“咯哒”声。选用万用表“R ×1 Ω”挡，将两表笔分别接在电位器开关的两个外接焊片上，旋转电位器轴柄，使开关接通，万用表表针指示的电

阻值应由无穷大(∞)变为 0 Ω;再关断开关,万用表表针应从 0 Ω 返回无穷大(∞)处。测量时应反复接通、断开电位器开关,观察开关每次动作时万用表的反应。若开关在“开”的位置阻值不为 0 Ω,在“关”的位置阻值不为无穷大(∞),则说明该电位器的开关已损坏。

③ 双联同轴电位器的检测。选用万用表电阻挡的适当量程,分别测量双联电位器上两组电位器的电阻值是否相同,且是否与标称阻值相符。

3.3 电容器

电容器是最常见的电子元器件之一,它具有储存一定电荷的能力,这种能力简称为电容。尽管电容器品种繁多,但它们的基本结构和原理是相同的,即将两平行导电极板隔以绝缘物质使其具有储存电荷的能力。

电容只能通过交流电,而不能通过直流电,因此常用于振荡电路、调谐电路、滤波电路、旁路电路及耦合电路中。

3.3.1 固定电容器

1. 电容器的分类

电容器是由两片电极板与中间的电介质构成的,电荷储存在电极板上。根据使用的目的,在制造电容器时可以选择不同材质与结构的电极和电介质,因而有许多不同种类的电容器。

根据其结构,电容器可分为固定电容器、可变电容器和半可变电容器。目前最常用的是固定容量的电容器。根据电容器是否有极性,电容器可分为有极性的电解电容器和无极性的普通电容器。根据其介质材料的种类不同,电容器可分为纸介电容器、油浸纸介电容器、金属化纸介电容器、薄膜电容器、陶瓷电容器、独石电容器、涤纶(聚酯)电容器、空气电容器、铝电解电容器、电解电容器(CA)、银电解电容器(CN)等。

2. 固定电容器的主要参数

(1) 耐压值

耐压值是指电容在电路中长期正常地工作而不被击穿所能承受的最大直流电压。对于结构、介质、容量相同的电容器,耐压值越高,体积越大。

在交流电压中,电容的耐压值应大于电压的峰值,否则,电容就可能被击穿损坏。耐压值的大小与电介质材料有关。固定电容器的耐压系列值有 1.6 V,4 V,6.3 V,10 V,16 V,25 V,32 V,35 V,40 V,50 V,63 V,100 V,125 V,160 V,250 V,300 V,400 V,450 V,500 V,630 V,1000 V。电容器的耐压值通常在电容器表面以数字的形式标注出来。

(2) 标称容量

电容器上标注的电容量称为标称容量,标称容量是生产厂家在电容器上标示的电容量。国际单位制中的单位是法拉(F),另外还有微法(μF)、纳法(nF)、皮法(pF)。

它们之间的换算关系:$1\ \text{F} = 10^6\ \mu\text{F} = 10^9\ \text{nF} = 10^{12}\ \text{pF}$。

(3) 允许误差

电容器的标称容量与实际容量之差再除以标称容量所得的百分比就是允许误差。电容量的允许误差一般分为 8 个级别,允许误差的标示方法一般有以下三种:

① 将电容量的允许误差直接标示在电容器上。

② 用罗马数字Ⅰ,Ⅱ,Ⅲ分别表示 ±5%,±10%,±20%。

③ 用英文字母表示误差等级。

(4) 温度系数

温度系数是指在一定温度范围内,温度每变化 1 ℃电容量的相对变化量,它分为正温度系数和负温度系数。正温度系数表示电容量随着温度的升高(降低)而增大(减小);负温度系数表示电容量随着温度的升高(降低)而减小(增大)。温度系数越小,电容的质量越好。

(5) 绝缘电阻

电容器两极之间的介质不是绝对的绝缘体,它的电阻值不是无限大,而是一个有限的数值,若该阻值在 1000 MΩ 以上,则称之为绝缘电阻或漏电电阻(又称漏阻),其大小为额定工作电压下的直流电压与通过电容漏电流之比。

漏电电阻越小,漏电越严重。电容器漏电会引起能量损耗,这种损耗不仅影响电容器的使用寿命,而且会影响电路的正常工作,因此,漏电电阻越大越好。小容量的电容器,绝缘电阻很大,为几百兆欧姆或几千兆欧姆;电解电容器的绝缘电阻一般较小。

(6) 频率特性

电容器的频率特性是指电容器工作在交流电路中时,其电容量等参数随着频率的变化而变化的特性。电容器在高频电路工作时,电容器介质材料的介电常数将随着工作电路频率的升高而减小。由电容器的电容量 $C = \xi s/4\pi kd$ 可知(ξ 是介电常数),电容器的电容量将随着工作电路频率的升高而减小,此时的电损耗将增加。

(7) 封装形式

电容器的封装形式是电容器外部形状及安装方式的直观描述,不同封装形式的电容器,其外部形状及安装方式是不同的。

无极性电容器的封装形式通常为 RAD0.1,RAD0.2,…其中,RAD 的意思为片装元器件,RAD 后面的数字表示元器件引脚的间距(即焊盘的间距,单位为 in,1 in = 2.54 cm),如 RAD0.1 表示电容器两个焊盘之间的距离为 0.1 in(100 mil),RAD0.2 表示该电容器两个焊盘之间的距离为 0.2 in(200 mil)。

电解电容器(有极性的电容器)的封装形式通常为 RB.2/.4,RB.3/.6 等。其中,RB

的意思为柱状元器件，RB 后面的数字分别表示焊盘间距（“/”前面的数字）和圆筒外径（“/”后面的数字），如 RB.2/.4 表示该电解电容器的焊盘间距为 0.2 in(200 mil)，圆筒外径为 0.4 in(400 mil)。

（8）电容器的最大电流峰值

当电流通过电容器时，电容器对交流电存在阻尼作用。电容器对交流电阻尼作用的大小用容抗 X_C 表示。它的大小与交流电的频率 f(单位为 Hz）和电容本身的容量大小 C(单位为 F)成反比，即 $X_C = 1/2\pi fC$。在电信号频率不变时，容量越大，容抗就越小；在容量不变时，电信号的频率越高，容抗就越小。对直流电而言，由于频率为零，容抗为无穷大，故电容器不能让直流电通过。

3. 固定电容器的容量标示方法

电容器的标称电容量和允许误差一般都标在其外壳上。在电路图上，通常只标出电容器的标称值，如果电路对电容器的耐压值有所要求，还会标出电容器的耐压值。电容器的标称电容量和允许误差的标示方法有四种，即字母数字混合标示法（又称文字符号法）、数字直接标示法、数码标示法和色码标示法。

（1）字母数字混合标示法

字母数字混合标示法是国际电工委员会推荐的标示方法，也称为文字符号法。这种标示法是用阿拉伯数字和文字符号（单位字母）的组合来表示标称电容量的。其中的数字表示电容量的有效数值，字母表示数值的单位（量级）。文字符号（单位字母）前面的数字表示整数值，后面的数字表示小数值。

字母 m 代表 1/1000，即 10^{-3}；μ 代表 1/1000000，即 10^{-6}；n 代表 1/1000000000，即 10^{-9}；p 代表 1/1000000000000，即 10^{-12}。

字母有时既表示单位，也表示小数点。

例如：33m 表示 33 mF；2m2 表示 2.2 mF；3μ3 表示 3.3 μF；μ22 表示 0.22 μF；μ10 表示 0.1 μF；47n 表示 47 nF；5n1 表示 5.1 nF；2p2 表示 2.2 pF；1p0 表示 1 pF。

（2）数字直接标示法

这种方法是用 1～4 位数字表示电容量，不标注单位。

① 当数字部分大于 1 时，其单位为 pF（皮法）。例如：3300 表示 3300 pF，680 表示 680 pF，7 表示 7 pF。

② 当数字部分大于 0 小于 1 时，其单位为 μF（微法）。例如：0.056 表示 0.056 μF，0.1 表示 0.1 μF。

（3）数码标示法

这种方法一般是用 3 位数字表示电容量的大小。3 位数字中的前两位数字为电容器标称容量的有效数字，第 3 位数字表示 10 的 n 次方，即有效数字后面零的个数。它们的单位是 pF。

注意：当 $n = 0 \sim 7$ 时，它表示 10 的 n 次方；特殊情况是，当 $n = 9$ 时，不表示 10 的 9 次

方,而是表示 10 的 -1 次方($10^{-1}=0.1$);$n=8$ 时,表示 10 的 -2 次方($10^{-2}=0.01$)。

例如:560 表示 $56\times10^{0}=56\times1=56$ pF;221 表示 $22\times10^{1}=22\times10=220$ pF;473 表示 $47\times10^{3}=47\times1\ 000=47\ 000$ pF $=0.047$ μF。

通常,这种标示方法还用于贴片电阻的标示。

(4) 色码标示法

色码标示法是用不同颜色的色环或色点来表示电容器的主要参数,其颜色含义和识别方法与电阻器的数码标示法基本相同。第 1,2 色码为数字的有效位,第 3 色码为倍乘数,第 4 色码为误差范围,第 5 色码为温度系数。

4. 常用固定电容器

(1) 电解电容器

电解电容器(见图 3-3-1)通常以金属箔(铝、钽)作为正电极,金属箔的绝缘氧化层(氧化铝、钽五氧化物)作为电介质。电解电容器以其正电极的不同分为铝电解电容器和钽电解电容器。铝电解电容器的负电极由浸过电解质液(液态电解质)的薄纸(薄膜)或电解质聚合物构成;钽电解电容器的负电极通常采用二氧化锰。由于它们均以电解质作为负电极(注意和电介质区分),所以电解电容器因此得名。

图 3-3-1　电解电容器

电解电容器具有极性容量大、能耐受大的脉动电流、泄漏电流大等特点。普通的电解电容器不适合在高频和低温条件下应用,也不宜使用在 25 kHz 以上频率的低频旁路、信号耦合以及电源滤波电路中。钽电解电容器是一种应用较为广泛的电容器,它是用烧结的钽块作正极,负电极使用固体二氧化锰,其温度特性、频率特性和可靠性均优于普通电解电容器。其优点有漏电流极小,储存性良好,寿命长,容量误差小,而且体积小,多用于脉冲锯齿波电路及要求较高的电路中。

(2) 薄膜电容器

薄膜电容器(见图 3-3-2)的结构与纸质电容器的结构相似,不同的是,它使用聚酯、聚苯乙烯等低损耗塑材作为介质,具有频率特性好、介电损耗小等优点,但不能用作大容量电容,且由于其耐热能力差,多用于滤波器和积分、振荡、定时电路中。

图 3-3-2　薄膜电容器

(3) 瓷介电容器

穿心式或支柱式结构的瓷介电容器(见图 3-3-3),其中一个电极是安装螺钉。其引线电感极小,频率特性好,介电损耗小,有温度补偿作用,但不能做成大容量的电容,受震动时会引起容量的变化,特别合适于高频旁路电路。

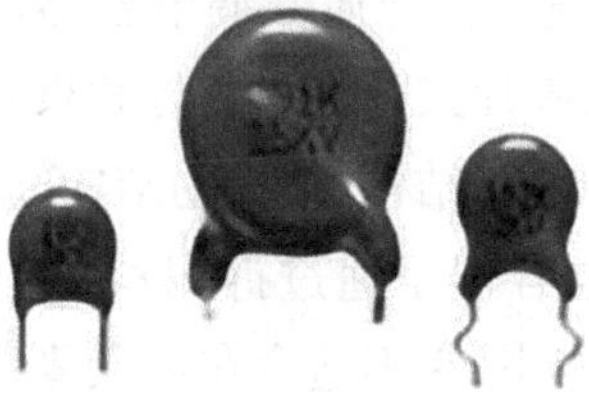

图 3-3-3　瓷介电容器

(4) 独石电容器

独石电容器(见图 3-3-4)是在若干片陶瓷薄膜坯上覆以电极浆材料,叠合后一次性烧结成一块不可分割的整体,外面再用树脂包封从而制成小体积、大容量和耐高温的新型电容器。高介电常数的低频独石电容器具有稳定的性能,体积极小,电容量高,但容量误差较大,多用于噪声旁路、滤波器和积分、振荡电路。

图 3-3-4　独石电容器

(5) 纸质电容器

纸质电容器(见图 3-3-5)通常是用两条铝箔作为电极,中间以厚度为 0.008 ~0.012 mm

的电容器纸隔开重叠卷绕而成。其制造工艺简单,价格便宜,能得到较大的电容量,一般用于低频电路中,通常不能应用在高于 1 MHz 频率的电路中。油浸纸质电容器的耐压值比普通纸质电容器高,稳定性也好,适用于高压电路。

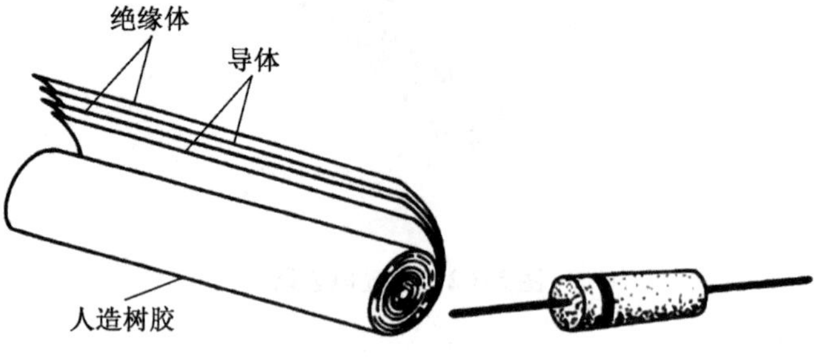

图 3-3-5　纸质电容器

(6) 微调电容器

微调电容器(见图 3-3-6)的电容量可在某一小范围内调整,在调整后可固定于某个电容值。瓷介质微调电容器的电容值高,体积也小,可分为圆管式及圆片式两种。云母和聚苯乙烯介质的微调电容器通常都采用弹簧式结构,这样的结构简单,但稳定性较差。线绕瓷介质微调电容器是通过拆铜丝(外电极)来改变电容量的,故电容量只能变小,它不适合在需反复调试的场合中使用。

图 3-3-6　微调电容器

(7) 陶瓷电容器

陶瓷电容器(见图 3-3-7)是用高介电常数的电容器陶瓷(钛酸钡 - 氧化钛)挤压成圆管、圆片或圆盘作为介质,并用烧渗法将银镀在陶瓷上作为电极制成的。它又分高频瓷介质和低频瓷介质两种。高频瓷介质电容器是具有较小的正电容温度系数的电容器,常在高稳定振荡回路中作为回路电容器及垫整电容器使用。低频瓷介质电容器限于在工作频率较低的回路中作旁路或隔直流使用,或在对稳定性和损耗要求不高的场合(包括高频)中使用。低频瓷介质电容器不宜使用在脉冲电路中,因为它们容易被脉冲电压击穿;高频瓷介质电容器适用于高频电路。

图 3-3-7　陶瓷电容器

（8）玻璃釉电容器

玻璃釉电容器（见图3-3-8）的性能可与云母电容器相媲美，不仅能耐受各种气候环境，而且可在200 ℃或更高的温度下工作，额定工作电压可达500 V。

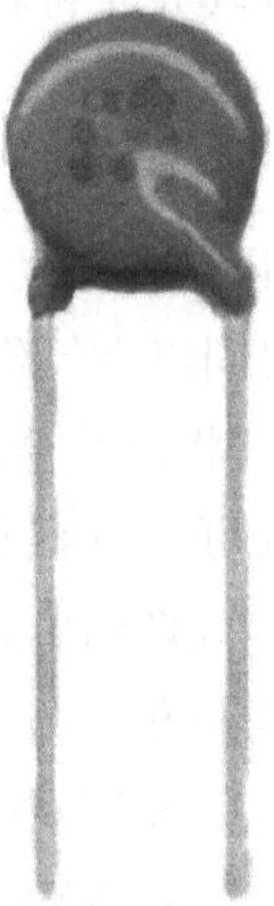

图3-3-8　玻璃釉电容器

（9）固态电容器

固态电容器（见图3-3-9）是高分子固态有机半导体电容器的简称，是一种具有极性的电解电容器。固态电容器的介电材料采用了比电解液导电性更高的有机半导体（复合盐）或导电性好的高分子材料，因此，固态电容器电解质的导电性高，导电性能受温度的影响小。固态电容器的额定电压为2～35 V，容量为1～2700 pF。目前主要应用在DVD、计算机主板、显卡、高保真音频功率放大器、投影机，以及工业计算机等设备中。

（10）贴片电容器

贴片电容器（见图3-3-10）又名SMD电容器或表面安装电容器，目前被广泛应用于各类电子产品中。贴片电容器的外表通常为黄色、黑色或淡蓝色（电解电容器通常为黄色、白色、红色或紫色），其中一端有一条白色色带或有较窄的暗条，表示该端为正极。目前应用最广的是贴片式涤纶电容器，这种电容器的耐压值通常为50 V，允许工作温度为－40～＋85 ℃。

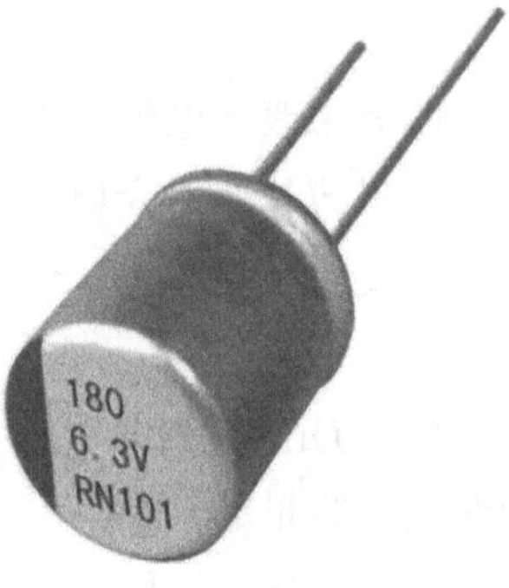

图3-3-9　固态电容器

图3-3-10　贴片电容器

3.3.2 可变电容器

可变电容器是一种电容量可以在一定范围内调节的电容器,它通常在无线电接收电路中作调谐电容器使用。可变电容器按其介质材料的不同,可分为空气介质可变电容器、固体介质可变电容器和半可变电容器。

1. 空气介质可变电容器

空气介质可变电容器的电极由两组金属片组成。两组电极中固定不变的一组为定片,能转动的一组为动片,动片与定片之间以空气作为介质。当转动该电容器的动片使之全部旋至定片时,其电容量为最大;反之,将动片全部旋出定片时,电容量最小。

空气介质可变电容器分为空气单联可变电容器(简称“空气单联”)和空气双联可变电容器(简称“空气双联”,它由两组动片和两组定片组成,可以同轴同步旋转)。

它们一般用于收音机、电子仪器、高频信号发生器、通信设备及有关的电子设备中。常用的国产空气单联可变电容器有 CB-1-XXX 系列和 CB-X-XXX 系列,常用的空气双联可变电容器有 CB-2-XXX 系列和 CB-2X-XXX 系列。

2. 固体介质可变电容器

固体介质可变电容器是在其动片与定片(动片和定片均为不规则的半圆形金属片)之间加入云母片或塑料(聚苯乙烯等材料)薄膜作为介质,以透明塑料作为外壳的电容器。其优点是体积小、重量轻;缺点是噪声大,易磨损。

固体介质可变电容器分为密封单联可变电容器(简称“密封单联”)、密封双联可变电容器(简称“密封双联”,它有两组动片、两组定片及介质,可同轴同步旋转)和密封四联可变电容器(简称“密封四联”,它有四组动片、四组定片及介质)。密封单联可变电容器主要应用在简易收音机或电子仪器中;密封双联可变电容器用在晶体管收音机和有关电子仪器和设备中;密封四联可变电容器常用在 AM/FM 多波段收音机中。

3. 半可变电容器

半可变电容器也称微调电容器,在各种调谐及振荡电路中作为补偿电容器或校正电容器使用。它分为云母微调电容器、瓷介微调电容器、拉线微调电容器、薄膜微调电容器等。

(1) 云母微调电容器

云母微调电容器是通过螺钉调节动片与定片之间的距离来改变电容量的。动片为有弹性的铜片或铝片,定片为固定金属片,其表面贴有一层云母薄片作为介质。云母微调电容器有单微调和双微调之分,使用过程中,电容量均可以反复调节。

(2) 瓷介微调电容器

瓷介微调电容器是用陶瓷作为介质的。在动片(瓷片)与定片(瓷片)上均镀有半圆形的银层,通过旋转动片改变两银片之间的距离,从而改变电容量的大小。

（3）拉线微调电容器

拉线微调电容器早期在收音机的振荡电路中作为补偿电容，它是以镀银瓷管基体作为定片，外面缠绕的细金属丝（一般为细铜线）为动片，减小金属丝的圈数，即可改变电容量。其缺点是金属丝一旦拉掉后，即无法恢复到原来的电容量，其电容量只能从大调到小。

（4）薄膜微调电容器

薄膜微调电容器用有机塑料薄膜作为介质，即在动片与定片（动片和定片均为不规则半圆形金属片）之间加上有机塑料薄膜，调节动片上的螺钉，使动片旋转，即可改变电容量。薄膜微调电容器一般分为双微调和四微调电容器，有的密封双联或密封四联可变电容器上自带薄膜微调电容器，将双联或四联可变电容器与微调电容器制作为一体，使用和调整更为方便。

3.3.3　电容器的检测

电容器的检测方法主要有两种：一是采用万用表欧姆挡检测法，这种方法操作简单，检测结果基本可靠；二是采用代替检查法，这种方法的检测结果可靠，但操作复杂，多用于在路检测。在日常修理过程中，应先采用第一种方法，再用第二种方法加以确定。

1. 万用表欧姆挡检测法

（1）漏电电阻的测量

① 选用万用表的欧姆挡（选择合适的挡位），当将两表笔分别接触电容器的两根引线时，表针首先朝顺时针方向（向右）摆动，然后又慢慢地向左回归至电阻无穷大位置的附近，此过程为电容器的充电过程。

② 表针静止所指的电阻值就是该电容器的漏电电阻 R。在测量中，如表针距无穷大位置较远，表明电容器漏电严重，不能使用；若在测量漏电电阻时，表针退回到无穷大位置，随后又顺时针摆动，则表明电容器漏电十分严重。一般要求漏电电阻 $R>500\ \text{k}\Omega$，否则不能使用。

③ 对于电容量小于 5000 pF 的电容器，万用表不能测量它的漏电电阻。

（2）电容器的断路（又称开路）、击穿（又称短路）检测

检测容量为 6800 pF ~ 1 F 的电容器，用“R × 10 k”挡，红、黑表笔分别接至电容器的两根引脚，在表笔接通瞬间，应能见到表针有一个很小的摆动过程；若未看清表针的摆动，可将红、黑表笔互换位置后再测，此时表针的摆动幅度应略大些。若在上述检测过程中表针无摆动，说明电容器已断路。若表针向右摆动一个很大的角度，且表针停在那里不动（没有回归的现象），说明电容器已被击穿或严重漏电。

（3）电解电容器的极性判断

用万用表测量电解电容器的漏电电阻，并记下这个阻值的大小，然后将红、黑表笔对调再测电容器的漏电电阻，将两次测得的阻值进行对比，漏电电阻小的一次，黑表笔所接

触的是电容器负极。

注意：在检测时，手指不要同时碰到两支表笔，以避免人体电阻对检测结果有影响。同时，检测大容量的电容器(如电解电容器)时，由于其充电时间长，就会把电容器的充电过程误认为是击穿。所以要根据电容器的容量大小选择适当的量程，电容器的电容量越小，量程需求就越小。

当检测容量小于6800 pF的小电容器时，由于容量太小，充电时间短，充电电流很小，用万用表检测时无法看到表针的偏转，所以只能检测电容器是否存在漏电故障，而不能判断它是否开路，即在检测这类小电容器时，表针应不偏转，若偏转了一个较大的角度，说明电容器漏电或被击穿。关于这类小电容器是否存在开路故障，不能用这种方法检测，但可采用代替检查法，或用具有测量电容功能的数字万用表来测量。

2. 代替检查法

代替检查法在实施过程中分为下列两种情况：

(1) 若怀疑某电容器存在开路故障(或容量不够)，可在该电容器上并联一只好的电容器，通电检验。

(2) 若怀疑电路中的电容器短路或漏电，则不能采用直接并联的方法。要先断开所怀疑电容器的一根引脚(或拆下该电容器)，再用代替检查法，因为电容器短路致漏电后，该电容器的两根引脚之间不再是绝缘的，使所并联的电容器不能起正常作用，所以不能反映代替检查的正确结果。

3.3.4 电容器的选用

1. 电容器的型号

一般在低频耦合、旁路去耦等电气性能要求不严格的电路中，可以采用纸介电容器、电解电容器等。低频放大器的耦合电容器应选用1～22 μF的电解电容器。旁路电容器应根据电路工作频率来选，如在低频电路中，发射极旁路电容应选用电解电容器，容量为10～220 μF；在中频电路中，可选用0.01～0.1 μF的纸介、金属化纸介、有机薄膜电容器等；在高频电路中，则应选用云母电容器和瓷介电容器。在电源滤波和退耦电路中，可选用电解电容器。因为这些场合对电容器的要求不高，只要体积允许、容量足够就可以。

2. 电容器的精度

在旁路、退耦、低频耦合电路中，一般对电容器的精度没有很严格的要求，可根据设计值选用相近容量或容量略大些的电容器。但在另一些电路中，如振荡回路、延时回路、音调控制电路中，电容器的容量就应尽可能和计算值一致。在各种滤波器和各种网络中，对电容量的精度有较高的要求，则应选用高精度的电容器以满足电路要求。

3. 额定工作电压

电容器的额定工作电压应高于实际工作电压，并留有足够余量，以防因电压波动导致电容器的损坏。一般而言，应使电容器实际工作电压低于额定工作电压的10%～20%。

在某些电路中,电压波动幅度较大,可留有更大的余量。电容器的额定工作电压通常是指直流电压值,如果直流中含有脉动成分,该脉动直流的最大电压值应不超过额定电压值。如果电容器工作于交流环境,此交流电压的最大值应不超过额定值,并且随着工作频率的升高,工作电压应降低。有极性的电容器不能用于交流电路。电解电容器的耐温性能很差,如果工作电压超过允许值,介质损耗将增大,很容易导致电容器温度上升过高,最终损坏电容器。一般说来,电容器工作时只允许出现较低的温升,否则属于不正常现象,因此,在电容器安装时,应尽量远离发热元件(如大功率管、变压器等)。如果工作环境温度较高,则应降低工作电压使用。一般小容量电容器的介质损耗很小,耐温性和稳定性都比较好,但电路对它们的要求往往比较高,因此,在选择额定工作电压时,仍应留有一定的余量,也要注意环境工作温度的影响。

4. 绝缘电阻

绝缘电阻越小的电容器,其漏电流就越大,漏电流不仅损耗了电路中的电能,更重要的是,它会导致电路工作失常或降低电路性能。漏电流产生的功率损耗会使电容器发热,而电容器温度升高,又会产生更大的漏电流,如此循环,极易损坏电容器。因此在选用电容器时,应选择绝缘电阻足够高的电容器,在高温和高压条件下使用的电容器更是如此。另外,在电容器作为电桥电路中的桥臂、运算元件等场合,绝缘电阻的高低将影响测量、运算等的精度,所以必须采用高绝缘电阻的电容器。电容器的损耗在许多场合也直接影响到电路的性能,在滤波器、中频回路、振荡回路等电路中,要求损耗尽可能小,这样可以提高回路的品质因数,改善电路的性能。

5. 温度系数和频率特性

电容器的温度系数越大,其容量随温度的变化越大,这在很多电路中是不被允许的,如振荡电路中的振荡回路元件、移相网络元件、滤波器等,若温度系数较大,则使电路产生漂移,造成电路工作的不稳定。以上这些场合中,应选用温度系数较小的电容器,以确保电路能稳定工作。

另外,在高频应用时,由于电容器自身电感、引线电感和高频损耗的影响,电容器的性能会变差,频率特性差的电容器不仅不能发挥其应有的作用,还会带来许多麻烦。例如,纸介电容器的分布电感会使高频放大器产生超高频寄生反馈,使电路不能工作。所以,高频电路选用电容器,一要注意电容器的频率参数,二要注意电容器的引线不能留得过长,以减小引线电感对电路的不良影响。

6. 工作环境

工作环境的优劣直接影响电容器的性能和寿命。在工作温度较高的环境中,电容器容易产生漏电并加速老化,因此在设计和安装时,应尽可能使用温度系数较小的电容器,并远离热源和改善机内通风散热,必要时可强制风冷。在寒冷条件下,由于气温很低,普通电解电容器会因电解液结冰而不能正常工作,因此必须使用耐寒的电解电容器。在多风沙条件下或湿度较大的环境中工作时,则应选用密封型电容器,以提高设备的防尘抗潮能力。

3.4 电感器和变压器

电感器是由导线一圈靠一圈地绕在绝缘管上制成的,导线彼此绝缘,而绝缘管可以是空心的,也可以包含铁芯或磁粉芯。电感器简称电感,用 L 表示,其单位有亨利(H)、毫亨利(mH)、微亨利(μH),$1\ H = 10^3\ mH = 10^6\ \mu H$。电感器在电路中的作用包括滤波、振荡、延迟、陷波等,即电感器有"通直流,阻交流"的特性。

变压器是改变交流电压、电流和阻抗的器件,它由铁芯(或磁芯)和线圈组成,线圈有两个或两个以上的绕组,其中接电源的绕组称为初级线圈,其余的绕组称为次级线圈。当初级线圈中通有交流电流时,铁芯(或磁芯)中便产生交流磁通,使次级线圈中感应出电压(或电流)。

3.4.1 线圈类电感器

1. 电感器的分类

电感器的种类很多,主要有以下几种分类方式。

① 按电感形式分为固定电感、可变电感。

② 按导磁体性质分为空芯线圈、铁氧体线圈、铁芯线圈、铜芯线圈。

③ 按工作性质分为天线线圈、振荡线圈、扼流线圈、陷波线圈、偏转线圈。

④ 按绕线结构分为单层线圈、多层线圈、蜂房式线圈。

⑤ 按工作频率分为高频线圈、低频线圈。

⑥ 按结构特点分为磁芯线圈、可变电感线圈、色码电感线圈、无磁芯线圈等。

2. 电感器的主要参数

(1) 电感量 L

电感量 L 表示线圈本身的固有特性,与电流大小无关。除专门的电感线圈(色码电感线圈)外,电感量一般不标注在线圈上,而是以特定的名称标注。

(2) 感抗 X_L

电感线圈对交流电流阻碍作用的大小称为感抗 X_L,单位是欧姆。它与电感量 L 和交流电频率 f 的关系为 $X_L = 2\pi fL$

(3) 品质因数 Q

品质因数 Q 是表示线圈质量的物理量,Q 为感抗 X_L 与其等效电阻的比值,即 $Q = X_L/R$。线圈的 Q 值越高,回路的损耗越小。线圈的 Q 值与导线的直流电阻、骨架的介质损耗、屏蔽罩或铁芯引起的损耗、高频趋肤效应等因素有关。线圈的 Q 值通常为几十到几百。采用磁芯线圈、多股粗线圈均可提高线圈的 Q 值。

(4) 分布电容

线圈的匝与匝间、线圈与屏蔽罩间、线圈与底板间存在的电容称为分布电容。分布电容的存在使线圈的 Q 值减小,稳定性变差,因而线圈的分布电容越小越好。采用分段绕法,可减小分布电容。

(5) 允许误差

电感量的实际值与标称值之差除以标称值所得的百分数即为电感器的允许误差。

(6) 标称电流

标称电流是指线圈允许通过的电流大小,通常用字母 A,B,C,D,E 表示,标称电流值有 50 mA,150 mA,300 mA,700 mA,1600 mA 等。

3. 电感器的测试

(1) 外观检查

检测电感器时应先进行外观检查,看线圈有无松散,引脚有无折断,线圈是否烧毁或外壳是否烧焦等。若有上述现象,则表明电感器已损坏。

(2) 用万用表欧姆挡检测

用万用表的欧姆挡检测线圈的直流电阻。电感器的直流电阻值一般很小,匝数多、线径细的线圈,其直流电阻值能达几十欧;对于有抽头的线圈,各引脚之间的阻值均很小,仅为几欧。用万用表"R×10"挡测量线圈的直流电阻,若阻值无穷大则说明线圈(或与引出线之间)已经开路损坏;若阻值比正常值小很多,则说明线圈局部短路;若阻值为零,则说明线圈完全短路。

对于有金属屏蔽罩的电感线圈,还需检查它的线圈与屏蔽罩之间是否短路。若用万用表测得该线圈各引脚与外壳(屏蔽罩)之间的电阻不是无穷大,而是有一定电阻值或为零,则说明该电感内部短路。

若采用具有电感挡的数字式万用表检测电感器,则需将数字式万用表的量程开关置于合适的电感挡,然后将电感引脚与万用表两表笔相接,即可通过显示屏读出电感量。若显示的电感量与标称电感量相近,则说明该电感器正常;若显示的电感量与标称电感量相差很大,则说明电感器不正常。

4. 常用电感器

(1) 单层线圈

单层线圈是用相互绝缘的导线一圈挨一圈地绕在纸筒或胶木骨架上制成的,如图 3-4-1 所示。晶体管收音机中的波天线线圈就是单层线圈。

(2) 蜂房式线圈

如果绕制的线圈平面不与旋转面平行,而是相交成一定的角度,这种线圈称为蜂房式线圈。令其旋转一周,导线来回弯折的次数,常称为折点数。蜂房式绕法的优点是线圈体积小,分布电容小,而且电感量大。蜂房式线圈都是利用蜂房绕线机绕制的,折点越多,分布电容越小,如图 3-4-2 所示。

图 3-4-1　单层线圈

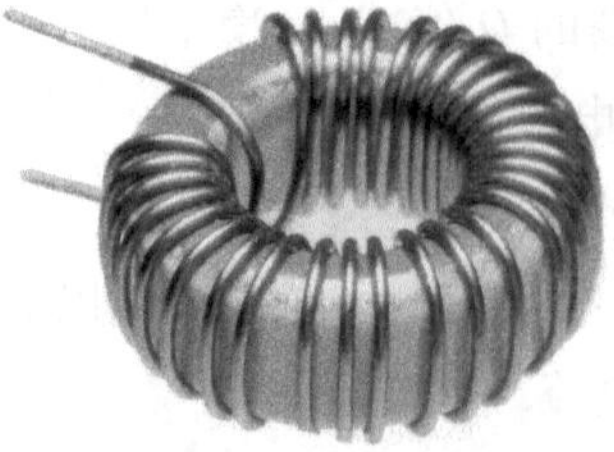

图 3-4-2　蜂房式线圈

(3) 铁氧体磁芯和铁粉芯线圈

线圈的电感量大小与有无磁芯有关,在空芯线圈中插入铁氧体磁芯,可增加电感器的电感量、提高线圈的品质因素,如图 3-4-3 和图 3-4-4 所示。

图 3-4-3　铁氧体磁芯

图 3-4-4　铁粉芯线圈

(4) 铜芯线圈

铜芯线圈在超短波范围应用较多,通过旋动铜芯在线圈中的位置来改变电感量,这种调整方式比较方便,如图 3-4-5 所示。

图 3-4-5　铜芯线圈

(5) 色码电感线圈

色码电感线圈是一种高频电感线圈,它是在磁芯上绕上一些漆包线后再用环氧树脂或塑料封装而成。它的工作频率为 10 kHz ~ 200 MHz,电感量一般为 0.1 μH ~ 3300 μH。色码电感器是具有固定电感量的电感器,其电感量标示方法同电阻一样以色环来标示,如

图 3-4-6 所示。

图 3-4-6　色码电感线圈

（6）阻流圈

限制交流电通过的线圈称为阻流圈（扼流圈），它分为高频阻流圈和低频阻流圈，如图 3-4-7 所示。

图 3-4-7　阻流圈

（7）偏转线圈

偏转线圈是电视机扫描电路输出级的负载。偏转线圈要求偏转灵敏度高、磁场均匀、Q 值高、体积小、价格低。若依型号和规格对偏转线圈进行选择，还有片状电感、功率电感、片状磁珠、插件磁珠、立式电感等多种型号和规格。

片状磁珠有很高的电阻率和磁导率，它等效于电阻和电感的串联，其电阻值和电感值都随频率变化。它比普通的电感有更好的高频滤波特性，在高频时呈现阻性，所以能在相当宽的频率范围内保持较高的阻抗，从而提高调频滤波效果。它是目前应用发展很快的一种抗干扰组件，廉价且方便使用，滤除高频噪声效果显著，如图 3-4-8 所示。

图 3-4-8　偏转线圈

3.4.2 变压器

变压器的种类很多,往往将其按结构、工作频率、电源相数等进行分类。变压器一般可分为低频变压器、中频变压器、高频变压器、脉冲变压器和隔离变压器。变压器的工作原理如图3-4-9所示。

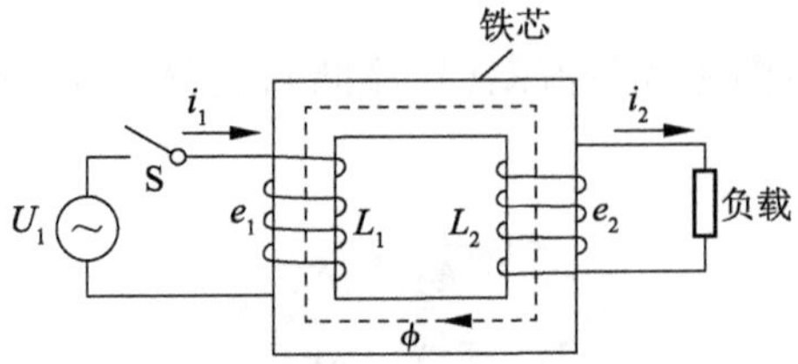

图3-4-9 变压器工作原理图

1. 低频变压器

低频变压器可用来传输信号电压和信号功率,还可实现电路之间的阻抗匹配,对直流电具有隔离作用。低频变压器可分为音频变压器和电源变压器两种。

音频变压器又可分为级间耦合变压器、输入变压器和输出变压器,其外形均与电源变压器相似。音频变压器的主要作用是实现阻抗变换、耦合信号及将信号倒相等,因为只有在电路阻抗匹配的情况下,音频信号的传输损耗及其失真才能降到最低。

(1)级间耦合变压器

级间耦合变压器用于两级音频放大电路之间,作为耦合元件,它将前一级放大电路的输出信号传送至后一级,并做适当的阻抗变换。

(2)输入变压器

在早期的半导体收音机中,音频推动级和功率放大级之间使用的变压器为输入变压器,它起信号耦合和传输的作用,也称为推动变压器。输入变压器有单端输入式和推挽输入式两种。若推动电路为单端电路,则输入变压器应为单端输入式;若推动电路为推挽电路,则输入变压器为推挽输入式。

(3)输出变压器

输出变压器接在功率放大器的输出电路与扬声器之间,主要起信号传输和阻抗匹配的作用。输出变压器也分为单端输出变压器和推挽输出变压器两种。

(4)电源变压器

电源变压器的作用是将50 Hz,220 V的交流电压升高或降低,转换成所需的各种交流电压。按其变换电压的形式,可分为升压变压器、降压变压器和隔离变压器等;按其形状构造,可分为长方体或环形(俗称环流)变压器等。

2. 中频变压器

中频变压器俗称中周,是超外差式收音机和电视机中的重要组件。中周的磁芯是用具有高频或低频特性的磁性材料制成的,低频磁芯用于调幅收音机,高频磁芯用于电视机和调频收音机。中频变压器属于可调磁芯变压器,它由屏蔽外壳、磁帽(或磁芯)、尼龙支架、“工”字磁芯和引脚架等组成。调节其磁芯,改变线圈的电感量,即可改变中频信号的灵敏度、选择性及通频带。不同规格和型号的中频变压器是不能直接互换使用的。

3. 高频变压器

高频变压器可分为耦合线圈和调谐线圈两大类。耦合线圈的主要作用是连接两部分电路的信号传输,即前级信号通过它送至后级电路;调谐线圈与电容可组成串并联谐振回路,用于选频电路等。天线线圈、振荡线圈属于高频线圈。开关电源变压器由于工作频率通常在 10 kHz 及以上,也属于高频变压器。

4. 脉冲变压器

脉冲变压器用于各种脉冲电路中,其工作电压、电流等均为非正弦脉冲波。常用的脉冲变压器有电视机的行输出变压器、行推动变压器、开关变压器、自耦变压器、电子点火器的脉冲变压器、臭氧发生器的脉冲变压器等。

(1) 行输出变压器

行输出变压器简称“FBT”或行回扫变压器,是电视机中的主要部件,属于升压式变压器,它可用来产生显像管所需的各种工作电压(如阳极高压、加速极电压、聚焦极电压等)。有的电视机中的行输出变压器还为整机的其他电路提供工作电压。行输出变压器一般由“U”形磁芯、低压线圈、高压线圈、外壳、高压整流硅堆、高压线、高压帽、灌封材料、引脚、聚焦电位器、加速极电压调节电位器、聚焦电源线、加速极供电线及分压电路等组成。

(2) 行推动变压器

行推动变压器也称行激励变压器,将其接在行推动电路与行输出电路之间,起到信号耦合、阻抗变换、隔离及缓冲等作用,控制着行输出管的工作状态。行推动变压器由“E”形铁芯(或磁芯)、骨架及一次(初级)、二次(次级)绕组等组成。

(3) 开关变压器

开关稳压电源电路中使用的开关变压器属于脉冲电路用振荡变压器。其主要作用是向负载电路提供能量(为整机各电路提供工作电压),实现输入、输出电路之间的隔离。开关变压器采用 E1 型、EE 型或 Ea 型等高磁导率磁芯,其一次(初级)绕组为储能绕组,用来向开关管集电极供电。自激式开关电源的开关变压器的一次绕组还包含正反馈绕组或取样绕组,用来提供正反馈电压或取样电压。他激式开关电源的开关变压器的一次绕组还包含自馈电绕组,用来提供开关振荡集成电路的工作电压。开关变压器二次(次级)侧有多组电能释放绕组,可产生多路脉冲电压,再经整流、滤波后可供给电视机各有关电路。

(4) 自耦变压器

自耦变压器的绕组为有抽头的一组线圈,其输入端和输出端之间有电的直接联系,不能隔离为两个独立部分。当输入端同时有直流电和交流电通过时,输出端无法将直流隔离,即不具备“隔直流”的作用。

5. 隔离变压器

隔离变压器的主要作用是隔离电源、切断干扰源的耦合通路和传输通道,其一次、二次绕组的匝数比(变压比)等于1。它分为电源隔离变压器和干扰隔离变压器。

(1) 电源隔离变压器

电源隔离变压器是具有“安全隔离”作用的电源变压器,一般作为彩色电视机的维修设备。彩色电视机的底板多数带有电,在维修时若在彩色电视机与220 V交流电源之间接入一只隔离变压器,则彩色电视机立即呈“悬浮”供电状态。当人体偶尔触及隔离变压器二次(次级)侧的任一端时,均不会发生触电事故。(注意:人体不能同时触及隔离变压器二次侧的两个接线端,否则会形成闭合回路,发生触电事故。)

(2) 干扰隔离变压器

干扰隔离变压器是具有噪声干扰抑制作用的变压器,它可以使两个有联系的电路相互独立,不能形成回路,从而有效地切断干扰信号的通路,使干扰信号无法从一个电路进入另一个电路。干扰隔离变压器通常用于电源的输入端,是抗干扰电路的主要元器件之一。

3.5 半导体分立器件

半导体是一种具有特殊性质的物质,它不像导体那样能够完全导电,又不像绝缘体那样不能导电,它的导电性介于导体与绝缘体之间,所以称为半导体。半导体材料中最重要的两种元素是硅和锗。

3.5.1 半导体分立器件常用命名方法

1. 国产半导体分立器件的型号及命名方法

半导体是一种导电能力介于导体和绝缘体之间的物质。按国家标准规定,半导体器件的型号由五部分组成(场效应器件、半导体特殊器件、复合管、PIN型管、激光器件的型号命名只有第三、四、五部分)。五个部分的意义如下:

第一部分:用数字表示半导体器件的有效电极数目。如2表示二极管、3表示三极管。

第二部分:用汉语拼音字母表示半导体器件的材料和极性。

表示二极管,如A表示N型锗材料、B表示P型锗材料、C表示N型硅材料、D表示P型硅材料。

表示三极管,如A表示PNP型锗材料、B表示NPN型锗材料、C表示PNP型硅材料、D表示NPN型硅材料。

第三部分:用汉语拼音字母表示半导体器件的类型。如:P 表示普通管、V 表示微波管、W 表示稳压管、C 表示参量管、Z 表示整流管、L 表示整流堆、S 表示隧道管、N 表示阻尼管、U 表示光电器件、K 表示开关管、X 表示低频小功率管、G 表示高频小功率管、D 表示低频大功率管、A 表示高频大功率管、T 表示半导体晶闸管(可控整流器)、Y 表示体效应器件、B 表示雪崩管、J 表示阶跃恢复管、CS 表示场效应管、BT 表示半导体特殊器件、FH 表示复合管、PIN 表示 PIN 型管、JG 表示激光器件。

第四部分:用数字表示序号。

第五部分:用汉语拼音字母表示规格号。如:3DG18,表示 NPN 型硅材料高频三极管。

2. 国际电子联合会半导体分立器件的型号及命名方法

德国、法国、意大利、荷兰、比利时等欧洲国家,大都采用国际电子联合会半导体分立器件的型号及命名方法。这种命名方法由四个基本部分组成,各部分的符号及意义如下。

第一部分:用字母表示器件使用的材料。

A 表示器件使用材料的禁带宽度 $E_g=0.6\sim1.0$ eV,如锗;B 表示器件使用材料的禁带宽度$E_g=1.0\sim1.3$ eV,如硅;C 表示器件使用材料的禁带宽度 $E_g>1.3$ eV,如砷化镓;D 表示器件使用材料的禁带宽度 $E_g<0.6$ eV,如锑化铟;E 表示器件使用复合材料及光电池使用的材料。

第二部分:用字母表示器件的类型及主要特征。

A 表示检波开关混频二极管;B 表示变容二极管;C 表示低频小功率晶体管;D 表示低频大功率晶体管;E 表示隧道二极管;F 表示高频小功率晶体管;G 表示复合器件及其他器件;H 表示磁敏二极管;K 表示开放磁路中的霍尔元件;L 表示高频大功率晶体管;M 表示封闭磁路中的霍尔元件;P 表示光敏器件;Q 表示发光器件;R 表示小功率晶闸管;S 表示小功率开关管;T 表示大功率晶闸管;U 表示大功率开关管;X 表示倍增二极管;Y 表示整流二极管;Z 表示稳压二极管。

第三部分:用数字或字母加数字表示登记号。

三位数字代表通用半导体器件的登记序号,一个字母加两位数字表示专用半导体器件的登记序号。

第四部分:用字母对同一类型号器件进行分档。

A,B,C,D,E 表示同一类型号的器件按某一参数进行分档的标志。

除四个基本部分外,有时还加后缀以区别特性或进一步分类。常见后缀如下:

① 稳压二极管型号的后缀。其后缀的第一部分是一个字母,表示稳定电压值的容许误差范围,字母 A,B,C,D,E 分别表示容许误差为 ±1%, ±2%, ±5%, ±10%, ±15%;其后缀的第二部分是数字,表示标称稳定电压的整数数值;后缀的第三部分是字母 V,代表小数点,字母 V 之后的数字为稳压管标称稳定电压的小数值。

② 整流二极管型号的后缀是数字,表示器件的最大反向耐压值,单位是伏特(V)。

③ 晶闸管型号的后缀也是数字，通常标出最大反向耐压值和最大反向关断电压中数值较小的那个电压值。如：BDX51，它表示 NPN 硅低频大功率晶体管，AF239S 表示 PNP 锗高频小功率晶体管。

3. 欧洲早期半导体分立器件的型号及命名方法

欧洲有些国家，如德国、荷兰采用如下命名方法：

第一部分：0 表示半导体器件。

第二部分：A 表示二极管，C 表示晶体管，AP 表示光敏二极管，CP 表示光敏晶体管，AZ 表示稳压管，RP 表示光电器件。

第三部分：多位数字表示器件的登记序号。

第四部分：A，B，C 表示同一类型号器件的变形产品。

（俄罗斯半导体分立器件的型号命名法由于使用少，在此不作介绍。）

3.5.2 二极管

1. 半导体二极管的分类

二极管按其使用的半导体材料，可分为锗（Ge）二极管、硅（Si）二极管、砷化镓（GaAs）二极管和磷化镓（GaP）二极管等；按结构的不同，可分为点接触型二极管和面接触型二极管；按其用途和功能，可分为普通二极管、整流二极管、稳压二极管、检波二极管、开关二极管、阻尼二极管、发光二极管、光敏二极管、变容二极管等。

2. 常用半导体二极管

（1）整流二极管

整流二极管（见图 3-5-1）就原理而言，当输入为交流电时，输出的是直流电。以整流电流的大小 100 mA 作为界线，通常把输出电流大于 100 mA 称为整流。面接触型二极管的工作频率小于 1 kHz，最高反向电压为 25 ~ 3000 V，分 A ~ X 共 22 档。

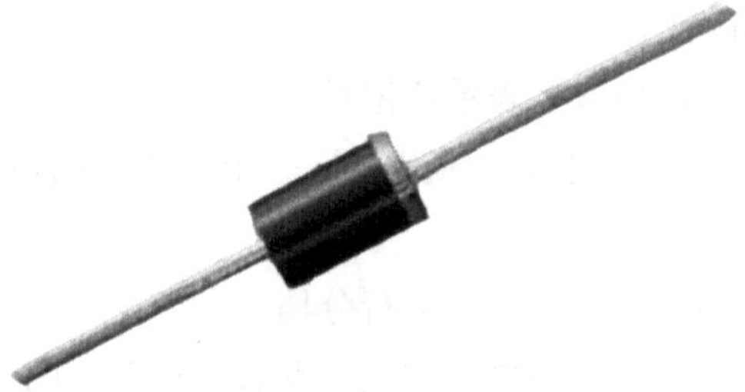

图 3-5-1 整流二极管

整流二极管分类如下：

① 硅半导体整流二极管 2CZ 型。

② 硅桥式整流器 QL 型。

③ 用于电视机高压硅堆工作频率近 100 kHz 的 2CLG 型。

(2) 稳压二极管

稳压二极管(见图3-5-2)是反向击穿特性曲线急骤变化的二极管,作为控制电压和标准电压使用而制作的。二极管工作时的端电压(又称齐纳电压)从3 V左右到150 V,按每隔10%能划分成许多等级。在功率方面,稳压二极管的工作范围为200 mW至100 W,它们工作在反向击穿状态,由硅材料制作,动态电阻 R_Z 很小,一般为2CW型;若将两个互补二极管反向串接以减小温度系数,则为2DW型。

(3) 检波二极管

检波二极管(见图3-5-3)可将叠加在高频信号上的低频信号检出。以整流电流的大小100 mA作为界线,通常把输出电流小于100 mA的称为检波。锗材料点接触型检波二极管工作频率可达400 MHz,正向压降小,结电容小,检波效率高,频率特性好,为2AP型。类似点接触型检波用的二极管,除用于检波外,还能够用于限幅、削波、调制、混频、开关等电路,也有为调频检波专用的一致性好的两只二极管组合件。

图3-5-2　稳压二极管

图3-5-3　检波二极管

(4) 开关二极管

小电流的开关二极管(见图3-5-4)通常有点接触型和键型二极管,也有在高温下还能工作的硅扩散型、台面型和平面型二极管。开关二极管的优点是开关速度快。其中,2AK型点接触二极管在中速开关电路中使用;2CK型平面接触二极管除在高速开关电路中使用外,还可用于开关、限幅、钳位或检波等电路。

图3-5-4　开关二极管

(5) 肖特基二极管

肖特基二极管(见图3-5-5)是具有肖特基特性的"金属半导体结"的二极管。其正向起始电压较低,金属层可以采用金、钼、镍、钛等材料,半导体材料采用硅或砷化镓,多为N型半导体。这种器件是由多数载流子导电的，所以，其反向饱和电流相比以少数载流子导电的PN结大得多。由于肖特基二极管中少数载流子的存储效应甚微，所以其频率响应为RC时间常数限制，因而，它是高频和快速开关的理想器件，其工作频率可达100 GHz。并且，MIS（金属—绝缘体—半导体）肖特基二极管可以用来制作太阳能电池或发光二极管。

（6）变容二极管

作为自动频率控制（AFC）和调谐用的小功率二极管称为变容二极管（见图3-5-6），它还能用于扫描振荡、调频等。通常，采用硅的扩散型二极管，但也可采用合金扩散型、外延结合型、双重扩散型等特殊制作的二极管，因为这些二极管对于电压而言，其静电容量的变化率特别大。结电容多以硅材料制作，它随反向电压 V_R 的变化而变化，可以取代可变电容用作调谐回路、振荡电路、锁相环路，常用于电视机高频头的频道转换和调谐电路。

图3-5-5　肖特基二极管

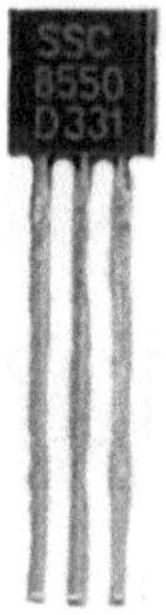

图3-5-6　变容二极管

（7）发光二极管

发光二极管（见图3-5-7）由磷化镓、磷砷化镓材料制成，正向驱动发光。它的体积小、工作电压低、工作电流小、发光均匀、寿命长、可发出红、黄、绿单色光。

（8）阻尼二极管

阻尼二极管（见图3-5-8）具有较高的反向工作电压和峰值电流，正向压降小。阻尼二极管多用于黑白或彩色电视机行扫描电路中的阻尼、整流电路里，可以是硅二极管或锗二极管。它具有类似高频高压整流二极管的特性。

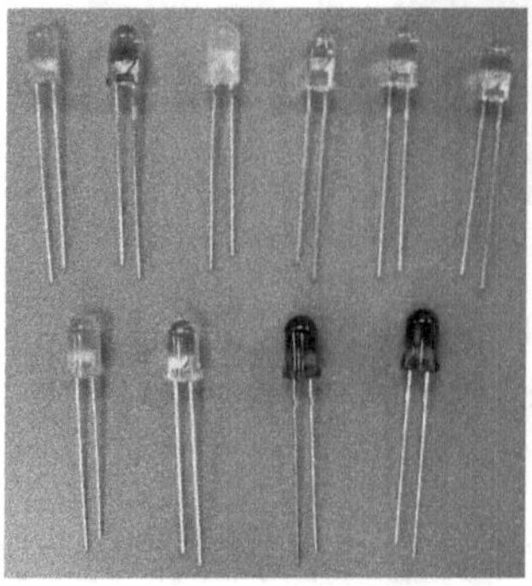

图3-5-7　发光二极管

图3-5-8　阻尼二极管

3. 半导体二极管的测试

(1) 普通二极管的测试

① 直观识别二极管的极性。二极管的正、负极一般标在外壳上。目前所用的标示方法有两种:一是在管壳上直接标出二极管符号;二是在管壳一端标色环或色点。标注色环或色点的一端电极是二极管的负极,另一端是正极。

② 用万用表测试二极管

第一步:将万用表功能开关拨到欧姆挡"R×100"或"R×1 k"挡,再进行"0 Ω"校正。

第二步:将万用表的红、黑表笔搭接在二极管的两个管脚上,记下万用表的电阻读数(注意:人体不要同时与二极管的两个引脚相接,以免影响测量结果)。

第三步:交换万用表的两表笔再进行测试,记下万用表的电阻读数。以电阻值小的一次测量为准,检测中黑表笔对应的电极为二极管的正极,另一个为负极。

注意:指针式模拟万用表表内电池的正极接于黑色表笔,电池负极接于红色表笔;数字万用表则相反。在两次测量操作中,若所测得的电阻值相差很大,说明二极管是好的;如果两次测量中,电阻值均为零或很小,说明 PN 结已短路或被击穿;如果两次测量中,电阻值均为无限大,说明 PN 结内部开路或被烧坏。

(2) 稳压二极管的判别

首先按普通二极管的检测方法判断出稳压二极管的正、负极,然后将万用表的量程置于"R×10 k"挡测量二极管的反向电阻值,若此时的电阻变小,说明该二极管是稳压二极管。

(3) 发光二极管的检测

发光二极管的正、负极可以通过管脚的长短来判断,管脚长的是正极,管脚短的是负极。也可以借助万用表的"R×10 k"挡测试判断,方法与普通二极管一样,一般正向电阻为 15 kΩ 左右,反向电阻为无穷大。

4. 半导体二极管的选用

在实际工作中,应根据电路的具体要求选择半导体二极管的种类、型号和参数,其选用原则大体如下:

(1) 根据电路功能选用

高频检波电路应选用锗检波二极管,它的特点是工作频率高、正向压降小和结电容小。2AP11 ~17 用于频率 40 MHz 以下,2AP9 ~10 用于频率 100 MHz 以下,2AP1 ~8 用于频率 150 MHz 以下,2AP30 用于频率 400 MHz 以下。

(2) 根据整机体积选用

目前整机向小型化、薄型化和轻型化方向发展,要求配套二极管微型化和片状化。DO –35 型开关二极管和频段开关二极管的玻壳长度为 3. 8 mm,DO –34 型频段开关二极管的玻壳长度为 2. 2 mm,SOD –23 型塑封变容二极管玻壳长度为 4 mm。

(3) 根据整机性价比选用

根据整机性价比和配套二极管在整机中的作用进行合理地选用。

5. 使用注意事项

由于二极管向微型、超微型和片状化发展,在使用中要特别注意以下事项:

① 对于点接触型和玻壳二极管,要防止跌落至坚硬的地面。

② 对于玻壳二极管,焊接时要防止电烙铁直接接触玻壳。

③ 对稳压二极管不能加正向电压。

④ 肖特基二极管易受静电破坏,人与设备应接地。

⑤ 对片状二极管,应注意二极管本身与印制板的膨胀系数。

⑥ 对有配对要求的二极管,在使用中要防止混组,以免影响调试。

3.5.3 晶体管

半导体晶体管也称双极型晶体管,简称晶体管(见图 3-5-9)。它是一种控制电流的半导体器件,其作用是把微弱的信号放大成幅值较大的电信号,也用作无触点开关。

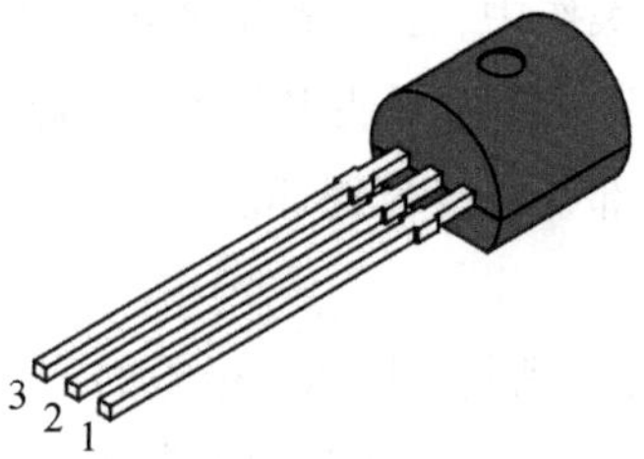

图 3-5-9 晶体管

1. 晶体管的分类

半导体晶体管由两个 PN 结组成,可以对电流起放大作用,它有 3 个引脚,分别为集电极(c)、基极(b)和发射极(e)。常见的分类方式如下:

① 按材质的不同,分为硅管、锗管。

② 按结构的不同,分为 NPN 型、PNP 型。

③ 按功能的不同,分为开关管、功率管、达林顿管、光敏管等。

④ 按功率的不同,分为小功率管、中功率管、大功率管。

⑤ 按工作频率的不同,分为低频管、高频管、超频管。

⑥ 按结构工艺的不同,分为合金管、平面管。

⑦ 按安装方式的不同,分为插件晶体管、贴片晶体管。

2. 晶体管的主要参数

晶体管的主要参数有电流放大系数、耗散功率、频率特性、集电极最大电流、最大反向电压、反向电流等。

(1) 电流放大系数

电流放大系数也称电流放大倍数,它用来表示晶体管的电流放大能力。根据晶体管工作状态的不同,电流放大系数又分为直流电流放大系数和交流电流放大系数。

① 直流电流放大系数。直流电流放大系数也称静态电流放大系数或直流放大倍数，它是指在静态直流信号输入时，晶体管集电极电流 I_c 与基极电流 I_b 的比值，一般用 h_{FE}或 β 表示。

② 交流电流放大系数。交流电流放大系数也称动态电流放大系数或交流放大倍数，它是指在交流状态下，晶体管集电极电流的变化量 ΔI_c 与基极电流变化量 ΔI_b 的比值，一般用 h_{FE}和 β 表示。h_{EF}或 β 既有区别又关系密切，两个参数值在低频时较为接近，在高频时有一些差异。

（2）耗散功率

耗散功率也称集电极最大允许耗散功率 P_{cm}，是指晶体管参数变化不超过规定允许值的最大集电极耗散功率。耗散功率与晶体管的最高允许结温和集电极最大电流有密切的关系。晶体管在使用时，其实际功耗不允许超过 P_{cm}值，否则会因过载造成晶体管的损坏。通常将耗散功率 $P_{cm}<1$ W 的晶体管称为小功率晶体管，将 1 W$\leqslant P_{cm}<5$ W 的晶体管称为中功率晶体管，将 $P_{cm}\geqslant 5$ W 的晶体管称为大功率晶体管。

（3）频率特性

晶体管的电流放大系数与工作频率有关。若晶体管超过了其工作频率范围，就会出现电流放大能力减弱甚至失去放大作用的现象。晶体管的频率特性参数主要包括特征频率 f_t 和最高振荡频率 f_m 等。

① 特征频率 f_t。特征频率是指 β 值降为 1 时晶体管的工作频率，通常将特征频率$f_t\leqslant$ 3 MHz 的晶体管称为低频管，将$f_t\geqslant$30 MHz 的晶体管称为高频管，将 3 MHz $<f_t<$ 30 MHz 的晶体管称为中频管。

② 最高振荡频率 f_m。最高振荡频率是指晶体管的功率增益降为 1 时所对应的频率。通常，高频晶体管的最高振荡频率低于共基极截止频率 f_α，而特征频率 f_t 则高于共基极截止频率 f_α，但低于共集电极截止频率 f_β。

（4）集电极最大电流 I_{cm}

集电极最大电流是指晶体管集电极所允许通过的最大电流。当晶体管的集电极电流 I_c超过 I_{cm}时，晶体管的 β 值等参数将发生明显变化，影响晶体管正常工作，甚至还会损坏晶体管。

（5）最大反向电压

最大反向电压是指晶体管在工作时所允许施加的最高工作电压。它包括集电极—发射极反向击穿电压，集电极—基极反向击穿电压和发射极—基极反向击穿电压。集电极—发射极反向击穿电压是指当晶体管基极开路时，其集电极与发射极之间的最大允许反向电压，一般用 U_{ceo} 或 $U_{(br)ceo}$ 表示；集电极—基极反向击穿电压是指当晶体管发射极开路时，其集电极与基极之间的最大允许反向电压，用 U_{cbo} 或 $U_{(br)cbo}$ 表示；发射极—基极反向击穿电压是指当晶体管的集电极开路时，其发射极与基极之间的最大允许反向电压，用 U_{ebo} 或 $U_{(br)ebo}$ 表示。

（6）反向电流

晶体管的反向电流包括集电极—基极之间的反向电流 I_{cbo} 和集电极—发射极之间的反向击穿电流 I_{ceo}。

① 集电极—基极之间的反向电流 I_{cbo} 也称集电极反向漏电流，是指当晶体管的发射极开路时，集电极与基极之间的反向电流。I_{cbo} 对温度较为敏感，该值越小，说明晶体管的温度特性越好。

② 集电极—发射极之间的反向击穿电流 I_{ceo} 是指当晶体管的基极开路时，其集电极与发射极之间的反向漏电流，也称穿透电流。此电流值越小，说明晶体管的性能越好。

3. 晶体管的检测与选用

（1）晶体管的检测

① 判别基极和管子的类型。选用欧姆挡的"R×100（或 R×1 k）"挡，将红黑表笔测晶体管的任意两脚电阻，再将红黑表笔互换仍测该两脚电阻，两次测量电阻读数不同。其中，有一组数据中两个阻值都很小的，对应测得这组数值的红表笔接的为基极，且管子为 PNP 型。反之，若用黑表笔接一个管脚，重复上述做法，若测得两个阻值都小，则对应黑表笔接的为基极，且管子为 NPN 型。

② 判别集电极和发射极。因为晶体管发射极和集电极正确连接时电流放大系数 β 大（表针摆动幅度大），反接时 β 就小得多。因此，先假设一个集电极，用欧姆挡连接（对 NPN 型管，发射极接黑表笔，集电极接红表笔），测量时，用手捏住基极和假设的集电极，两极不能接触，若指针摆动幅度大，而把两极对调后指针摆动幅度小，则说明假设是正确的，从而确定集电极和发射极。

③ 电流放大系数 β 的估算。选用欧姆挡的"R×100（或 R×1 k）"挡，对 NPN 型管，红表笔接发射极，黑表笔接集电极，测量时，比较用手捏住基极和集电极（两极不能接触）和把手放开两种情况下指针摆动的幅度，摆动幅度越大，β 值越高。

（2）晶体管的选用

应根据电路的具体要求合理选用晶体管。首先应选择晶体管的材料与极性，还要考虑被选晶体管的耗散功率、集电极最大电流、最大反向电压、电流放大系数等参数及外形尺寸等是否符合应用电路的要求。此外，还应使晶体管的特征频率高于电路工作频率的 3~10 倍，但不宜太高，否则会引起高频振荡，影响电路的稳定性。β 值太低，将使电路的增益不够；β 值太高，将使电路的稳定性变差，噪声增大。晶体管的反向击穿电压 U_{ceo} 应大于电源电压。常温下要考虑集电极的散热功率，以免所选的晶体管不合适而烧坏电路。在电路允许的情况下，应尽量选择硅管。

3.5.4 场效应管

场效应晶体管（Field Effect Transistor，FET）简称场效应管（见图 3-5-10）。FET 是由多数载流子参与导电的，也称为单极型晶体管，它属于电压控制型半导体器件，它具有输入电阻高、噪声小、功耗低、动态范围大、易于集成、没有二次击穿现象、安全工作区域宽等优点。

图 3-5-10　场效应管

1. 场效应管的分类

（1）按结构不同，分为分结型场效应管和绝缘栅型（MOS）场效应管两大类。

（2）按沟道材料不同，结型场效应管和绝缘栅型场效应管各分为 N 沟道和 P 沟道两种。

（3）按导电方式的不同，分为耗尽型与增强型，结型场效应管均为耗尽型，绝缘栅型场效应管既有耗尽型，也有增强型。

2. 场效应管的主要参数

场效应管的参数包括直流参数、交流参数和极限参数。在一般情况下使用时，主要关注以下参数：

（1）饱和漏源电流 I_{DSS}。饱和漏源电流是指结型或耗尽型绝缘栅场效应管中，栅极电压 $U_{GS}=0$ 时的漏源电流。

（2）夹断电压 U_P。夹断电压是指结型或耗尽型绝缘栅场效应管中，是漏源极之间刚截止时的栅极电压。

（3）开启电压 U_T。开启电压是指增强型绝缘栅场效应管中，是漏源极之间刚导通时的栅极电压。

（4）跨导 g_M。跨导表示栅源电压 U_{GS} 对漏极电流 I_D 的控制能力，即漏极电流 I_D 的变化量与栅源电压 U_{GS} 变化量之比。g_M 是衡量场效应管放大能力的重要参数。

（5）漏源击穿电压 $U_{(br)DS}$。漏源击穿电压是指栅源电压 U_{GS} 一定时，场效应管正常工作所能承受的最大漏源电压。这是一项极限参数，加在场效应管上的工作电压必须小于 $U_{(br)DS}$。

（6）最大耗散功率 P_{DSM}。最大耗散功率是一项极限参数，是指场效应管的性能不变坏时所允许的最大漏源耗散功率。使用时，场效应管实际消耗功率应小于 P_{DSM} 并留有一定余量。

（7）最大漏源电流 I_{DSM}。最大漏源电流是一项极限参数，是指场效应管正常工作时漏源间所允许通过的最大电流。场效应管的工作电流应不超过 I_{DSM}。

3. 场效应管的检测

(1) 结型场效应管的检测

① 管脚识别。场效应管的栅极相当于晶体管的基极,源极和漏极分别对应于晶体管的发射极和集电极。将万用表置于"R×1 k"挡,用两表笔分别测量每两个管脚间的正、反向电阻。若某两个管脚间的正、反向电阻相等,且均为数千欧,则这两个管脚为漏极 D 和源极 S(可互换),余下的一个管脚即为栅极 G。对于有 4 个管脚的结型场效应管,另外一极是屏蔽极,使用中接地。

② 判定栅极。用万用表黑表笔触碰管子的一个电极,红表笔分别触碰另外两个电极。如果两次测出的阻值都很小,说明均是正向电阻,则该管属于 N 沟道场效应管,此时黑表笔接的是栅极。制造工艺决定了场效应管的源极和漏极是对称的,可以互换使用,并不影响电路的正常工作,所以不必加以区分。源极与漏极间的电阻约为几千欧。(注意:不能用此方法判定绝缘栅型场效应管的栅极,因为这种管子的输入电阻极高,栅源间的极间电容又很小,测量时只要有少量的电荷,就可在极间电容上形成很高的电压,容易损坏管子。)

③ 放大能力的估测。将万用表拨到"R×100"挡,红表笔接源极 S,黑表笔接漏极 D,相当于给场效应管加上 1.5 V 的电源电压,这时表针指示的是 D-S 极间电阻值。然后用手指捏住栅极 G,将人体的感应电压作为输入信号加到栅极上,由于管子的放大作用,U_{DS} 和 I_D 都将发生变化,也相当于 D-S 极间电阻发生了变化,此时可观察到表针有较大幅度的摆动。如果手捏栅极时表针摆动幅度很小,说明管子的放大能力较弱;若表针不动,说明管子已经损坏。

由于人体感应的 50 Hz 交流电压较高,而不同的场效应管用电阻挡测量时的工作点可能不同,因此,用手捏住栅极时,表针可能向右摆动,也可能向左摆动。少数管子的 R_{DS} 减小,使表针向右摆动,多数管子的 R_{DS} 增大,使表针向左摆动。无论表针的摆动方向如何,只要能有明显的摆动,就说明管子具有放大能力。

本方法也适用于检测 MOS 管。为了保护 MOS 场效应管,必须用手握住螺钉旋具的绝缘柄,用金属杆去触碰栅极,以防止人体感应电荷直接加到栅极上损坏管子。MOS 管每次测量完毕,G-S 结电容上都会充有少量电荷,建立起电压 U_{GS},再接着测试时表针可能不动,此时将 G-S 极间短路一下即可。

(2) MOS 场效应管的检测

① 准备工作。测量之前,把人体对地短路,之后才能摸触 MOS-FET 的管脚。最好在手腕上接一条导线与大地连通,使人体与大地保持等电位,再把管脚分开,然后拆掉导线。

② 判定电极。将万用表拨到"R×100"挡,首先确定栅极。若某脚与其他脚间的电阻都是无穷大,证明此脚就是栅极 G。交换两表笔重新测量,S-D 之间的电阻值应为几百欧至几千欧,其中阻值较小的那一次,黑表笔接的为 D 极,红表笔接的是 S 极。日本生产

的3SK系列产品，S极与管壳接通，据此很容易确定S极。

③ 检查放大能力（跨导）。将G极悬空，黑表笔接D极，红表笔接S极，然后用手指触摸G极，表针应有较大的偏转。双栅MOS场效应管有两个栅极 G_1 和 G_2。为了进行区分，可用手分别触摸 G_1 和 G_2 极，其中表针向左侧偏转幅度较大的为 G_2 极。有的MOS－FET管，在G－S极间增加了保护二极管，平时就不需要把各管脚短路了。

（3）VMOS场效应管的检测

① 判定栅极G。将万用表拨至"R×1 k"挡，分别测量三个管脚之间的电阻。若发现某脚与其余两脚之间的电阻均呈无穷大，且交换两表笔后仍为无穷大，则证明此脚为G极，因为它和另外两个管脚间是绝缘的。

② 判定源极S和漏极D。在源、漏极之间有一个PN结，因此根据PN结的正、反向电阻存在差异，可识别S极与D极。用交换表笔法测2次电阻，其中电阻值较低（一般为几千欧至十几千欧）的一次为正向电阻，此时黑表笔接的是S极，红表笔接的是D极。

③ 测量漏极和源极通态电阻 R_{DS}(on)。将G－S极短路，选择万用表的"R×1"挡，黑表笔接S极，红表笔接D极，阻值应为几欧至十几欧。由于测试条件不同，测出的 R_{DS}(on)值比手册中给出的典型值要高一些。

④ 检查跨导。将万用表置于"R×1 k（或R×100）"挡，红表笔接S极，黑表笔接D极，手持螺钉旋具的绝缘柄去触碰栅极，表针应有明显偏转，偏转越大，说明管子的跨导越高。

4．场效应管与晶体管的比较

（1）场效应管是电压控制元件，而晶体管是电流控制元件。在只允许从信号源获取较少电流的情况下，应选用场效应管；而在信号电压较低，又允许从信号源获取较多电流的条件下，应选用晶体管。

（2）场效应管是利用多数载流子导电的，所以称为单极型器件，而晶体管是既利用多数载流子导电，也利用少数载流子导电，所以被称为双极型器件。

（3）有些场效应管的源极和漏极可以互换使用，栅压也可正可负，它的灵活性比晶体管好。

（4）场效应管能在电流很小和电压很低的条件下工作，且它的制造工艺可以很方便地把很多场效应管集成在一块硅片上，因此场效应管在大规模集成电路中得到了广泛的应用。

3.5.5　晶闸管

硅晶体闸流管，简称晶闸管（见图3-5-11）。由于晶闸管最初应用于可控整流方面，所以又称为硅可控整流元件，简称可控硅，在电路中用文字符号V，VT表示（旧标准中用字母SCR表示）。

晶闸管的优点很多，如能在高电压、大电流条件下工作，且其工作过程可以控制；体积小；以小功率控制大功率，功率放大倍数高达几十万倍；反应极快，在微秒级内开通和关断；无触点运行、无火花、无噪声、效率高、成本低等。晶闸管被广泛应用于可控整流、交流调压、无触点电子开关、逆变及变频等电子电路中。

晶闸管的缺点有静态及动态的过载能力较差，容易受干扰而错误导通。

图 3-5-11 晶闸管

1. 晶闸管的分类

（1）按关断、导通及控制方式分类

晶闸管按其关断、导通及控制方式，可分为普通晶闸管（单向可控硅）、双向晶闸管（TRIAC）、逆导晶闸管、门极关断晶闸管（GTO）、BTG 晶闸管、温控晶闸管和光控晶闸管等。

（2）按引脚和极性分类

晶闸管按其引脚和极性可分为二极晶闸管、三极晶闸管和四极晶闸管。

（3）按封装形式分类

晶闸管按其封装形式可分为金属封装晶闸管、塑封晶闸管和陶瓷封装晶闸管。其中，金属封装晶闸管又分为螺检形、亚柜形、圆壳形等多种；塑封晶闸管又分为带散热片型和不带散热片型两种。

（4）按电流容量分类

晶闸管按其电流容量可分为大功率晶闸管、中功率晶闸管和小功率晶闸管三种。通常，大功率晶闸管多采用金属壳封装，而中、小功率晶闸管则多采用塑封或陶瓷封装。

（5）按关断速度分类

晶闸管按其关断速度可分为普通晶闸管和高频（快速）晶闸管。

2. 晶闸管的主要参数

（1）断态不重复峰值电压 U_{DSM}

门极开路时，施加于晶闸管的阳极电压上升到正向伏安特性曲线急剧转折处所对应的电压值，即断态不重复峰值电压 U_{DSM}。它是一个不能重复，且每次持续时间不大于 10 ms 的断态最大脉冲电压。U_{DSM}值应小于转折电压 U_{b0}。

(2) 断态重复峰值电压 U_{DRM}

断态重复峰值电压是指晶闸管在门极开路而结温为额定值时,允许重复加于晶闸管上的正向断态最大脉冲电压。每秒 50 次,每次持续时间不超过 10 ms,且规定 U_{DRM} 为 U_{DSM} 的 90%。

(3) 反向不重复峰值电压 U_{RSM}

门极开路,晶闸管承受反向电压时,对应于反向伏安特性曲线急剧转折处的反向峰值电压值 U_{RSM}。它是一个不能重复施加,且持续时间不超过 10 ms 的反向脉冲电压。反向不重复峰值电压 U_{RSM} 应小于反向击穿电压。

(4) 反向重复峰值电压 U_{RRM}

反向重复峰值电压是指晶闸管在门极开路而结温为额定值时,允许重复加于晶闸管上的反向最大脉冲电压。每秒 50 次,每次持续时间不超过 10 ms,且规定 U_{RRM} 为 U_{RSM} 的 80%。

(5) 额定电压 U_R

将断态重复峰值电压 U_{DRM} 和反向重复峰值电压 U_{RRM} 两者中较小的一个电压值规定为额定电压 U_R。在选用晶闸管时,应该使其额定电压为正常工作电压峰值 U_M 的 2 ~ 3 倍,以作为安全余量。

(6) 通态峰值电压 U_{TM}

将通态峰值电压规定为额定电流工作下管子导通的管压降峰值,一般为 1.5 ~ 2.5 V,且随阳极电流的增加而略为增加。额定电流时的通态平均电压一般为 1 V 左右。

(7) 通态平均电流 I_T(AV)

通态平均电流是指在环境温度为 +40 ℃和规定的散热冷却条件下,晶闸管在电阻性负载导通角不小于 170°的单相工频正弦半波电路结温稳定在额定值 125 ℃时,所允许通过的最大电流平均值。

(8) 维持电流 I_H(针对关断过程)

维持电流是指晶闸管维持导通所必需的最小电流,一般为几十到几百毫安。维持电流与结温有关,结温越高,维持电流越小,晶闸管越难关断。

(9) 断态电压临界上升率(dV/dt)

断态电压临界上升率是指在额定结温和门极开路的情况下,不会导致晶闸管从断态到通态转换的外加电压最大上升率。电压上升率过大,就会使晶闸管错误导通。

(10) 通态电流临界上升率(dI/dt)

通态电流临界上升率是指在规定的条件下,晶闸管能承受的无有害影响的最大通态电流上升率。如果电流上升太快,可能造成局部过热而使晶闸管损坏。

3. 常用晶闸管

(1) 普通晶闸管(SCR)

普通晶闸管是由 $P_1N_1P_2N_2$ 四层半导体材料构成的三端半导体器件,三个引出端分别为阳极 A、阴极 K 和门极 G。普通晶闸管的阳极与阴极之间具有单向导电性能，其内部可以等效为一只由 PNP 晶闸管和 NPN 晶闸管组合而成的组合管。

普通晶闸管受触发导通后，其门极 G 即使失去了触发电压，只要阳极 A 和阴极 K 之间仍保持正向电压，晶闸管仍将维持低阻导通状态。只有把阳极 A 的电压撤除或改变阳极 A、阴极 K 之间的电压极性(如交流过零)，普通晶闸管才由低阻导通状态转换为高阻阻断状态。普通晶闸管一旦阻断，即使其阳极 A 与阴极 K 之间又重新加上正向电压，仍需在门极 G 和阴极 K 之间重新加上正向触发电压后方可导通。普通晶闸管的导通与阻断状态相当于开关的闭合和断开状态，用它可以制成无触点电子开关去控制直流电源电路。

(2) 双向晶闸管(TRIAC)

双向晶闸管由 NPNPN 五层半导体材料构成，相当于两只普通晶闸管反相并联，它也有三个电极，分别是主电极 T_1、主电极 T_2 和门极 G。

双向晶闸管可以双向导通，即在门极加上正或负的触发电压均能触发双向晶闸管正、反两个方向导通。双向晶闸管的主电极 T_1 与 T_2 之间，无论所加的电压极性是正向还是反向，只要门极 G 和主电极 T_1(或 T_2)间加有正、负极性不同的触发电压，满足其必需的触发电流，晶闸管即可触发导通呈低阻状态。此时，主电极 T_1，T_2 间压降约为 1 V。双向晶闸管一旦导通，即使失去了触发电压，也能继续维持导通状态。当主电极 T_1，T_2 的电流减小至维持电流以下或 T_1，T_2 间电压改变极性且无触发电压时，双向晶闸管阻断，只有重新施加触发电压，才能再次导通。

(3) 门极关断晶闸管

门极关断晶闸管(GTO，以 P 型门极为例)由 PNPN 四层半导体材料构成，其三个电极分别为阳极 A、阴极 K 和门极 G。

门极关断晶闸管也具有单向导电特性，当其阳极 A、阴极 K 两端为正向电压，在门极 G 上加正的触发电压时，晶闸管将导通，导通方向为 A→K。当门极关断晶闸管处于导通状态，若在其门极 G 上加一个适当的负电压，则能使导通的晶闸管关断(普通晶闸管在靠门极正电压触发之后，撤掉触发电压也能维持导通，只有当切断电源使正向电流低于维持电流或加上反向电压时，才能使其关断)。

4. 晶闸管的检测

(1) 单向晶闸管的检测

① 判别各电极。根据普通晶闸管的结构可知，其门极 G 与阴极 K 之间为一个 PN 结，具有单向导电特性，而阳极 A 与门极 G 之间有两个反极性串联的 PN 结。因此，用万用表的"R×100"挡或"R×1 k"挡测量普通晶闸管各引脚之间的电阻值，即能确定三个电极。

具体方法：将万用表黑表笔任意接晶闸管的某一极，用红表笔依次触碰另外两个电极，若测量结果中有一次阻值为几千欧，而另一次阻值为几百欧，则可判定黑表笔接的是门极 G。在阻值为几百欧的测量中，红表笔接的是阴极 K，而在阻值为几千欧的那次测量中，红表笔接的是阳极 A。若两次测出的阻值均很大，则说明黑表笔接的不是门极 G，再用同样的方法改测其他电极，直到确定出三个电极为止。也可测任意两脚之间的正、反向电阻，若正、反向电阻均接近无穷大，则两极即为阳极 A 和阴极 K，而另一脚即为门极 G。

普通晶闸管还可以根据其封装形式来判断各电极。例如，螺栓形普通晶闸管的螺栓一端为阳极 A，较细的引线端为门极 G，较粗的引线端为阴极 K。平板形普通晶闸管的引出线端为门极 G，平面端为阳极 A，另一端为阴极 K。金属壳封装（TO－3）的普通晶闸管，其外壳为阳极 A。塑封（TO－220）的普通晶闸管的中间引脚为阳极 A，且多与自带散热片相连。

② 判断其好坏。用万用表的“R×1 k”挡测量普通晶体管阳极 A 与阴极 K 之间的正、反向电阻，正常时两测量值均为无穷大（∞）。若测得 A，K 之间的正、反向电阻值均为零或阻值较小，则说明晶闸管内部击穿、短路或漏电。

③ 触发能力检测。对于小功率（工作电流为 5 A 以下）的普通晶闸管，可用万用表“R×1”挡进行测量。测量时，黑表笔接阳极 A，红表笔接阴极 K，此时表针不动，显示阻值为无穷大（∞）。用镊子或导线将晶闸管的阳极 A 与门极 G 短路，相当于给 G 极加上正向触发电压，此时若电阻值为几欧至几十欧（具体阻值根据晶闸管的型号不同有所差异），则表明晶闸管因正向触发而导通。随后，断开 A 极与 G 极的连接（A，K 极上的表笔不动，只将 G 极的触发电压断掉），若表针指示值仍保持在几欧至几十欧的位置不动，则说明此晶闸管的触发性能良好。

（2）双向晶闸管的检测

① 判别各电极。用万用表的“R×1”或“R×10”挡分别测量双向晶闸管三个引脚间的正、反向电阻值，若测得某一管脚与其他两脚均不通，则此脚便是主电极 T_2。找出 T_2 极之后，剩下的两脚便是主电极 T_1 和门极 G。测量这两脚之间的正、反向电阻值，会得到两个均较小的电阻值，在电阻值较小（约几十欧）的一次测量中，黑表笔接的是主电极 T_1，红表笔接的是门极 G。螺栓形双向晶闸管的螺栓一端为主电极 T_2，较细的引线端为门极 G，较粗的引线端为主电极 T_1。金属封装（TO－3）双向晶闸管的外壳为主电极 T_2，塑封（TO－220）双向晶闸管的中间引脚为主电极 T_2，该极通常与自带小散热片相连。

② 判别其好坏。用万用表的“R×1”或“R×10”挡测量双向晶闸管的主电极 T_1 与主电极 T_2 之间、主电极 T_2 与门极 G 之间的正、反向电阻值，正常时测量值均应接近无穷大。若测得电阻值均很小，则说明该晶闸管电极间已击穿、漏电或短路。测量主电极 T_1 与门极 G 之间的正、反向电阻值，正常时测量值均应在几十欧至一百欧之间（黑表笔接 T_1 极，红表笔接 G 极时，测得的正向电阻值较反向电阻值略小一些）。若测得 T_1 极与 G 极之间的正、反向电阻值均为无穷大，则说明该晶闸管已开路损坏。

③ 检测触发能力。对于工作电流在 8 A 以下的小功率双向晶闸管，可用万用表的“R×1”挡直接测量。测量时，先将黑表笔接主电极 T_2，红表笔接主电极 T_1，然后用镊子将

T_2 极与门极 G 短路，给 G 极加上正极性触发信号，若此时测得的电阻值由无穷大变为十几欧，则说明该晶闸管已被触发导通，导通方向为 $T_2 \to T_1$。再将黑表笔接主电极 T_1，红表笔接主电极 T_2，用镊子将 T_2 极与门极 G 之间短路，给 G 极加上负极性触发信号，若此时测得的电阻值由无穷大变为十几欧，则说明该晶闸管已被触发导通，导通方向为 $T_1 \to T_2$。若在晶闸管被触发导通后断开 G 极，T_1，T_2 极间不能维持低阻导通状态，而阻值变为无穷大，则说明该双向晶闸管性能不良或已经损坏。若给 G 极加上正（或负）极性触发信号后，晶闸管仍不导通（T_1 与 T_2 间的正、反向电阻值仍为无穷大），则说明该晶闸管已损坏，无触发导通能力。

（3）门极关断晶闸管的检测

① 判别各电极。门极关断晶闸管三个电极的判别方法与普通晶闸管相同，即用万用表的“R×100”挡找出具有二极管特性的两个电极，其中一次为低阻值（几百欧），另一次阻值较大。在阻值小的那一次测量中，红表笔接的是阴极 K，黑表笔接的是门极 G，剩下的一只引脚为阳极 A。

② 检测触发能力和关断能力。门极关断晶闸管触发能力的检测方法与普通晶闸管相同。检测其关断能力时，可先按检测触发能力的方法使晶闸管处于导通状态，即使用万用表的“R×1”挡，黑表笔接阳极 A，红表笔接阴极 K，测得电阻值为无穷大再将阳极 A 极与门极 G 短路，给 G 极加上正向触发信号时，晶闸管被触发导通，其 A，K 极间的电阻值由无穷大变为低阻状态。断开 A 极与 G 极的短路点后，晶闸管维持低阻导通状态，说明其触发能力正常，再在晶闸管的门极 G 与阳极 A 之间加上反向触发信号，若此时 A 极与 K 极间的电阻值由低阻值变为无穷大，则说明晶闸管的关断能力正常。

3.6 半导体集成电路

集成电路是采用半导体制作工艺，在一块较小的单晶硅片上制作许多晶体管及电阻器、电容器等元器件，并按照多层布线或隧道布线的方法将元器件组合成的完整的电子电路，在电路中用字母 IC 表示。由于集成电路具有体积小、重量轻、性能可靠、价格便宜等优点，被广泛应用于各个领域。随着性能更加优良、功能更趋多样化的新产品不断出现，集成电路的应用领域会越来越广泛。

1. 按其功能分类

（1）模拟集成电路。它用来产生、放大和处理各种模拟电信号。所谓模拟信号，是指幅度随时间连续变化的信号。例如，人对着话筒讲话，话筒输出的音频电信号就是模拟信号，收音机、收录机、音响设备及电视机中接收、放大的音频信号，也是模拟信号。

（2）数字集成电路。它用来产生、放大和处理各种数字电信号。所谓数字信号，是指在时间上和幅度上离散取值的信号。例如，电报电码信号，按一下电键即产生一个电信号,产生的电信号是不连续的,这种不连续的电信号,一般称为电脉冲或脉冲信号。计算机中运行的信号是脉冲信号,但这些脉冲信号均代表着确切的数字,因而又称为数字信号。在电子技术中,通常又把模拟信号以外的非连续变化的信号统称为数字信号。

2. 按其制作工艺分类

(1) 半导体集成电路。半导体集成电路是采用半导体工艺技术,在硅基片上制作包含电阻、电容、晶体管、二极管等元器件并具有某种电路功能的集成电路。

(2) 膜集成电路。膜集成电路是在玻璃或陶瓷片等绝缘物体上,以膜的形式制作电阻、电容等无源器件,使之构成一个整体。膜集成电路又分为厚膜集成电路和薄膜集成电路。

(3) 混合集成电路。在实际应用中,多半是在无源膜电路上外加半导体集成电路或分立元件的二极管、晶体管等有源器件,使之构成一个整体,这便是混合集成电路。

3. 按集成度高低分类

按集成度高低可分为小规模集成电路(SSI)、中规模集成电路(MSI)、大规模集成电路(LSI)、超大规模集成电路(VLSI)。对于模拟集成电路,由于工艺要求较高,电路又较复杂,所以一般认为集成50个元件以下为小规模集成电路,集成50~100个元件为中规模集成电路,集成100个以上的元件为大规模集成电路。对于数字集成电路,一般认为每片集成1~10个等效门或10~100个元件为小规模集成电路,每片集成10~100个等效门或100~1000个元件为中规模集成电路,每片集成100~10000个等效门或1000~100000个元件为大规模集成电路,每片集成10000个等效门以上或100000个元件以上为超大规模集成电路。

4. 按导电类型分类

(1) 双极型集成电路。它的频率特性好,但功耗较大,且制作工艺复杂,绝大多数模拟集成电路及数字集成电路中的TTL,ECLHTL,LSTTL,STTL型都属于这一类。

(2) 单极型集成电路。它工作速度低,但输入阻抗高、功耗小、制作工艺简单、易于大规模集成,其主要产品为MOS型集成电路。

5. 按封装形式分类

(1) 直插式封装。直插式封装集成电路是通过将引脚插入印制板中,然后焊接而成的一种集成电路封装形式,主要有单列式封装和双列直插式封装。其中,单列式封装有单列直插式封装(Single Inline Package,SIP)和单列曲插式封装(Zig-zag Inline Package,ZIP),单列直插式封装的集成电路只有一排引脚,单列曲插式封装的集成电路一排引脚又分成两排进行安装。双列直插式封装(Dual Inline Package,DIP)的集成电路具有两排引脚,它适合于PCB的穿孔安装,易于布线,安装方便。双列直插式封装的结构形式主要有多层陶瓷双列直插式封装、单层陶瓷双列直插式封装和引线框架式封装等。

(2) 贴片封装。随着生产技术的提高,电子产品的体积越来越小,体积较大的直插式封装集成电路已经不能满足需要。故设计者又研制出一种贴片封装的集成电路,这种封装的集成电路引脚很小,可以直接焊接在印制电路板的印制导线上。贴片封装的集成电路主要有薄型 QFP(TQFP)、细引脚间距 QFP(VQFP)、缩小型 QFP(SQFP)、塑料 QFP(PQFP)、金属 QFP(MetalQFP)、载带 QFP(TapeQFP)、J 型引脚小外形封装(SOJ)、薄小外形封装(TSOP)、甚小外形封装(VSOP)、缩小型 SOP(SSOP)、薄的缩小型 SOP(TSSOP)及小外形集成电路(SOIC)等派生封装。

(3) BGA(Ball Grid Array Package)封装。它又名球栅阵列封装,BGA 封装的引脚以圆形或柱状焊点按阵列形式分布在封装下面。采用该封装形式的集成电路主要有 CPU 及南北桥等的高密度、高性能、多功能集成电路。

(4) 厚膜封装。厚膜集成电路就是把专用的集成电路芯片与相关的电容、电阻元件都集成在一个基板上,然后在其外部采用标准的封装形式并引出引脚的一种模块化的集成电路。

3.6.1 模拟集成电路

常见的模拟集成电路有集成运算放大器(集成运放)、集成稳压器、音响专用集成电路、收录机专用集成电路、电视机专用集成电路、录像机和摄像机专用集成电路等。

1. 集成运算放大器

集成运算放大器是一种高增益的直接耦合放大器,它通常由输入级、中间放大级和输出级三个基本部分构成,具有体积小、功耗低、功能多等优点。常见集成运算放大器的端口包括同相输入端(+)、反相输入端(-)、正负电源供电端、外接补偿电路端、调零端、相位补偿端、公共接地端及其他附加端等。改变外接反馈电阻的阻值可以得到相应的双放大倍数,因此使用方便。

(1) 集成运算放大器常用类型的种类

① 通用型运算放大器。它的主要特点是价格低廉、产品量大、应用面广,其性能指标适合于一般性应用,是目前应用最为广泛的集成运算放大器。例如,mA741(单运放)、LM358(双运放)、LM324(四运放)及以场效应管为输入级的 LF356 都属于此种。其缺点是不能满足一些技术指标要求高的产品应用,也不能满足一些特殊的技术服务。

② 高阻型运算放大器。它的特点是差模输入阻抗很高,输入偏置电流很小。其原因是利用场效应管高输入阻抗的特点,用场效应管组成运算放大器的差分输入级,以 FET 作为输入级,不仅输入阻抗高,输入偏置电流低,且具有高速、宽带和低噪声等优点,但输入失调电压较大。常见的集成器件有 LF356,LF355,LF347(四运放)及更高输入阻抗的 CA3130,CA3140 等。

③ 低温漂型运算放大器。在精密仪器、弱信号检测等自动精密控制仪表中,为得到小失调电压且不随温度变化,设计出低温漂型运算放大器。目前常用的高精度、低温漂运算放大器有 OP-07,OP-27,AD508 以及由 MOS-FET 组成的斩波稳零型低漂移器件 ICL7650 等。

④ 高速型运算放大器。它的主要特点是具有高转换速率和宽频率响应,能满足 A/D 和 D/A 转换器、视频放大器高转换速率中的快速处理和足够大的单位增益带宽等要求,而通用型集成运放不能满足这些应用场合的要求。常见的高速型运放有 LM318,mA715 等,其转换速率 S_R =50 ~70 V/ms,单位增益带宽 B_{WG} >20 MHz。

⑤ 低功耗型运算放大器。低功耗型运算放大器的特点是供电电源电压低、功率消耗少,广泛应用于便携式仪器中。常用的这类运算放大器有 TL－022C,TL－060C 等,其工作电压为 ±(2 ~18) V,耗电流为 50 ~250 mA。目前有的产品功耗已达微瓦级,如 ICL7600 的供电电源为 1.5 V,功耗为 10 mW,可采用单节电池供电。

⑥ 高压大功率型运算放大器。运算放大器的输出电压主要受供电电源的限制,在普通运算放大器中,输出电压的最大值一般仅有几十伏,输出电流仅为几十毫安。若要提高输出电压或增大输出电流,集成运放外部必须附加辅助电路。高压大电流集成运算放大器外部不需附加任何电路即可输出高电压和大电流。例如,D41 集成运放的电源电压可达 ±150 V,uA791 集成运放的输出电流可达 1 A。

(2) 集成运算放大器的测试

集成运放性能参数测试应采用相应的测试电路,大规模生产和对参数要求较高的场合应采用专用仪器进行测试,如 IST750 等。

下面介绍使用万用表粗测 LM324 的方法:

LM 系列产品包括 LM124,LM224,LM324,其国产对应型号为 FX124,FX224,FX324。它们都是由 4 个独立的低功耗、高效益、频率内补偿式运算放大器组成的。UCC,GND 分别为正电源端和地端,IN + 为同相输入端,IN － 为反相输入端,OUT 为输出端。利用万用表可以检测其性能好坏,选择 500 型万用表的“R ×1 k”挡分别测量各引脚间的电阻值,测试时的注意事项如下:

① 若用不同型号万用表的“R ×1 k”挡测量,电阻值会略有差异。但在测量时,若有一次电阻为零,则说明内部有短路故障;若读数为无穷大,则说明其内部有开路损坏。

② 对于 LM324 的 4 个运算放大器应分别检查,各对应引脚的电阻值应基本相等,否则说明参数的一致性差。

(3) 集成运算放大器的选用原则

集成运算放大器是模拟集成电路中应用最广泛的一种器件。在由运算放大器组成的各种系统中,由于应用要求不一样,所以对运算放大器的性能要求也不一样。

集成运放的选用一般遵循以下原则:

① 如果没有特殊要求,一般可选用通用型运放,因为这类元器件直流性能较好,种类较多,并且价格较低。对于多运放元器件,其最大的特点是内部对称性好,因此,在电路中需使用多个放大器(如有源滤波器)或要求放大器对称性好(如测量放大器)时,可选用多运放,这样也可减少元器件、简化线路、缩小面积和降低成本。

② 如果被放大的信号源的输出阻抗很大,则可选用高输入阻抗的运算放大器组成放

大电路。另外,像采样/保持电路、峰值检波、积分器,以及生物信号放大、提取、测量放大电路等也需要使用高输入阻抗集成运放。

③ 如果系统要求放大电路低噪声、低漂移、高精度,则可选用高精度、低漂移的低噪声集成运放,通常在毫伏级或更弱的信号检测、精密模拟运算、高精度稳压源、高增益直流放大、自控仪表等场合中使用。

④ 对于视频信号放大、高速采样、保持高频振荡及波形发生器锁相环等场合,则应选用高速宽带集成运放。

⑤ 对于要求低功耗的场合,如便捷式仪表、遥感遥测等,可选用低功耗运放。在选用运放时需要注意,盲目选用高档的运放不一定能保证检测系统的高质量,因为运放的性能参数之间会相互制约。实际选择集成运放,除要考虑优值系数之外,还应考虑其他因素。例如:信号源的性质,如信号源是电压源还是电流源;负载的性质,如集成运放输出电压和电流是否满足要求;环境条件,如集成运放允许的工作电压范围、功耗与体积等因素是否满足要求等。在集成运放使用时也要注意电源供给方式、调零、自激振荡、保护等问题。

2. 集成稳压器

集成稳压器又称集成稳压电路,其作用是将不稳定的直流电压转换成稳定的直流电压。集成稳压电源已得到广泛应用,其中小功率的稳压电源以三端式串联型稳压器最为普遍。现在集成稳压器逐步取代了由分立元件组成的稳压电源。

(1) 集成稳压器的分类

集成稳压器按出线端子的多少和使用情况,大致可分为三端固定式、二端可调式、多端可调式及单片开关式等。电路中常用的集成稳压器主要有 78XX 系列和 79XX 系列的可调集成稳压器、精密电压基准集成稳压器等。

① 多端可调式是早期集成稳压器产品,其输出功率小、引出端多、使用不太方便,但精度高、价格便宜。

② 二端固定式集成稳压器将取样电阻、补偿电容、保护电路、大功率调整管等都集成在同一芯片上,使整个集成电路块只有输入、输出和公共 3 个引出端,使用非常方便,因此获得广泛应用。它的缺点是输出电压固定,所以必须生产出各种输出电压、电流规格的系列产品,代表产品有 78XX 和 79XX 系列。

③ 三端可调式集成稳压器只需外接两只电阻即可获得各种输出电压,代表产品有 LM317,LM337 等。

④ 开关式集成稳压电源是最近几年开发出的一种新型稳压电源,优点是效率高。其工作原理与上述 3 种类型的稳压器不同,它是由直流变交流(高频)再变直流的变换器,通常有脉冲宽度调制和脉冲频率调制两种,输出电压是可调的。以 AN5900,TLJ494,HAL7524 等为代表,目前广泛应用于微机、电视机和测量仪器等设备中。

（2）集成稳压器的主要参数

① 电压调整率，又称稳压系数或稳定度，是表征集成稳压器稳压性能优劣的重要指标，主要反映当输入电压变化时稳压器输出电压稳定的程度。

② 电流调整率，又称电流稳定系数，表示当输入电压不变时，稳压器对由于负载电流（输出电流）变化而引起的输出电压波动的抑制能力。

③ 纹波抑制比，可反映稳压器对输入端引入的市电纹波电压的抑制能力。

④ 输出电压温度系数，又称输出电压温度变化率，是指当输入电压和输出电流（负载电流）保持不变时，稳压器输出电压随温度变化而变化的大小。

⑤ 输出电压长期稳定性，表示当输出电流、输入电压和环境温度保持不变时，输出电压值随时间变化的大小。通常表示在规定的时间内稳压器输出电压的最大变化量。

⑥ 输出噪声电压，可表示稳压器的噪声性能。除了直接以输出端噪声电压的绝对值来表示稳压器的噪声性能外，还可以用稳压器的输出端噪声电压和输出电压的比值来表示稳压器的噪声性能。

（3）集成稳压器使用时的注意事项

① 集成稳压器电路品种很多，从调整方式来看，有线性的和开关式的；从输出方式来看，有固定式的和可调式的。由于三端稳压器的优点比较明显，使用操作也比较方便，选用时应优先考虑。

② 在接入电路之前，一定要分清引脚及其作用，避免接错导致集成块损坏。输出电压大于 6 V 的三端集成稳压器的输入、输出端需接保护二极管，可防止输入电压突然降低时导致输出电容迅速放电引起三端集成稳压器的损坏。

③ 为确保输出电压的稳定性，应保证最小输入、输出电压差。例如，三端集成稳压器的最小压差约 2 V，一般使用时压差应保持在 3 V 以上，同时又要注意最大输入、输出电压差范围不超出规定范围。

④ 为了扩大输出电流，三端集成稳压器允许并联使用。

⑤ 使用时，焊接要牢固可靠。若要求加散热装置，必须加装符合尺寸要求的散热装置。

3.6.2　数字集成电路

数字集成电路是将元器件和连线集成于同一半导体上而制成的数字逻辑电路或系统。数字集成电路的产品按电路结构的不同，可分为 TTL 和 MOS 两大系列。TTL 数字集成电路是利用电子和空穴两种载流子导电的，所以又称为双极性电路。MOS 数字集成电路是只用一种载流子导电的电路，其中用电子导电的称为 NMOS 电路，用空穴导电的称为 PMOS 电路；如果是 NMOS 及 PMOS 复合组成的电路，则称为 CMOS 电路。CMOS 数字集成电路与 TTL 数字集成电路相比有许多优点，如工作电源电压范围宽、静态功耗低、抗干扰能力强、输入阻抗高、成本低等，因而，CMOS 数字集成电路得到了广泛的应用。

数字集成电路的品种包括各种门电路、触发器、计数器、编译码器、存储器等数百种器件。国家标准型号的规定是完全参照世界上通行的型号制定的，国家标准型号中的第一个字母“C”代表中国，第二个字母“T”代表 TTL，若是“C”则代表 CMOS。CT 就是国产的 TTL 数字集成电路，CC 就是国产的 CMOS 数字集成电路。其后的部分与国际通用型号完全一致。

1. 数字集成电路的主要参数

（1）电源电压范围

TTL 电路的工作电源电压范围很窄。S，LS，F 系列产品为 5(1 ±5%)V；AS，ALS 系列产品为5(1 ±10%)V。

（2）频率特性

TTL 电路的工作频率比 4000 系列的高。标准 TTL 电路的工作频率小于 35 MHz，LS 系列 TTL 电路的工作频率小于 40 MHz，ALS 系列电路的工作频率小于 70 MHz，S 系列电路的工作频率小于 125 MHz，AS 系列电路的工作频率小于 200 MHz。

（3）TTL 电路的电压输出特性

当工作电压为 +5 V 时，输出高电平大于 2.4 V，输入高电平大于 2.0 V；输出低电平小于 0.4 V，输入低电平小于 0.8 V。

（4）最小输出驱动电流

标准 TTL 电路为 16 mA，LS - TTL 电路为 8 mA，S - TTL 电路为 20 mA，ALS - TTL 电路为 8 mA，AS - TTL 电路为 20 mA。

大电流输出的 TTL 电路中，标准 TTL 电路为 48 mA，LS - TTL 电路为 24 mA，S - TTL 电路为 64 mA，ALS - TTL 电路为 24 mA 或 48 mA，AS - TTL 电路为 48 mA 或 64 mA。

（5）扇出能力(以带动 LS - TTL 负载的个数为例)

标准 TTL 电路为 40 个，LS - TTL 电路为 20 个，S - TTL 电路为 50 个，ALS - TTL 电路为 20 个，AS - TTL 电路为 50 个。

大电流输出的 TTL 电路中，标准 TTL 电路为 120 个，LS - TTL 电路为 60 个，S - TTL 电路为 160 个，ALS - TTL 电路为 60 或 120 个，AS - TTL 电路为 120 或 160 个。

对于同一功能编号的各系列 TTL 集成电路，它们的引脚排列与逻辑功能完全相同。例如，7404，74LS04，74A504，74F04，74ALS04 等各集成电路的引脚图与逻辑功能完全一致，但它们在电路中的速度和功耗存在着明显的差别。

2. 数字集成电路选用的注意事项

（1）不允许在超过极限参数的条件下工作。若电路在超过极限参数的条件下工作，容易引起损坏。TTL 集成电路的电源电压允许变化范围比较窄，一般为 4.5 ~5.5 V，因此必须使用 +5 V 稳压电源；CMOS 集成电路的工作电源电压范围比较宽，有较大的选择余地。选择电源电压时，除首先考虑要避免超过极限电源电压外，还要注意到电源电压的高低会影响电路的工作频率等性能，电源电压低，电路工作频率会下降或增加传输延迟时间。例如 CMOS 触发器，当电源电压由 +15 V 下降到 +3 V 时，其最高工作频率将从 10 MHz 下降到几十千赫兹。

(2) 电源电压的极性千万不能接反，电源正负极颠倒、接错，会导致电流过大而造成器件损坏。

(3) CMOS 电路要求输入信号的幅度不超过 $V_{DD} \sim V_{SS}$（V_{DD}为器件内部工作电压，V_{SS}为电路公共接地端电压），即满足 $V_{SS} = V_1 = V_{DD}$。当 CMOS 电路输入端施加的电压过高（高于电源电压）或过低（低于 0 V），或者电源电压突然变化时，电路电流可能会迅速增大，烧坏器件，这种现象称为可控硅效应。

预防可控硅效应的措施主要有：

① 输入端信号的幅度不能大于 V_{DD}，也不能小于 0 V。

② 消除电源上的干扰。

③ 在条件允许的情况下，尽可能降低电源电压，如果电路工作频率比较低，用 +5 V 电源供电最好。

④ 对使用的电源加限流措施，使电源电流被限制在 30 mA 以下。

(4) 对多余输入端的处理。对于 CMOS 电路，多余的输入端不能悬空，否则，静电感应产生的高压容易引起器件损坏，这些多余的输入端应该接在 V_{DD}或 V_{SS}上，或与其他正在使用的输入端并联。这 3 种处置方法，应根据实际情况而定。对于 TTL 电路，多余的输入端允许悬空，悬空时，该端的逻辑输入状态一般都作为“1”对待。虽然悬空相当于高电平，并不影响与门、与非门的逻辑关系，但悬空容易受到干扰，有时会造成电路错误动作。因此，多余输入端要根据实际需要做适当处理。例如，与门、与非门的多余输入端可直接接到电源上，也可将不同的输入端通过一个公用电阻连接到电源上，或将多余的输入端并联使用。对于或门、或非门的多余输入端应直接接地。

(5) 多余的输出端应该悬空处理，决不允许直接接到 V_{DD}或 V_{SS}上，否则会产生过大的短路电流而使器件损坏。不同逻辑功能的 CMOS 电路的输出端也不能直接连接到一起，否则导通的 P 沟道 MOS 场效应管和导通的 N 沟道 MOS 场效应管形成低阻通路，造成电源短路而引起器件损坏。除三态门、集电极开路门外，TTL 集成电路的输出端不允许并联使用，如果将几个集电极开路门电路的输出端并联，实现“线与”功能，应在输出端与电源之间接入上拉电阻。

(6) 由于 CMOS 电路输入阻抗高，容易受静电感应的影响造成击穿，除非电路内部设置保护电路外，在使用和存放时应注意静电屏蔽；焊接 CMOS 电路时，焊接工具应良好接地，焊接时间不宜过长，焊接温度不要太高，更不能在通电的情况下拆卸、拔插集成电路。

(7) 多型号的数字电路之间可以直接互换使用，如国产的 CC4000 系列可与 CD4000 系列、MC14000 系列直接互换使用。但有些引脚功能、封装形式相同的 IC，其电参数可能有一定的差别，互换时应注意。

(8) 注意设计工艺，增加抗干扰措施。在设计印制线路板时，应避免引线过长，防止信号之间的窜扰和信号传输的延迟。此外,要把电源线设计得宽一些,地线要进行大面积接地,这样可减少接地噪声的干扰。在CMOS逻辑系统设计中,应尽量减少电容负载,因为电容负载会降低CMOS集成电路的工作速度并增加功耗。

3.7 电声器件

电声器件是指能将音频电信号转换成声音信号或将声音信号转换成音频电信号的器件。例如,扬声器就是将音频电信号转换成声音信号的电声器件,传声器则是把声音信号转变成音频电信号的电声器件。电唱机的电唱头、耳机、蜂鸣器、讯响器等也属于电声器件。电声器件在收音机、录音机、扩音机、电视机、计算机及通信设备中广泛应用。

3.7.1 传声器

传声器是将声音信号转换成电信号的电声器件,也就是平时说的话筒。传声器的种类很多,按转换原理分为电容式、压电式、驻极体电容式、电动动圈式、带式电动式及碳粒式等。目前应用最广泛的是电动动圈式和驻极体电容式两大类。

1. 常见传声器

(1)动圈式传声器

动圈式传声器又称电动式传声器,它由磁铁、音圈及音膜等组成。

动圈式传声器的音圈处在磁铁的磁场中,当声波作用在音膜上使其产生振动时,音膜便带动音圈相应振动,使音圈切割磁力线而产生感应电压,从而完成声—电转换。动圈式传声器的频率响应一般为200~5 000 Hz,质量高的可达30~18 000 Hz。动圈式传声器具有坚固耐用、工作稳定、具有单向指向性、价格低等特点,适用于语言、音乐的扩音和录音等。

(2)电容式传声器

电容式传声器是一种利用电容量变化引起声电转换的传声器。它是由一个振动膜片和固定电极组成的一个间距很小的可变电容器。当膜片在声波作用下产生振动时,振动膜片与固定电极间的距离便发生变化,引起电容量的变化。如果在电容器的两端加一个负载电阻 R 及直流极化电压 E,则当电容量随声波变化时,R 的内端就会产生交变的音频电压。电容式传声器的灵敏度高、输出功率大、结构简单、音质较好,但要使用电源,所以不太方便。因此,它多用于剧场及要求较高的语言及音乐播送场合。

(3)驻极体传声器

驻极体传声器由声电转换和阻抗转换两个部分组成。声电转换部分的关键元件是驻极体振动膜,它是一个极干净的塑料膜片,它的上面镀了一层纯金薄膜,经高压电场驻极后,膜片两面分别带上异性电荷,膜片的镀金面向外与金属外壳连通,膜片的另一面用薄的绝缘垫圈隔开，这样，镀金膜面与金属极板之间就形成了一个电容器。驻极体传声器具有体积小、结构简单、电声性能好、价格低等优点，广泛应用于盒式收录机、电话机、无线话筒及声控电路中。

2. 传声器的主要参数

传声器的主要参数有灵敏度、频率响应、输出阻抗、指向性和固有噪声等。

(1) 灵敏度

传声器的灵敏度是指传声器在一定声压作用下输出的信号电压，其单位为 mV/Pa。传声器的灵敏度可分为声压灵敏度及声强灵敏度，高阻抗传声器的灵敏度常用分贝(dB)表示。

(2) 频率响应

频率响应是指传声器灵敏度和频率间的关系，也就是频率特性。使用中通常都希望传声器灵敏度在全音频范围内保持不变，但实际上由于种种因素的影响，无法做到这一点。普通传声器的频率响应一般为 100 ~ 10000 Hz，质量好一点的为 40 ~ 15000 Hz。

(3) 输出阻抗

传声器的输出阻抗是指传声器输出端的交流阻抗，一般是在 1 kHz 频率下测得的。输出阻抗分高阻和低阻，一般将输出阻抗小于 2 kΩ 的传声器称为低阻抗传声器，而高阻抗传声器的输出阻抗大都在 10 kΩ 以上。

(4) 指向性

指向性是指传声器的灵敏度随声波入射方向变化的特性。一般传声器的指向性有以下三种类型：

① 全指向性传声器。它对来自四周的声波都有基本相同的灵敏度。

② 单指向性传声器。这种传声器的正面灵敏度比背面灵敏度高。根据指向性特性曲线的形状不同，单指向性传声器又可分为心形、超心形及近超心形等。

③ 双向传声器。这种传声器前后两面的灵敏度一样，两侧的灵敏度较低。

(5) 固有噪声

固有噪声是指在没有外界声音、风振动及电磁场等干扰的环境下测得的传声器输出电压有效值。通常传声器的固有噪声很小，在 μV 数量级。

3. 选用传声器时的注意事项

(1) 应根据使用目的或场合选用合适的传声器。

(2) 阻抗的选择。应根据放大器的输入阻抗要求来选择阻抗，使传声器的输出阻抗尽量与放大器的输入阻抗相匹配。

(3) 电缆引线的处理。电缆引线要有良好的屏蔽，且不能太长，一般应为几米。在使用低阻抗输出传声器时，电缆引线可以适当加长一些，但在使用高阻抗输出的传声器时，传声器的电缆引线不能很长，否则由于电缆分布电容的存在，会使得传声器的高频特性变差。

(4) 与传声器的距离。使用传声器时,应注意声音与传声器的距离,除了为歌手设计的近讲传声器使用时必须贴近振动膜片外,其余传声器与使用者之间一般以 30 ~ 40 cm 的间距为好。距离太远,传声器输出电压低,噪声相对会增大;距离太近,容易使声音阻塞。

3.7.2 扬声器

扬声器又称喇叭,是一种常用的电声转换器件,在出声的电子电路中都能见到它。扬声器在电子元器件中是一个最薄弱的器件,而对于音响效果而言,它又是一个最为重要的器件。扬声器的种类繁多,且价格相差很大。音频电能通过电磁、压电或静电效应,使扬声器的纸盆或膜片振动周围空气,从而造成音响。

1. 扬声器的外形特征

(1) 扬声器有两个接线柱(两根引线),单只扬声器在使用时两根引脚不分正负极性,多只扬声器同时使用时两个引脚有极性之分。

(2) 扬声器有一个纸盆,它的颜色通常为黑色,也有白色。

(3) 扬声器的外形有圆形和椭圆形两大类。

(4) 扬声器纸盆背面是磁铁,用金属螺钉旋具去接触外磁式扬声器的磁铁时,会感觉到磁性的存在;内磁式扬声器则没有这种感觉,但是外壳内部确实有磁铁。

(5) 扬声器装在机器面板上或音箱内。

2. 扬声器的种类

扬声器的种类很多,按其换能原理可分为电动式(动圈式)、静电式(电容式)、电磁式(舌簧式)、压电式(晶体式)等,后两种多用于农村有线广播网中;按其频率范围可分为低频扬声器、中频扬声器、高频扬声器,这些扬声器常在音箱中作为组合扬声器使用。

(1) 低频扬声器

一般来说,低频扬声器的口径、磁体和音圈直径越大,则其低频重放性能、瞬态特性就越好,灵敏度也就越高。低音单元的结构形式多为锥盆式,也有少量的为平板式。低音单元的振膜种类,有铝合金振膜、铝镁合金振膜、陶瓷振膜、碳纤维振膜、防弹布振膜、玻璃纤维振膜、丙烯振膜、纸振膜等。采用铝合金振膜、玻璃纤维振膜的低音单元,一般口径比较小,承受功率比较大;采用强化纸盆、玻璃纤维振膜的低音单元,重播音乐时的音色较准确,整体平衡度不错。

(2) 中频扬声器

一般来说,中频扬声器只要频率响应曲线平坦、有效频响范围大于它在系统中担负的放声频带宽度,以及阻抗与灵敏度和低频单元一致即可。有时中音单元的功率容量不够,也可选择灵敏度较高而阻抗高于低音单元的中音,从而减少中音单元的实际输入功率。中音单元一般有锥盆和球顶两种,但它的尺寸和承受功率都比高音单元大而适合于播放中音音频。中音单元的振膜以纸盆和绢膜等软性物质为主,偶尔也有少量的合金球顶振膜。

(3) 高频扬声器

高音单元顾名思义是为了回放高频声音的扬声器单元。其结构形式主要有号筒式、锥盆式、球顶式和铝带式等几大类。

3. 电动式扬声器的结构和工作原理

电动式扬声器的应用最广泛,它分为纸盆式、号筒式和球顶式三种。这里只介绍前两种。

(1) 纸盆式扬声器

纸盆式扬声器又称为动圈式扬声器。它由以下三个部分组成:

① 振动系统,包括锥形纸盆、音圈和定心支片等;

② 磁路系统,包括永久磁铁、导磁板和场心柱等;

③ 辅助系统,包括盆架、接线板、压边和防尘盖等。当处于磁场中的音圈有音频电流通过时,就会产生随音频电流变化的磁场,这一磁场和永久磁铁的磁场发生相互作用,使音圈沿着轴向振动,此类扬声器结构简单、低音丰满、音质柔和、频带宽,但效率较低。

(2) 号筒式扬声器

号筒式扬声器由振动系统(高音头)和号筒两部分构成。其振动系统与纸盆扬声器相似,不同的是,它的振膜不是纸盆,而是球顶形膜片,振膜的振动通过号筒(经过两次反射)向空气中辐射声波。它具有频率高、音量大的优点,常用于室外及广场扩声。

4. 扬声器的主要性能指标

扬声器的主要性能指标有灵敏度、额定功率、额定阻抗、频率响应、指向特性及失真度等。

(1) 功率

扬声器的功率有标称功率和最大功率之分。标称功率称为额定功率、不失真功率。它是指扬声器在额定不失真范围内容许的最大输入功率,在扬声器的商标、技术说明书上标注的功率即为额定功率值。最大功率是指扬声器在某一瞬间所能承受的峰值功率,为保证扬声器工作的可靠性,要求扬声器的最大功率为标称功率的2~3倍。

(2) 额定阻抗

扬声器的阻抗一般和频率有关。额定阻抗是指当音频为400 Hz时,从扬声器输入端测得的阻抗,它一般是音圈直流电阻的1.2~1.5倍。动圈式扬声器常见的阻抗有4 Ω,8 Ω,16 Ω,32 Ω等。

(3) 频率响应

给一只扬声器加上相同电压但不同频率的音频信号时,其产生的声压将会发生变化。一般在中音频时产生的声压较大,而低音频和高音频时产生的声压较小。当声压下降到中音频的某一数值时的高、低音频率范围,称为该扬声器的频率响应特性。

理想的扬声器频率特性应为20 Hz~20 kHz,这样就能把全部音频均匀地重放出来,然而实际这是做不到的,每只扬声器只能较好地重放音频的某一部分。

（4）失真度

扬声器不能把原来的声音逼真地重放出来的现象称为失真。失真有两种，即频率失真和非线性失真。频率失真是由于对某些频率的信号放音较强，而对另一些频率的信号放音较弱造成的，失真破坏了原来高低音响度的比例，改变了原声的音色。而非线性失真是由于扬声器振动系统的振动和信号的波动不完全一致造成的，在输出的声波中增加了新的频率成分。

（5）指向特性

指向特性用来表征扬声器在空间各个方向辐射的声压分布特性。频率越高，指向性越弱；纸盆越大，指向性越强。

5. 耳机

耳机为小型的扬声器，其工作原理依照耳机中使用换能器的声音驱动方式可分为动圈式、静电式、压电式、动铁式、气动式及电磁式等。

（1）常见耳机

① 动圈式，又称电动式耳机。目前绝大多数的平价耳机、耳塞都属于此类。其原理类似于电动式扬声器，处于永磁场中的缠绕的圆柱体状线圈与振膜相连，线圈在信号电流驱动下带动振膜发声。动圈耳机与一般扬声器最大的不同在于振膜，音箱扬声器的振膜边缘一般固定在弹性介质（折环和定心支片）上，振膜一般是平整的圆锥形，由弹性介质提供振动系统的力顺；而在动圈式耳机中，振膜边缘直接固定在驱动单元的框架上，振膜具有褶皱，振动系统的力顺完全由振膜本身材质的伸展和收缩及褶皱的变形来提供。因此，动圈式耳机驱动单元振膜的材质选择和形状设计对单元最终的发声品质影响非常大，同时它也是非常娇弱的。动圈式驱动单元的技术现在已经非常成熟，技术不会有大的变化，目前的改进主要是开发更高磁密度的永磁体、更理想的振膜材料及设计。

② 静电式，又称静电平面振膜，它是将导电体（一般为铝）线圈直接电镀或印刷在很薄的塑料膜上制成的，能精确到微米级（目前 STAX 新一代的静电式耳机振膜厚度已降到 1.35 μm）。将其置于强静电场中（通常由直流高压发生器和固定金属片/网组成），信号通过线圈时切割电场，带动振膜振动发声。其优点是线性好、失真小（电场比磁场均匀），高频及瞬态反应快（振膜质量较小）；缺点是需要专门的驱动电路和静电发生器，低频反应差、价格高，但效率不高。

③ 平衡电枢式，又称动铁式。它利用电磁铁产生交变磁场，振动部分是一个铁片悬浮在电磁铁前方，当信号经过电磁铁时会使电磁铁磁场发生变化，从而使铁片振动发声。

④ 压电式。它利用压电陶瓷的压电效应发声。优点为效率高、频率高；缺点为失真大、驱动电压高、低频响应差、抗冲击力差。此类耳机多用于电报收发，现基本淘汰，只有少数耳机采用压电陶瓷作为高音发声单元。

⑤ 气动式。气动式采用气泵和气阀直接控制气压和流量，使得空气发生振动从而发声。有时将气阀用大功率扬声器来代替，飞机上常用到这样的耳机，此耳机实际上只是个

导气管。其优点是无电驱动、无限制并联、效率高;缺点是失真大、频响窄、有噪声。

(2) 耳机的相关参数

① 阻抗。注意阻抗与电阻含义的区别,在直流电(DC)中,物体对电流的阻碍作用称为电阻,但是在交流电(AC)领域,除了电阻会阻碍电流外,电容及电感也会阻碍电流,这种作用称为电抗,我们日常所说的阻抗是电阻与电抗在向量上的和。耳机阻抗是耳机交流阻抗的简称,不同阻抗的耳机主要用于不同的场合,在台式机或功放、VCD 或 DVD、电视机等机器上,通常使用高阻抗耳机,有些专业耳机的阻抗甚至会在 200 Ω 以上,这是为了与专业机上的耳机插口相匹配。而对于各种便携式随身听,如 CD,MD 和 MP3,一般使用低阻抗耳机,这些低阻抗耳机比较容易驱动。

② 灵敏度。它是指向耳机输入 1 mW 的功率时耳机所能发出的声压级(声压的单位是分贝,声压越大,音量越大)。所以通常灵敏度越高,阻抗越小,耳机越容易驱动。耳机的灵敏度就是指在同样响度的情况下,音源需要输入的功率的大小,也就是说,在用户听起来声音一样的情况下,耳机的灵敏度越高,音源所需要输入的功率就越小。对于随身听等便携装置来说,灵敏度越高,耳机就越容易驱动。

③ 频率响应。频响范围是指耳机能够放送出的频带宽度,国际电工委员会IEC581 - 10标准中高保真耳机的频响范围不能小于 50 ~ 12500 Hz,优秀耳机的频响宽度可达 5 ~ 40000 Hz,而人耳的听觉范围仅为 20 ~ 20000 Hz。值得注意的是,界定频响宽度的标准是不同的。例如,以低于平均输出幅度的 1/2 为标准或低于其 1/4 为标准,这显然是不一样的。一般的生产商是以输出幅度的 1/2 为标准测出频响宽度的,这就是说,以 - 3 dB 为标准。但由于不同的生产商所采用的测试标准不同,有些产品是以 - 10 dB 为标准测量的,这实际上是以低于正常值的 1/16 为标准测量的,因此,频响宽度大大增加。用户在选购时应注意不同品牌的耳机的频响宽度可能有不同的测试标准。

④ 谐波失真。谐波失真就是一种波形失真,在耳机指标中有标示,谐波失真越小,音质也就越好。

3.8　显示器件

显示器是电子计算机最重要的终端输出设备,是人机对话的窗口。显示器由电路部分和显示器件组成,采用何种显示器件,决定了显示器的电路结构,也决定了显示器的性能指标。显示器件主要分为机械式指示装置和电子显示器件,传统的电压表或电流表表头就是一个典型的指示器件,它广泛用于稳压电源、万用表等仪器上。随着电子仪器的智能化水平提高,电子显示器件的使用也日益广泛,主要有发光二极管、数码管、液晶显示器及荧光屏等。

3.8.1 LED数码管

LED数码管是目前最常用的一种数显器件。将发光二极管制成条状，再按照一定的方式连接，组成数字8，就构成了LED数码管，简称LED。使用时按规定使某些笔段上的发光二极管发光，即可组成0～9的一系列数字或a，b，c，d，e等字母。

1. LED数码管的构造与显示原理

LED数码管分共阳极与共阴极两种，a～g代表7(a)个笔段的驱动端，也称笔段电极。共阴极接法是将七只发光二极管的阴极（负极）短接后作为公共阴极，其工作特点是，当笔段电极接高电平，公共阴极接低电平时，相应笔段就可以发光。共阳极LED数码管则与之相反，它是将发光二极管的阳极（正极）短接后作为公共阳极，当驱动信号为低电平，公共阳极接高电平时才能发光。

LED的输出光谱决定其发光颜色及光辐射强度，也反映出半导体材料的特性。常见的管芯材料有磷化镓（GaP）、砷化镓（GaAs）、磷砷化镓（GaAsP）、氮化镓（GaN）等，其中，氮化镓可发蓝光。在LED数码管的产品中，发红光、绿光的居多，这两种颜色也比较醒目。使用LED数码管时，工作电流一般选在10 mA左右，既能保证亮度适中，又不会损坏器件。

2. LED数码管的分类

目前，国内外生产的LED数码管不仅种类繁多，型号也各异，大致有以下几种分类方式：

(1) 按外形尺寸划分

目前我国尚未制定LED数码管的统一标准，型号一般由生产厂家自定，小型LED数码管一般采用双列直插式，大型LED数码管采用印刷板插入式。

(2) 按显示位数划分

根据器件所显示位数的多少，可划分成一位、双位、多位LED显示器，一位LED显示器就是常说的LED数码管，两位以上的一般称为显示器。

双位LED数码管是将两只数码管封装成为一体，其特点是结构紧凑、成本较低（与两只一位数码管相比）。国外典型产品有LC5012－11S（红双、共阴）。

为简化外部引线数量和降低显示器功耗，多位LED显示器一般采用动态扫描显示方式。其特点是将各位同一笔段的电极短接后作为一个引出端，且各位数码管按一定顺序轮流发光显示，只要位扫描频率足够高，就观察不到闪烁现象。

(3) 按显示亮度划分

显示亮度有普通亮度和高亮度之分。普通LED数码管的发光强度IV≥0.3 mcd，而高亮度LED数码管的IV≥5 mcd，提高了一个数量级，且后者在约1 mA的工作电流下即可发光。高亮度LED数码管的典型产品有2ED102等。

(4) 按字形结构划分

按其字形结构可划分为数码管和符号管两种。常见的“+”符号管可显示正(+)、负(-)极性,“±1”符号管能显示“+1”或“-1”。其中以“米”字管的功能最全,除能够显示运算符号“+”“-”“×”“÷”之外,还可显示A~Z共26个英文字母,常用作单位符号的显示。

此外,LED数码管还可按共阳或共阴、发光颜色来分类。

3. LED数码管的特点

(1) 能在低电压、小电流条件下驱动发光,能与CMOS,TTL电路兼容。

(2) 发光响应时间极短(<0.1 μs),高频特性好,单色性好,亮度高。

(3) 体积小,重量轻,抗冲击性好。

(4) 寿命长,使用寿命在10^5 h以上,甚至可达10^6 h,成本低。

因此,它被广泛用作数字仪器仪表、数控装置及计算机的数显器件。

4. LED数码管简易检测方法及使用注意事项

(1) LED数码管简易检测方法

LED数码管的外观要求有颜色均匀、无局部变色及无气泡等,在允许的条件下,可用电池进一步检查。下面以共阴数码管为例介绍数码管检查方法。

将3 V干电池的负极引出线固定接触在LED数码管的公共负极端,电池正极引出线依次移动接触各笔段的正极端。当这根引出线接触到某一笔段的正极端时,这个笔段就相应显示出来。用这种简单的方法可以检查出数码管是否有断笔(某笔画不能显示)、连笔(某些笔画连在一起),并且可相对比较出不同数码管发光的强弱性能。若检查共阳极数码管,只需将电池的正负极引出线对调一下,方法同上。

LED数码管每笔画的工作电流I_{LED}为5~10 mA,电流过大会损坏数码管,因此必须施加限流电阻,其阻值可按下式计算:

$$R_{限}=(U_O-U_{LED})/I_{LED}$$

其中,U_O为加在LED两端的电压,U_{LED}为LED数码管每笔画的压降(约2 V)。

利用数字万用表的h_{FE}插口能够方便地检查LED数码管的发光情况。选择NPN挡时,C孔带正电,E孔带负电。例如,检查LTS547R型共阴极LED数码管时,从E孔插入一根单股细导线,导线引出端接阴极,再从C孔引出一根导线依次接触各笔段电极,可分别显示出所对应的笔段。

(2) LED数码管使用注意事项

检查时,若发光暗淡,说明器件已经老化,发光效率太低;如果显示的笔段残缺不全,说明数码管已局部损坏。

对于型号不明又无管脚排列图的LED数码管,用数字万用表的h_{FE}挡可完成下列测试工作:① 判定数码管的结构形式(共阴或共阳);② 识别管脚;③ 检查全亮笔段。预先可假定某个电极为公共极,然后根据笔段发光或不发光加以验证,笔段电极接反或公共极判断错误时，该笔段就不能发光。

3.8.2 LCD 显示器

1. LCD 及其特点

液晶是一种几乎完全透明的物质，它的分子排列决定了光线穿透液晶的路径。LCD 是在一定电压下（仅为数伏），使液晶的特定分子改变另一种分子的排列方式，由于分子的再排列使液晶盒的双折射性、旋光性、二色性、光散射性等光学性质发生变化，进而由这些光学性质的变化转换成视觉的变化。也就是说，LCD 是一种液晶利用光调制的受光型显示器件。LCD 的特点是体积小、厚度薄、重量轻、耗能少（$1 \sim 10\ \mu W/cm^2$）、低发热、工作电压低（1.5 ~6 V）、无污染、无辐射、无静电感应，尤其是其视域宽、显示信息量大、无闪烁并能直接与 CMOS 集成电路相匹配，同时它还是真正的平板式显示设备。这些特点正在使显示领域从传统的 CRT 走向 LCD。

2. LCD 的基本结构及其工作原理

由于液晶的四壁效应，在定向膜的作用下，液晶分子在正、背玻璃电极上呈水平排列，但排列方向为正交，而玻璃间的分子呈连续扭转过度，这样的构造能使液晶对光产生旋光作用，使光偏振方向旋转 90°。当外部光线通过上偏振片后形成偏振光，偏振方向成垂直排列，当此偏振光通过液晶材料之后，被旋转 90°，偏振方向成水平方向，此方向与下偏振片的偏振方向一致，因此此光线能完全穿过下偏振片而达到反射极，再经反射后沿原路返回，从而呈现出透明状态。当液晶盒的上、下电极加上一定的电压后，电极部分的液晶分子转成垂直排列，从而失去旋光性，因此，从上偏振片入射的偏振光不能被旋转。当此偏振光到达下偏振片时，因其偏振方向与下偏振片的偏振方向垂直，因而被下偏振片吸收，无法到达反射板形成反射，所以呈现出黑色。根据需要将电极做成各种文字、数字或点阵，就可以获得所需的各种显示。

3. LCD 的驱动方式

液晶显示器的驱动方式由电极引线的选择方向确定，因此，在选择好液晶显示器之后，用户是无法改变驱动方式的。液晶显示器的驱动方式一般有静态驱动和动态驱动两种。由于直流电压驱动 LCD 会使液晶体产生电解和电极老化，从而大大缩短 LCD 的使用寿命，所以现在多用交流电压来驱动。

（1）静态驱动方式

静态驱动是指让需要显示的笔段同时驱动。LCD 驱动与 LED 驱动有很大不同，对于 LED 而言，当在 LED 两端加上恒定的导通或截止电压时，便可控制其亮或暗；而 LCD 的两极不能加恒定的直流电压，因而使驱动更复杂。一般应在 LCD 的公共极（一般为背极）加上恒定的交变方波信号（一般为 30 ~150 Hz），通过控制前极的电压变化在 LCD 两极间产生所需的零电压或二倍幅值的交变电压，以达到对 LCD 亮、灭的控制。目前已有许多 LCD 驱动集成芯片，在这些芯片中将多个 LCD 驱动电路集成到一起。

（2）动态驱动方式

动态驱动实质上是矩阵扫描驱动，可用于多位的8段数码显示和点阵显示。点阵式LCD的控制一般采用行扫描方式，且要采用时分割驱动方法，原理比较复杂。

4. LCD显示控制接口芯片介绍

随着液晶显示技术的迅速发展，产生了多种专用的控制和驱动LCD的大规模集成电路LSI，使得LCD的控制和驱动极为方便，而且可由CPU直接控制，满足了用户对液晶显示的多种要求。目前，这类LSI已发展到既可显示数字和字符，又可显示图形的阶段，常用的接口芯片是T6963C点阵式图形液晶显示LSI。该芯片自带字符ROM，可产生标准的128个ASCII字符供用户调用，还可外接扩展RAM存储若干屏的显示数据，可在图形模式下显示汉字和图形。T6963C常用于控制和驱动点阵图形式LCD，通过对其片脚的不同预置可进行文本、图形的混合显示。

5. LCD的分类及其应用

LCD分为扭曲向列型（TN－LCD）、超扭曲向列型（STN－LCD）和薄膜晶体管（TFT－LCD）等几种。它的应用主要有三类，即笔记本电脑显示屏、显示屏主机一体化台式计算机显示器和单独应用的专用显示器。

（1）TN－LCD

该材料的液晶具有可视角较小、温度范围较窄的特点，适用于有字符型、数字型、段码式要求的行业应用。它们的命名方式主要以字符和行数来形容。

（2）STN－LCD

STN－LCD彩屏模块的内部结构，它的上部是一块由偏光片、玻璃、液晶组成的LCD屏，其下是2～8颗白光LED和背光板，还包括LCD的驱动IC和给LCD驱动IC提供稳定电压的低压差稳压源（LDO）、给白光LED驱动的升压稳压IC。

（3）TFT－LCD

TFT（Thin Film Transistor）是指薄膜晶体管，意为每个液晶像素点都是由集成在像素点后面的薄膜晶体管来驱动，从而可以高速度、高亮度、高对比度地显示屏幕信息。TFT－LCD是目前最好的LCD彩色显示设备之一，其效果接近CRT显示器，是现在笔记本电脑和台式机上的主流显示设备。该材料的可视角相比TN要大，而且温度范围也宽一些，目前是市面上比较通用的一种材料，根据其功能需更进一步开发的还有DSTN、FSTN等规格，可实现单色或伪彩色的不同需要。目前采用的主要命名方式是图形、点阵式液晶，如点阵128×64～640×200单色或彩色液晶，以上两种液晶可广泛应用于医疗、仪器设备、航空、科研、工业等领域。

6. 选用液晶显示器应注意的要素

（1）尺寸

电子表、计算器、手机在生活中的广泛使用使得人们对液晶显示屏并不陌生，大尺寸的显示屏是现代液晶技术的具体体现。在TFT技术的支持下，液晶板已从以往的8 in

(1 in = 25.4 mm)发展到广泛应用的14 in,18 in,22 in或更大的尺寸。没有了传统的电子射线对显示镜面的轰击,液晶板的尺寸可以做得"实实在在",其可视面积比同尺寸CRT的可视面积大。当然这也与不同层次的应用技术有关,如LG的未来窗LCD680LE的规格是16 in,显示面积是15.7 in,相当于CRT中17 in显示器的显示面积。

(2) 视角

过去使用液晶显示器(如笔记本电脑)时,用户必须正襟危坐在显示器前面,因为那时的视面观赏角度不大,稍微偏离屏幕正面,画面就会失色。而现在的大尺寸LCD显示器,140°~160°的水平可视角度已成为基本指标。较小尺寸的15 in或15 in以下的LCD显示器,120°的可视角度也足以显示完整的画面。液晶显示器的左右观赏角度一般会大于上下观赏角度。也就是说,垂直的观赏角度小于水平观赏角度。现在,越来越多的LCD显示器强调水平与垂直观赏角度相同,LG的未来窗LCD885LE在水平和垂直视角上均达到了180°,也就是说,它已没有视觉死角。

(3) 响应时间

响应时间是指液晶由明转暗或由暗转明所需的时间。一般来说,响应时间越短越好,响应时间短,用户在看移动的画面时就不会感到类似残影或拖沓的痕迹。按照人眼的反应时间,响应时间如果超过40 ms,就会出现运动图像的迟滞现象。目前液晶显示器的标准响应时间大部分为50~100 ms,不过也有少数几种可达到30 ms左右,如LG的未来窗LCD570LS,LCD885LE,EMC的BM-568,完全可以和CRT显示器相媲美。

(4) 色彩

LCD显示器在轻松达到1024×768分辨率的同时,需要240万个像素来满足红、蓝、绿三色的显示,这对技术提出了很高的要求。一般的LCD显示器只能支持几十万种色彩,市场上多见的是支持24位色彩的显示器,即显示色彩的像素数量达到262144个。但也有一些显示器突破了技术上的瓶颈,如LG公司的液晶显示器未来窗LCD885LE,在分辨率达到1280×1024的情况下,使显示色彩达到1670万种,色阶过渡相当完美,能使用户体会到名副其实的真色彩。

分辨率是所有显示器最重要的选购技术指标之一,分辨率越高,显示效果越好。液晶显示器的分辨率不同于CRT显示器,它一般不能随便调整,经由制造商设置和规定后,只有工作在标称分辨率的模式下,液晶显示器才能达到最好的显示效果,所以,购买时要注意该显示器的分辨率。一般的液晶显示器标准分辨率为1024×768,这一分辨率可以支持目前一般用户的大部分用途的显示要求,也可满足一些一般性的专业绘图要求。当然,更高的分辨率也已出现,如LG的未来窗LCD680LE的分辨率可以达到1280×1024,完全能达到17 in CRT显示器的应用标准。

3.8.3 PDP显示屏

PDP显示屏即等离子显示板,它是一种利用气体放电的显示技术,其工作原理与荧光灯很相似,它采用等离子管作为发光元件,屏幕上每一个等离子管对应一个像素,屏幕以玻璃作为基板,基板间隔一定距离,四周经气密性封接形成一个个放电空间,放电空间内充入氖、氙等混合惰性气体作为工作媒质。两块玻璃基板的内侧面涂有金属氧化物导电薄膜作为激励电极。向电极施加电压,放电空间内的混合气体便发生等离子体放电现象,气体等离子体放电产生紫外线,紫外线激发荧光屏使荧光屏发射出可见光,从而显现出图像。

1. 等离子显示屏的组成及结构特征

等离子显示屏的面板主要由两个部分构成,一个是靠近使用者的前板制程,其中包括玻璃基板、透明电极、BUS 电极、透明诱电体层、MgO 膜;另一个是后板制程,其中包括荧光体层、隔墙、下板、透明诱电体层、寻址电极、玻璃基板。

2. PDP 的特点

(1) 易于实现薄型大屏幕。PDP 显示屏显示面积可以做得很大,不存在原理上的限制,但目前主要受限于制作设备和工艺技术。目前,PDP 屏的尺寸主要集中在对角线 37 ~ 80 in 的范围内。

(2) 具有高速响应特性。PDP 显示器以气体放电为基本物理过程,其开、关速度极高,在微秒量级,因此扫描线数和像素数几乎不受限制,特别适合于大屏幕高分辨率显示。

(3) 可实现全色彩显示。利用稀有混合气体放电产生的紫外线激励红、绿、蓝三基色荧光粉发光,并采用时间调制(脉冲调制)灰度技术,可以达到 256 级灰度和 1677 万种颜色,能获得与 CRT 同样宽的色域,具有良好的色彩还原性。

(4) 环境适应性好。由于结构整体性好,抗震能力强,PDP 显示屏可在很宽的温度和湿度范围内及在有电磁干扰、冲击等恶劣环境条件下工作。

(5) 寿命长。单色 PDP 的寿命可达 10×10^4 h,彩色 PDP 的寿命可达 $(3 \sim 4) \times 10^4$ h。

(6) 因 PDP 内部气压为 0.5 atm,所以在海拔 2000 m 以上时不能使用。

3.8.4　触摸显示屏

1. 触摸屏的基本原理

当用手指或其他物体触摸安装在显示器前端的触摸屏时,所触摸的位置(以坐标形式)由触摸屏控制器检测,并通过相应通信接口送到 CPU,从而确定输入的信息。触摸屏系统一般包括触摸屏控制器(卡)和触摸检测装置两个部分,其中,触摸屏控制器(卡)的主要作用是将触摸点检测装置上接收的触摸信息转换成触点坐标传送给 CPU,同时它也能接收 CPU 发来的命令并加以执行。触摸检测装置一般安装在显示器的前端,其主要作用是检测用户的触摸位置,并传送给触摸屏控制卡。

2. 触摸屏的种类

从技术原理的角度,触摸屏可分为五个基本种类,分别为矢量压力传感技术触摸屏、电阻技术触摸屏、电容技术触摸屏、红外线技术触摸屏和表面声波技术触摸屏。现在矢量压力传感技术触摸屏已基本不再使用;红外线技术触摸屏价格低廉,但其外框易碎,容易产生光干扰,曲面情况下容易失真;电容技术触摸屏设计构思合理,但其图像失真问题很难得到根本解决;电阻技术触摸屏的定位准确,但其价格颇高,且怕刮易损;表面声波技术触摸屏解决了以往触摸屏的各种缺陷,清晰度不容易被损坏,适用于各种场合,但其缺点是如果屏幕表面有水滴或尘土,会使触摸屏变得迟钝,甚至无法正常工作。

下面对常用的四种类型的触摸屏进行简要介绍。

(1) 电阻触摸屏

电阻触摸屏的屏体部分是一块与显示器表面相匹配的多层复合薄膜,它由一层玻璃或有机玻璃作为基层,外表面涂有一层透明的导电层,上面盖有一层外表面经过硬化处理的光滑防刮塑料层,它的内表面也涂有一层透明导电层,在两导电层之间有许多细小(<0.001 in)的透明隔离点把它们隔开绝缘。

当手指触摸屏幕时,平常相互绝缘的两导电层就在触摸点位置有了接触,因其中一面导电层接通 Y 轴方向的 5 V 均匀电压场,使得侦测层的电压由零变为非零,这种接通状态被控制器侦测到后,进行 A/D 转换,将得到的电压值与 5 V 相比即可得到触摸点的 Y 轴坐标,同理得出 X 轴的坐标,这就是所有电阻技术触摸屏共同的最基本原理。

电阻触摸屏具有与外界完全隔离的工作环境,它不怕灰尘和水汽,可以用任何物体来触摸,也可以用来写字画画,比较适合于工业控制领域及办公室内有限人的使用。

电阻触摸屏的缺点是因复合薄膜的外层采用塑胶材料,不熟悉的使用者可能会用力过大或使用锐器触摸,从而划伤整个触摸屏甚至导致其报废。不过在正常使用限度之内,划伤只会伤及外导电层,外导电层的划伤对于五线电阻触摸屏来说关系不大,而对四线电阻触摸屏来说是致命的。

(2) 红外线触摸屏

红外线触摸屏安装简单,只需在显示器上加光点距架框即可实现触摸。光点距架框的四边排列了红外线发射管及接收管,在屏幕表面形成一个红外线网,用户以手指触摸屏幕某一点,便会挡住经过该位置的横竖两条红外线,计算机便可即时算出触摸点的位置,任何触摸物体都可改变触点上的红外线从而实现触摸屏操作。

红外线触摸屏价格低、安装容易、能较好地感应轻微触摸与快速触摸,但由于红外线触摸屏仅依靠红外线感应动作,外界光线变化如阳光、室内射灯等均会影响其准确度,且红外线式触摸屏不防水、怕污垢,任何细小的外来物都会引起误差,影响其性能,不适宜置于户外和公共场所使用。

(3) 电容触摸屏

电容触摸屏的构造主要是在玻璃屏幕上镀一层透明的薄膜体层,再在导体层外加一块保护玻璃,双玻璃设计能充分保护导体层及感应器。此外,在附加的触摸屏四边均镀上狭长的电极,在导电体内部形成一个低电压交流电场,用户触摸屏幕时,由于人体电场的存在,手指与导体层之间会形成一个耦合电容,四边电极发出的电流会流向触点,而电流的强弱与手指及电极的距离成正比，位于触摸屏后的控制器便会计算电流的比例及强弱，准确算出触摸点的位置。电容触摸屏的双玻璃不但能保护导体层及感应器，更能有效地防止外在环境因素对触摸屏造成的影响，就算屏幕沾有污物、尘埃或油渍，电容式触摸屏依然能准确算出触摸点的位置。

电容触摸屏在原理上把人体当作电容器元件的一个电极使用，当有导体靠近且与夹层ITO工作面之间耦合出足够容量值的电容时，四边电极发出的电流就足以引起电容屏的误动作。我们知道，电容值虽然与极间距离成反比，却与极间相对面积成正比，且与介质的绝缘系数有关。因此，当较大面积的手掌或手持的导体物靠近电容屏（而不是触摸）时就能引起电容屏的误动作。在潮湿的天气，这种情况尤为严重，当用手扶住显示器、手掌靠近显示器7 cm以内或身体靠近显示器15 cm以内就能引起电容屏的误动作。电容屏的另一个缺点是，当用戴手套的手或手持不导电的物体触摸时没有反应，这是因为不导电的物体与导体层之间不能形成耦合电容。电容屏最大的缺点是存在漂移，环境温度、湿度或电场发生改变都会引起电容屏的漂移，进而造成判断不准确。

（4）表面声波触摸屏

表面声波触摸屏的触摸部分可以是一块平面、球面或柱面的玻璃平板，安装在CRT，LED，LCD或等离子显示器屏幕的前面。这块玻璃平板只是一块纯粹的强化玻璃，区别于别类触摸屏技术的是它没有任何贴膜和覆盖层。玻璃屏的左上角和右下角固定有竖直和水平方向的超声波发射换能器，右上角则固定了两个相应的超声波接收换能器，玻璃屏的四周刻有呈45°角由疏到密间隔非常精密的反射条纹。

表面声波触摸屏的特点是清晰度高、耐久性好、抗刮伤性能良好（相对于电阻式、电容式等有表面镀膜的触摸屏）、反应灵敏、不受温度及湿度等环境因素影响、分辨率高、寿命长（维护良好的情况下达5000万次）、透光率高（92%），能保持清晰透亮的图像质量；没有漂移，只需安装时一次校正，有第三轴（即压力轴）响应，目前在公共场所使用较多。

表面声波触摸屏需经常维护，灰尘、油污等液体沾污在屏的表面，都会阻塞触摸屏表面的导波槽，使声波不能正常发射或使控制器无法正常识别波形改变，从而影响触摸屏的正常使用。用户需严格注意环境卫生，必须经常擦抹屏的表面以保持屏面的光洁。

3.9 开关器件

3.9.1 继电器

继电器是一种电子控制器件，它具有控制系统（又称输入回路）和被控制系统（又称输出回路），通常应用于自动控制电路中，在电路中起安全保护、自动调节及转换电路等作用。

1. 继电器的分类及其特性

（1）电磁继电器

电磁继电器（见图3-9-1）一般由铁芯、线圈、衔铁、触点簧片等组成。只要在线圈两端加上一定的电压，线圈中就会流过一定的电流，从而产生电磁效应，衔铁就会在电磁吸力的作用下克服弹簧的拉力吸向铁芯，从而带动衔铁的动触点与静触点（常开触点）吸合；当线圈断电后，电磁吸力也随之消失，衔铁就会在弹簧的作用下返回原来的位置，使动触点与原来的静触点（常闭触点）吸合。这样吸合、释放，从而达到电路导通、切断的目的。对于继电器的常开、常闭触点，可以这样来区分：继电器线圈未通电时处于断开状态的静触点，称为常开触点，处于接通状态的静触点称为常闭触点。

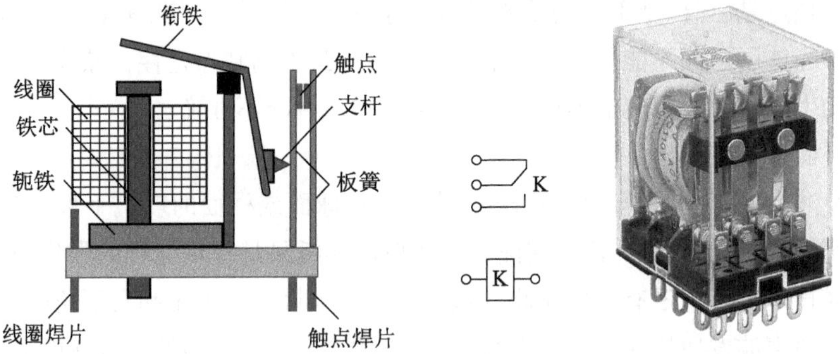

(a) 结构　(b) 符号　(c) 实物

图3-9-1　电磁继电器的结构示意图和实物图

（2）固态继电器

固态继电器（见图3-9-2）是一种以两个接线端为输入端，另两个接线端为输出端的四端器件，中间采用隔离器件以实现输入输出的电隔离。固态继电器按负载电源类型可分为交流型和直流型；按开关形式可分为常开型和常闭型；按隔离形式可分为混合型、变压器隔离型和光电隔离型，但以光电隔离型为最多。

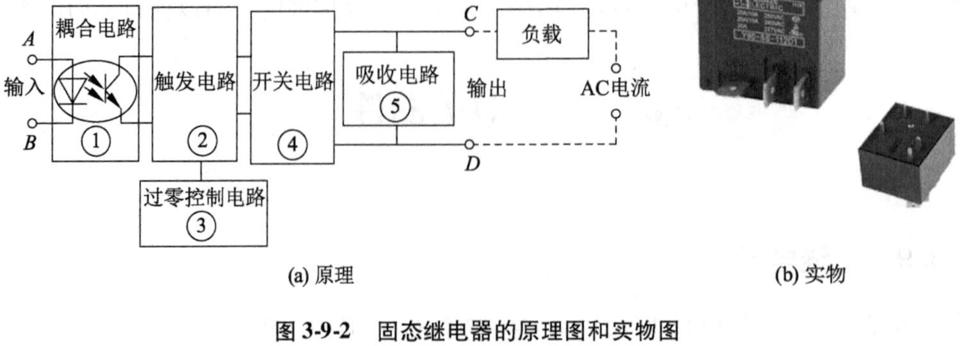

(a) 原理　(b) 实物

图3-9-2　固态继电器的原理图和实物图

2. 继电器的主要技术参数

(1) 直流电阻。它是指继电器中线圈的直流电阻,可以通过万能表测量。

(2) 额定工作电压。它是指继电器正常工作时线圈所需要的电压。继电器的型号不同,所需电压也不同,可以是直流电压,也可以是交流电压。

(3) 吸合电流。它是指继电器能够产生吸合动作的最小电流。在使用时,给定的电流必须略大于吸合电流,继电器才能稳定工作(而对线圈所加的工作电压,一般不要超过额定工作电压的1.5倍,否则会产生较大的电流从而烧坏线圈)。

(4) 释放电流。它是指继电器产生释放动作的最大电流。当继电器吸合状态的电流减小到一定程度,继电器就会恢复到未通电的释放状态,这时的电流远远小于吸合电流。

(5) 触点切换电压和电流。即继电器允许加载的电压和电流,它决定了继电器能控制电压和电流的大小,使用时电压和电流不能超过此值,否则容易损坏继电器的触点。

3. 继电器测试项目

(1) 测触点电阻。用万能表的电阻挡测量常闭触点与动点间的电阻,其阻值应为零,而常开触点与动点间的阻值应为无穷大。由此可以判断哪个是常闭触点,哪个是常开触点。

(2) 测量吸合电压和吸合电流。用可调稳压电源给继电器输入一组电压,且在供电回路中串入电流表进行监测。慢慢调高电源电压,听到继电器的吸合声时,记下该吸合电压和吸合电流。为求准确,可以多试几次求平均值。

(3) 测线圈电阻。可用万能表"R×10"挡测量继电器线圈的阻值,以判断该线圈是否存在开路现象。

(4) 测量释放电压和释放电流。像上述那样连接测试,当继电器发生吸合后再逐渐降低供电电压,当听到继电器再次发生释放声音时,记下此时的电压和电流。为求准确,也可多测几次取释放电压和释放电流的平均值。一般情况下,继电器的释放电压为吸合电压的10%~50%,如果释放电压太小,且小于吸合电压的1/10,该继电器就不能正常使用了,否则会对电路的稳定性造成威胁。

4. 继电器的触点形式及符号表示方式

继电器线圈在电路中用一个长方框符号表示,如果继电器有两个线圈,就画两个并列的长方框,同时在长方框内或长方框旁标上继电器的文字符号"J"。继电器的触点有两种表示方法:一种是把它们直接画在长方框一侧,这种表示法较为直观;另一种是按照电路连接的需要,把各个触点分别画到各自的控制电路中。通常在同一继电器的触点与线圈旁分别标注上相同的文字符号,并将触点组编上号码,以示区别。

继电器的触点有以下三种基本形式:

① 动合型(H型)线圈在不通电时两触点是断开的,通电后两触点就闭合,以"合"字的拼音字头H表示。

② 动断型(D型)线圈在不通电时两触点是闭合的,通电后两触点就断开,用"断"字

的拼音字头 D 表示。

③ 转换型(Z 型)线圈为触点组型,这种触点组共有三个触点,即中间是动触点、上下各一个静触点。线圈不通电时,动触点和其中一个静触点断开,和另一个静触点闭合;线圈通电后,动触点就移动,使原来断开的成闭合状态,原来闭合的成断开状态,以达到转换的目的。这样的触点组称为转换触点,用“转”字的拼音字头 Z 表示。

3.9.2 保险器

保险器即保险管,也称保险丝,是一种安装在电路中保证电路安全运行的电气元件,也称为熔断器。保险管(丝)会在电流异常升高到一定的值时令自身熔断以切断电流,从而起到保护电路、使电路安全运行的作用。

1. 保险丝工作原理

当电流流过导体时,因导体存在一定的电阻,所以导体会发热,且发热量遵循公式 $Q=0.24I^2Rt$,其中,Q 是发热量,0.24 是一个常数,I 是流过导体的电流,R 是导体的电阻,t 是电流流过导体的时间。依此公式,我们不难得出保险丝的工作原理。

制作保险丝的材料及其形状确定后,其电阻 R 就确定了(若不考虑它的电阻温度系数),当有电流通过时,保险丝就会发热,随着电流流过时间的延长,其发热量也在增加。电流与保险丝电阻的大小决定了产生热量的速度,保险丝的构造与其安装的状况决定了热量耗散的速度。若产生热量的速度小于热量耗散的速度,保险丝是不会熔断的;若产生热量的速度等于热量耗散的速度,在相当长的时间内它也不会熔断;若产生热量的速度大于热量耗散的速度,那么积累的热量就会越来越多,又因保险丝有一定的比热及质量,其热量的增加就表现为温度的升高,当温度升高到保险丝的熔点以上时,保险丝就会发生熔断。这就是保险丝的工作原理。

一般保险丝由三部分组成:① 熔体部分。它是保险丝的核心,熔断时起切断电流的作用,同一类、同一规格保险丝的熔体材质要相同,几何尺寸要相同,电阻值要尽可能的小且要一致,最重要的是熔断特性要一致。② 电极部分。通常保险丝有两个电极,它们是熔体与电路连接的重要部件,必须有良好的导电性,不应产生明显的安装接触电阻。③ 支架部分。保险丝的熔体一般都纤细柔软,支架的作用就是将熔体固定并使三个部分成为刚性的整体便于安装使用。保险丝熔体必须有良好的机械强度、绝缘性、耐热性和阻燃性,在使用中不应产生断裂、变形、燃烧及短路等现象。

电力电路及大功率设备所使用的保险丝不仅具备一般保险丝的三个部分,还配有灭弧装置,因为这类保险丝所保护的电路不仅工作电流较大,且当熔体发生熔断时其两端的电压也很高,往往会出现熔体已熔化(熔断)甚至已汽化,但电流并没有切断的现象,其原因就在于熔体熔断的一瞬间在电压及电流的作用下,保险丝的两电极之间发生拉弧现象。灭弧装置必须有很强的绝缘性和很好的导热性,且呈负电性。石英砂就是常用的灭弧材料。

另外,还有一些保险丝有熔断指示装置,当保险丝动作(熔断)后其本身会发生一定的外观变化以提示维修人员,如发光、变色、弹出固体指示器等。

2. 保险丝的种类

① 按保护形式的不同,可分为过电流保护与过热保护。用于过电流保护的保险丝就是平常说的保险丝(也称限流保险丝)。用于过热保护的保险丝一般被称为温度保险丝。温度保险丝又分为低熔点合金型、感温触发型、记忆合金型等。温度保险丝的作用是防止发热电器或易发热电器(如电吹风、电熨斗、电饭锅、电炉、变压器、电动机等)温度过高而损坏。它响应于用电器温度的升高,不会受电路工作电流大小的影响。其工作原理不同于限流保险丝。

② 按使用范围的不同,可分为电力保险丝、机床保险丝、电气仪表保险丝(电子保险丝)、汽车保险丝等。

③ 按体积的不同,可分为大型、中型、小型及微型保险丝。

④ 按额定电压的不同,可分为高压保险丝、低压保险丝和安全电压保险丝。

⑤ 按分断能力的不同,可分为高分断能力保险丝和低分断能力保险丝。

⑥ 按形状的不同,可分为平头管状保险丝(又可分为内焊保险丝与外焊保险丝)、尖头管状保险丝、铡刀式保险丝、螺旋式保险丝、插片式保险丝、平板式保险丝、裹敷式保险丝、贴片式保险丝。

⑦ 按材料的种类,可分为玻璃保险丝、陶瓷保险丝。

⑧ 按熔断速度的快慢,可分为特慢速保险丝(一般用 TT 表示)、慢速保险丝(一般用 T 表示),中速保险丝(一般用 M 表示)、快速保险丝(一般用 F 表示)、特快速保险丝(一般用 FF 表示)。

3. 保险丝的主要参数

(1) 额定电流

额定电流又称保险丝的工作电流,符号为 I_n。保险丝的额定电流是由制造商在实验室的条件下确定的,通常有 100 mA,200 mA,315 mA,400 mA,500 mA,630 mA,800 mA,1 A,1.6 A,2 A,2.5 A,3.15 A,4 A,5 A,6.3 A 等。

(2) 额定电压

保险丝的额定电压用符号 U_n 表示,一般保险丝的标准电压额定值为 32 V,60 V,125 V,250 V,300 V,500 V,600 V。保险丝的电压额定值必须等于或大于电路的有效电压。

(3) 电压降

电压降是指给保险丝通以额定电流,待保险丝达到热平衡即温度稳定下来时,所测得的其两端的电压,符号是 U_d。由于保险丝两端的电压降对电路有一定的影响,因此在有些国家和地区对电压降有明确的规定。

(4) 电阻

保险丝电阻通常分为冷态电阻和热态电阻。冷态电阻是保险丝在 25 ℃的条件下,通过小于额定电流 10% 的测试电流所测得的电阻值；热态电阻则是以全额额定电流值为测试电流所测得的电压降转化过来的，其计算公式为 $R_n = U_d/I_n$。通常热电阻比冷电阻要大。

（5）过载电流及短路电流

过载电流是指电路中流过高于正常工作电流的电流。如果不能及时切断过载电流，就有可能对电路中的其他设备带来损坏。短路电流则是指电路中局部或全部短路而产生的电流。短路电流通常很大，且比过载电流大得多。

（6）分断能力

分断能力又称为额定短路容量，即在额定电压下，保险丝能够安全分断的最大电流值（交流电时，为其有效值）。它是保险丝重要的安全指标，分断能力的符号是 I_r。

（7）温升

温升是指保险丝在规定的电流值（UL 中规定为 100% I_n，日规中规定为 115% I_n）的条件下，温度达到稳定时的温度值与通电前温度的差值。

4. 保险丝的选用

（1）应根据使用场合和负载性质选择保险丝的类型。

（2）额定电流包括两个电流值：一个是熔体的额定电流，另一个是熔断器的额定电流。选择时先要根据负载情况确定熔体的额定电流，再根据所选熔体的额定电流确定熔断器的额定电流。熔体额定电流的选择，要区分负载性质和控制方式。

① 对于变压器、电炉和照明等负载，熔体的额定电流应略大于或等于负载电流。

② 对于输配电线路，熔体的额定电流应略大于或等于线路的安全电流。

③ 对电动机负载，熔体的额定电流应等于电动机额定电流的 1.5 ~ 2.5 倍。

④ 根据选择的熔体额定电流确定熔断器的额定电流。熔断器的额定电流应大于熔体的额定电流，例如，若熔体电流选择为 10 A 且选用 RL1 系列螺旋式熔断器，则熔断器的规格为 RL1 - 15，即熔断器的额定电流为 15 A。

（3）熔断器对过载反应不灵敏，除照明线路外，熔断器一般不用作过载保护，其主要用作短路保护。

（4）只有正确选择熔断器和熔体，才能起到应有的保护作用。选择熔体时，计算出的数值应结合实际技术参数确定，即参照教材中给出的熔断器的技术参数表合理选择实际的熔体额定电流值，所选熔断器的额定电流应大于熔体的额定电流。

第 4 章

PCB 制作

4.1 印制电路板设计规范

1. 范围

本标准规定了印制电路板(以下简称"PCB")设计应遵守的基本工艺要求。

2. 引用标准

下面引用的企业标准,以网上发布的最新标准为有效版本。

IPC - SM - 782　Surface Mount Design and Land Pattern Standard

Q/ZX 04.100.3　印制电路板设计规范——生产可测性要求

Q/ZX 04.099.2　印制电路板焊盘图形——尺寸要求

3. 定义、符号和缩略语

本文采用下列定义、符号和缩略语。

印制电路(Printed Circuit):在绝缘基材上,按预定设计形成的印制元件或印制线路,以及两者结合的导电图形。

印制电路板(Printed Circuit Board,PCB):印制电路或印制线路成品板的统称,简称印制板,包括刚性、挠性和刚挠结合的单面、双面和多层印制板。

覆铜箔层压板(Metal Clad Laminate):在一面或两面覆有铜箔的层压板,用于制造印制板,简称覆铜箔板。

裸铜覆阻焊工艺(Solder Mask on Bare Copper,SMOBC):在全部是铜导线(包括过孔)的印制板上选择性地涂覆阻焊剂后进行焊料整平或其他处理的工艺。

A 面(A Side):安装有数量较多或较复杂器件的封装互联结构面(Packaging and Interconnecting Structure),在 IPC 标准中称为主面(Primary Side),在本文中为了方便,称为 A 面。对插件板而言,元件面就是 A 面;对 SMT 板而言,贴有较多 IC 或较多元件的那一面称为 A 面。

B 面(B Side):与 A 面相对的封装互联结构面。在 IPC 标准中称为辅面(Secondary Side),在本文中为了方便,称为 B 面。对插件板而言,B 面就是焊接面。

波峰焊:将熔化的软钎焊料,经过机械泵或电磁泵喷流成设计要求的焊料波峰,使预先装有电子元器件的 PCB 通过焊料波峰实现元器件焊端或引脚与 PCB 焊盘之间机械和电气连接的一种软钎焊工艺。

再流焊:通过熔化预先分配到 PCB 焊盘上的膏状软钎焊料,实现表面组装元器件焊端或引脚与 PCB 焊盘之间机械和电气连接的一种软钎焊工艺。

表面组装元器件或表面贴片元器件(Surface Mounted Devices,SMD):指焊接端子或引线制作在同一平面内,并适合于表面组装的电子元器件。

通孔插装元器件(Through Hole Components,THC):指适合于插装的电子元器件。

小外形晶体管(Small Outline Transistor,SOT):指采用小外形封装结构的表面组装晶体管。

小外形封装(Small Outline Package,SOP):指两侧具有翼形或 J 形引线的一种表面组装元器件的封装形式。

塑封有引线芯片载体(Plastic Leaded Chip Carriers,PLCC):指四边具有 J 形引线且采用塑料封装的表面组装集成电路。其外形有正方形和矩形两种形式,典型引线中心距为 1.27 mm。

四边扁平封装器件(Quad Flat Package,QFP):指四边具有翼形短引线,采用塑料封装的薄形表面组装集成电路。

球栅阵列封装器件(Ball Grid Array Package,BGA):指在元器件底部以矩阵方式布置的焊锡球为引出端的面阵式封装集成电路。目前有塑封 BGA(P - BGA)和陶瓷封装 BGA(C - BGA)两种。焊锡球中心距有 1.5 mm,1.27 mm,1 mm,0.8 mm,0.65 mm,0.5 mm 和 0.4 mm 几种。

片式元件(Chip):本文特指片式电阻器、片式电容器、片式电感器等两引脚的表面组装元件。

光学定位基准符号(Fiducial Marks):PCB 上用于定位的图形识别符号。如丝印机、贴片机要靠它进行定位,没有它,便无法进行生产。

金属化孔(Plated Through Hole):孔壁沉积有金属层的孔,主要用于层间导电图形的电气连接。

连接盘(Land):是导电图形的一部分,可用来连接和焊接元器件,用来焊接元器件时又叫焊盘。

导通孔(Via Hole):用于导线转接的金属化孔,也叫中继孔、过孔。

元件孔(Component Hole):用于把元器件引线(包括导线、插针等)电气连接到 PCB 上的孔,连接的方式有焊接和压接。

4. PCB 工艺设计要考虑的基本问题

PCB 的工艺设计非常重要,它关系到所设计的 PCB 能否高效率、低成本地制造出来。新一代的 SMT 装联工艺,由于其复杂性,要求设计者一开始就必须考虑制造中的问题,因为一旦设计完成后再进行修改势必延长转产时间，增加开发成本，即使修改一个金属化孔的位置也要进行重新布线、重新制作 PCB 板菲林和焊膏印刷钢板，硬成本至少 2 万元以上，对模拟电路修改更加困难，甚至要重新进行设计与调试，但是，如果不进行修改，批量生产造成的损失就会更大，所付出的代价将是前一阶段修改成本的数十倍以上。因此，设计者必须从设计工作开始就重视工艺问题。

PCB 工艺性设计要考虑以下几个方面：

① 自动化生产所需的传送边、定位孔、定位符号；

② 与生产效率有关的拼板；

③ 与焊接合格率有关的元件封装选型、基板材质选择、组装方式、元件布局、焊盘设计、阻焊层设计；

④ 与检查、维修、测试有关的元器件间距、测试焊盘设计；

⑤ 与 PCB 制造有关的导通孔和元器件孔径设计、焊盘环宽设计、隔离环宽设计、线宽和线距设计；

⑥ 与装配、调试、接线有关的丝印或腐蚀字符；

⑦ 与压接、螺装、铆接工艺有关的孔径和安装空间。

5. 印制板基板

(1) 常用基板性能

一般推荐采用 FR－4 基板。表 4-1-1 列出了几种常用的基板材料，供需要时参考。

表 4-1-1　常用基板材料

类型	最高连续温度/℃	说　明
G－10	130	环氧玻璃纤维层板，不含阻焊剂，可以钻孔，但不允许用冲床冲孔。其性能与 FR－4 基板相似，适用于多层板，在美国得到了广泛应用。
G－11	170	同 G－10，但可耐更高的工作温度。
FR－4	130	环氧玻璃纤维层板，含阻焊剂，具有良好的电性能和加工性能，适用于多层板，广泛应用于电子工业，具有可取的性能价格比。
FR－5	170	同 FR－4，但可在更高的温度下保持良好的强度和电性能，温度高于 170 ℃后，电性能下降。对双面再流焊的层板可以考虑选用。
GPY	260	聚酰亚胺玻璃纤维层板，在高温下它的强度和稳定性都优于 FR－4 层板，常用于高可靠要求的军用品中。
GT	220	聚四氟乙烯玻璃纤维层板，介电性能可控，常用于高频电路。
GX	220	同 GT，但介电性能更好。
Al_2O_3	1450	材料为 96% 高纯 Al_2O_3，具有良好的电绝缘性能和优异的导热性，可用于高功率密度电路的基板，主要用于厚、薄膜混合集成电路。
注：表中基板类型代号为（美）NEMA 中的代号。		

(2) PCB 厚度

PCB 厚度指的是其标称厚度，即绝缘层和铜箔的厚度。

推荐采用的 PCB 厚度有 0.5 mm,0.7 mm,0.8 mm,1 mm,1.5 mm,1.6 mm,1.8 mm,2 mm,2.4 mm,3.0 mm,3.2 mm,4.0 mm,6.4 mm。

0.7 mm 和 1.5 mm 板厚的 PCB 用于带金手指双面板的设计。PCB 厚度应该根据板的尺寸大小和所安装元件的质量来选取,其中 1.8 mm,3.0 mm 为非标准尺寸,应尽可能少用。

(3) 铜箔厚度

PCB 铜箔厚度是指成品厚度,图纸上应该明确标注为成品厚度(Finished Conductor Thickness)。

工艺上要注意的是铜箔厚度要与设计的线宽/线距相匹配。表 4-1-2 列出了基铜厚度(底铜厚度)可蚀刻的最小线宽和线间距,供选择时参考。

表 4-1-2　PCB 铜箔厚度的选择

基铜厚度/(oz/Ft2)	(最小线宽/线间距)/mil
2	8/8
1	6/6
0.5	4/4

注:外层成品厚度一般为“基铜厚度 +0.5 oz/Ft2”,内层厚度基本与基铜厚度相等。

(4) PCB 制造技术要求

PCB 制造技术要求一般标注在钻孔图上,主要有以下项目(根据需要取舍):

① 基板材质、厚度及公差。

② 铜箔厚度。铜箔厚度的选择主要取决于导体的载流量和允许的工作温度,没有科学的计算方法,可参考 IPC-D-275 第 3.5 条中的经验曲线来确定。

③ 焊盘表面处理。一般有以下几种方式:

a. 一般采用喷锡铅合金工艺,锡层表面应该平整无露铜。一般单板锡层厚度不作规定,只要确保 6 个月内可焊性良好即可。

b. 如果 PCB 上有细间距器件(如 0.5 mm 间距的 BGA)或板厚≤0.8 mm,可以考虑整板镀金工艺(薄金)。还有一种有机涂覆工艺(Organic Solderability Preservative,OSP),由于存在可焊期短、发黏和不耐焊等问题,暂时不宜选用。

c. 当板上有裸芯片(需要热压焊或超声焊,俗称 Bonding)或有按键(如手机板)时,一定要采用化学镀镍/金工艺,有的厂家也采用整板镀金工艺处理。前者表面更平整,镀层厚度更均匀、更耐焊,而后者价格便宜且亮度好。

d. 印制插头一般应镀硬金,即纯度为 99.5% ~99.7% 含镍、钴的金合金,一般厚度为 0.5 ~0.7 μm。镀层厚度根据插拔次数确定,一般 0.5 μm 的厚度可经受 500 次的插拔,1 μm 的厚度可经受 1000 次插拔。

④ 阻焊剂。

⑤ 丝印字符。要求对一般涂敷绿色阻焊剂的板采用白色永久性绝缘油墨;对全板喷

锡,建议采用黄色永久性绝缘油墨,以便看清字符。

⑥ 成品板翘曲度。请参照“印制板的翘曲度”要求。

⑦ 成品板厚度公差。规定板厚 <0.8 mm,公差为 ±0.08 mm;板厚≥0.8 mm,公差为 ±10% 。

⑧ 成品板离子污染度。在进行离子污染物试验时,用于清洗试样的溶剂的电阻率不小于 2×10 Ω/cm,或相当于≤1.56 ug/cm^2 的 NaCl 含量。

6. PCB 设计基本工艺要求

(1) PCB 设计基本工艺及目前制造水平

PCB 设计的线宽/线距等最好不要超过目前厂家批量生产时所能达到的技术水平,否则便无法加工或成本过高。

① 层压多层板工艺

层压多层板工艺是目前广泛使用的多层板制造技术,它是用减成法制作电路,通过层压—机械钻孔—化学沉铜—镀铜等工艺使各层电路实现互连,最后涂敷阻焊剂、喷锡、丝印字符完成多层 PCB 的制造。目前国内主要厂家的工艺水平如表 4-1-3 所列。

表 4-1-3　层压多层板国内制造水平

技术指标			批量生产工艺水平
1	一般指标	基板类型	FR-4(Tg=140 ℃) FR-5(Tg=170 ℃)
2		最大层数	24
3		外层最大铜厚 内层最大铜厚	3 oz/Ft2 3 oz/Ft2
4		外层最小铜厚 内层最小铜厚	1/3 oz/Ft2 1/2 oz/Ft2
5		最大 PCB 尺寸	500 mm(20″)×860 mm(34″)
6	加工能力	外层最小线宽/线距 内层最小线宽/线距	0.127 mm(5 mil)/0.127 mm(5 mil) 0.127 mm(5 mil)/0.127 mm(5 mil)
7		最小钻孔孔径	0.35 mm(14 mil)
8		最小金属化孔径	0.25 mm(10 mil)
9		最小焊盘环宽　导通孔	0.127 mm(5 mil)
		元件孔	0.2 mm(8 mil)
10		阻焊桥最小宽度	0.075 mm(3 mil)
11		最小槽宽	≥1 mm(40 mil)
12		字符最小线宽	0.127 mm(5 mil)
13		负片效果的电源、 地层隔离盘环宽	≥0.3 mm(12 mil)
14		层与层图形的重合度	±0.127 mm(5 mil)
15		图形对孔位精度	±0.127 mm(5 mil)

续表

技术指标			批量生产工艺水平
16	精度指标	图形对板边精度	±0.254 mm(10 mil)
17		孔位对孔位精度 (可理解为孔基准孔)	±0.127 mm(5 mil)
18		孔位对板边精度	±0.254 mm(10 mil)
19		铣外形公差	±0.1 mm(4 mil)
20		双面板翘曲度 多层板翘曲度	<1.0% <0.5%
21		成品板厚度公差 板厚≥0.8 mm 板厚<0.8 mm	 ±10% ±0.08 mm(3 mil)

② BUM(积层法多层板)工艺

BUM 板(Build-up Multilayer PCB)是以传统工艺制造刚性核心内层,并在一面或双面再积层更高密度互连的一层或两层,最多为四层。BUM 板的最大特点是其积层很薄、线宽线间距和路径孔孔径很小、互连密度很高,因而可用于芯片级高密度封装,设计准则如表 4-1-4 所示。

表 4-1-4　设计准则

设计要素	标准型/μm	精细型Ⅰ/μm		精细型Ⅱ/μm	精细型Ⅲ/μm
积层介电层厚(d_1)			40 – 75		
外层基铜厚度(c_1)			9 – 18		
线宽/线距	100/100	75/75	75/75	50/50	30/30
内层铜箔厚度			35		
微盲孔孔径(v)	300	200	150	100	50
微盲孔连接盘(c)	500	400	300	200	75
微盲孔底连接盘(t)	500	400	300	200	75
微盲孔电镀厚度			>12.7		
微盲孔孔深/孔径比			<(0.7∶1)		
应用说明	用于 n 层与 $n-2$ 层		用于 n 层与 $n-1$ 层		
	一般含 IVH(Inner Via Hole)的基板	安装 Flip chip,MCM,BGA,CSP 的基板			
		I/O 间距 0.8 mm	I/O 间距 0.5 mm	>500 引脚	>1000 引脚
注:精细型Ⅱ和精细型Ⅲ的目前工艺还未十分成熟,暂时不要选用。					

(2) 尺寸范围

从生产角度考虑,最小的单板尺寸应该不小于“宽(200 mm)×长(250 mm)”,一般理想的尺寸范围是“宽(200 mm ~ 250 mm) × 长(250 mm ~ 350 mm)”。

对长边尺寸小于 125 mm,短边尺寸小于 100 mm 或尺寸范围小于“宽(100 mm) × 长(125 mm)”的 PCB,需采用拼板的方式使之转换为大致符合生产要求的理想尺寸,以便插件和焊接。

(3) 外形

① 对波峰焊,PCB 的外形必须是矩形的(四角为 $R = 1 \sim 2$ mm 圆角更好,但不做严格要求),偏离这种形状会引起 PCB 传送不稳、插件时翻板及波峰焊时熔融焊料汲起等问题。因此,设计时应考虑采用工艺拼板的方式将不规则形状的 PCB 转换为矩形或可接受的形状,特别是角部缺口一定要补齐,如图 4-1-1(a)所示,否则要专门为此设计工装。

② 对纯 SMT 板,允许有缺口,但缺口尺寸必须小于所在边长度的 1/3,应确保 PCB 在链条上传送平稳,如图 4-1-1(b)所示。

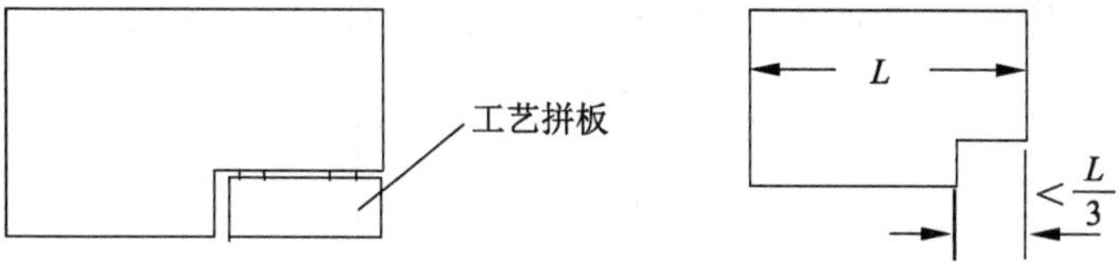

(a) 工艺拼板示意图　　(b) 允许缺口尺寸

图 4-1-1　PCB 外形

③ 对于金手指的设计要求,如图 4-1-2 所示,除了插入边按要求设计倒角外,插板两侧边也应该设计(1 ~ 1.5) × 45°的倒角或 R1 ~ R1.5 的圆角,以便于插入。

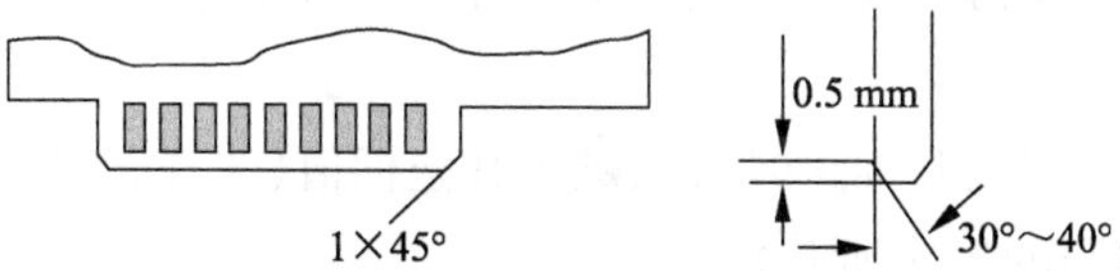

图 4-1-2　金手指倒角的设计

(4) 传送方向的选择

从减少焊接时 PCB 变形方面考虑,对不做拼板的 PCB,一般将其长边方向作为传送方向;对要做拼板的小板,应将拼板的长边方向作为传送方向。

(5) 传送边

不做拼板的 PCB 应该留出两条≥3.5 mm(140 mil)宽度的传送边。通常将 PCB 或拼板后的拼板的两条长边作为其传送边,以便在流水线上传送。作为传送边,其正反面在离边 3.5 mm(140 mil)的范围内不能有任何元器件或引脚,能否布线视 PCB 的安装方式而定,导槽安装的 PCB 一般经常插拔,不要布线,其他方式安装的 PCB 可以布线。

(6) 光学定位基准符号

① 要布设光学定位基准符号的场合

a. 在有贴片元器件的 PCB 面上,必须设计 3 个光学定位基准符号,以对 PCB 整板定位。

b. 如果 PCB 上装有引线中心距≤0.5 mm(20 mil)的 QFP 以及中心距≤0.8 mm(32 mil)的 BGA 等器件,应在该元件的对角位置设置光学定位基准符号,以便对其精确定位。如果几个器件比较靠近(<100 mm),可以把它们看作一个整体,只要在其对角位置设计 2 个光学定位基准符号即可。

c. 如果双面都有贴装元器件,则每一面都应该有光学定位基准符号。

② 光学定位基准符号的位置

中心离边 5 mm 以上即可,如图 4-1-3 所示。

③ 光学定位基准符号的设计要求

将光学定位基准符号设计成 ϕ1 mm(40 mil)的圆形图形,一般为 PCB 上覆铜箔腐蚀图形。考虑到材料颜色与环境的反差,留出比光学定位基准符号大 1 mm(40 mil)的无阻焊区,该区域(方框中的空白部分)不允许有任何字符,如图 4-1-3 所示。

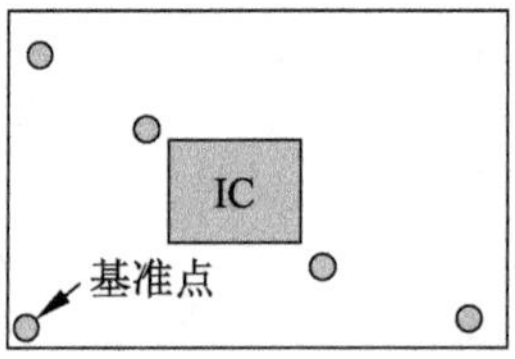

图 4-1-3　光学定位基准符号的应用

同一板上的光学定位基准符号,其内层背景要相同,即三个基准符号下有无铜箔应一致。周围无布线的孤立光学定位基准符号应设计一个内径为 3 mm、环宽 1 mm 的保护圈,如图 4-1-4 所示。

特别要注意,光学定位基准符号必须赋予其坐标值(当作元件设计),不允许在 PCB 设计完成后以一个符号的形式加上去。

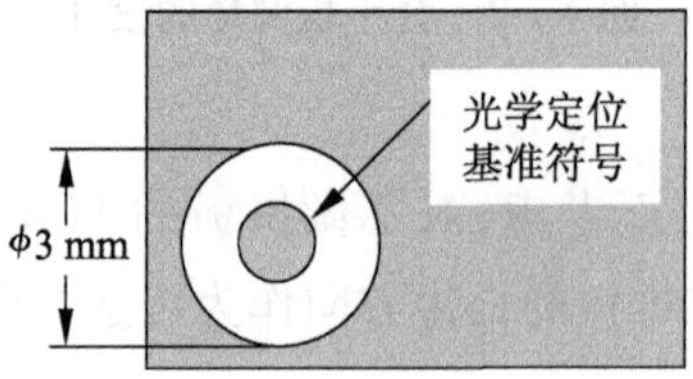

图 4-1-4　光学定位基准符号设计要求

(7) 定位孔

每一块 PCB 应在其角部位置设计至少 3 个定位孔,以便在线测试和 PCB 本身加工时进行定位。如果做拼板,可以把拼板也看作一块 PCB,整个拼板只要有 3 个定位孔即可。

(8) 挡条边

对需要进行波峰焊的宽度超过 20 mm(800 mil)的板,除与用户板类似的装有欧式插座的板外,一般非送边也应该留出≥3.5 mm(140 mil)宽度的边,以便安装挡条。在 B 面

(焊接面)上,距挡条边8 mm范围内不能布置贴片元件。如果元器件较多,安装面积不够,可以将元器件安装到边,但必须另加工艺挡条边(通过拼板方式)。

(9) 孔金属化问题

定位孔、非接地安装孔等,除非必须要求金属化的孔之外,一般均应设计成非金属化孔。

7. 拼板设计

拼板设计主要应考虑两个问题:一要考虑怎样拼;二要考虑子板间采用什么样的连接方式。

(1) 拼板的布局

拼板设计首先要考虑的就是小板如何摆放才能更好地拼成较大的板。由于PCB尺寸、形状各种各样,究竟怎样拼、做几拼较合适,很难做出具体规定。现实中需要考虑如何拼板最省材料、最有利于提高拼后的PCB刚度。关于拼板尺寸,建议以拼板后的最终尺寸接近理想尺寸为拼板设计的依据,过大会导致焊接时容易变形。

(2) 拼板的连接方式

拼板的连接方式主要有双面对刻V形槽、长槽孔加圆孔(俗称邮票孔)和连接桥三种,视PCB的外形而定。

① 双面对刻V形槽的拼板方式

V形槽适合于分离边为直线的PCB,如外形为方形的PCB。目前SMT板应用较多,其特点是分离后边缘整齐,加工成本低,建议优先选用。V形槽的设计要求如图4-1-5所示。

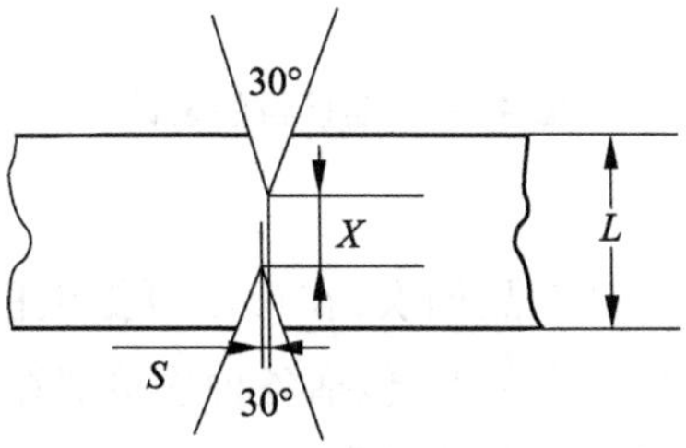

图4-1-5 V形槽的设计要求

开V形槽后,剩余的厚度X应为$L/4 \sim L/3$(L为板厚),但最小厚度应满足$X \geqslant 0.4$ mm。对承重较重的板子可取上限,对承重较轻的板子可取下限。V形槽上下两侧切口的错位S应小于0.1 mm。由于最小有效厚度的限制,对厚度小于1.2 mm的拼板,不宜采用V形槽拼板方式。

② 长槽孔加圆孔的拼板方式

a. 长槽孔加圆孔的拼板方式,也称邮票孔方式,适合于各种外形的子板(小PCB,相对于拼后大块的板而言)之间的拼板。由于拼板分离后边缘不整齐,所以尽量不要采用利用导槽固定的PCB。

b. 长槽孔加圆孔的设计要求:长槽宽一般为2.0~3.0 mm,槽长为25~80 mm,槽与槽之间的连接桥一般为 5 ~7 mm,并布设几个圆孔,孔径 0.8 ~1 mm,孔中心距为孔径加上 0.4 ~0.5 mm,板厚取较小的值,板薄取较大的值,如图 4-1-6 所示为孔—槽分离边典型值。分割槽长度的设计视 PCB 传送方向、组装工艺和 PCB 大小而定,孔越小,边越整齐。

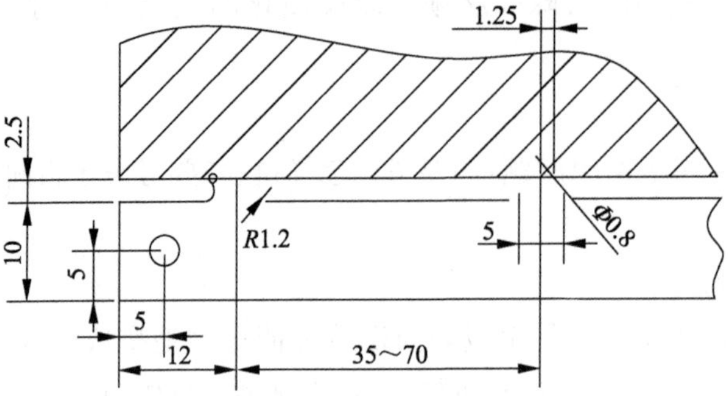

图 4-1-6　孔－槽分离边典型值

③ 连接桥的设计

连接桥的设计主要考虑拼板分离后边缘是否整齐、分离是否方便、插装时刚度是否足够。拼板分离后为了使其边缘整齐,一般将分离孔中心设计在子板的边线上或稍内处,如图 4-1-7 所示。

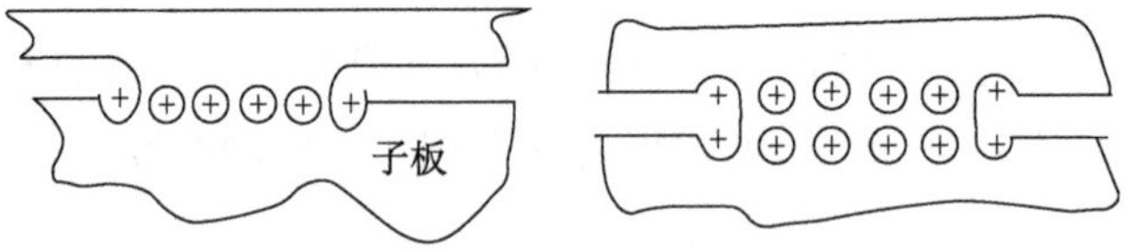

图 4-1-7　连接桥的设计

8. 元件的选用原则

(1) 为了优化工艺流程,提高产品档次,在市场可提供稳定供货的条件下,尽可能选用表面贴装元器件(SMD/SMC)。实际上,包括各种连接器在内的大多数种类的元件都有表面贴装型,对有些板完全可以全表面贴装化。

(2) 为了简化工序,对连接器类的机电元件,元件体的固定(或加强)方式应尽可能选用焊接型安装的结构,其次选用铆接型的,这些都选不到时,再考虑选用螺装型的,如图 4-1-8 所示,以便高效率装配。

(3) 表面贴装连接器引脚形式应尽可能选用引脚外伸型,如图 4-1-9 所示,以便返修。对位置有要求的一定要选用带定位销的,否则会因焊接时位置的漂移导致装配困难。

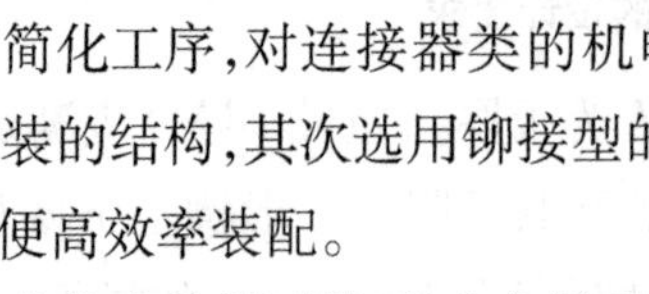

图 4-1-8　连接器定位方式

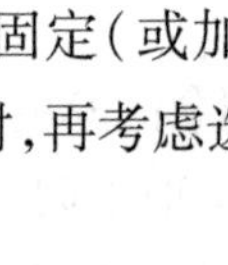

图 4-1-9　连接器引脚

9. 组装形式

(1) 推荐的组装形式

组装形式,即 SMD 与 THC 在 PCB 正反两面上的布局,不同的组装形式对应不同的工艺流程,它受现有生产线的限制。针对实际情况,可优选表 4-1-5 中所列组装形式之一。

表 4-1-5 PCB 组装形式

组装形式	示意图	PCB 设计特征
Ⅰ. 单面全 SMD	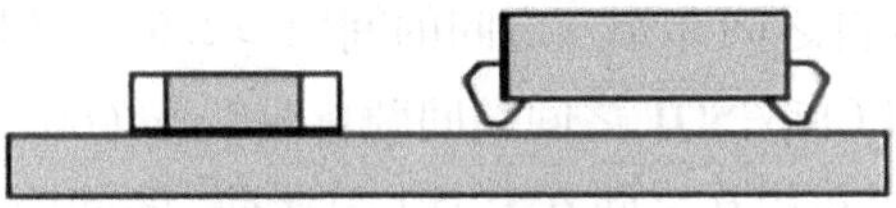	仅一面装有 SMD
Ⅱ. 双面全 SMD	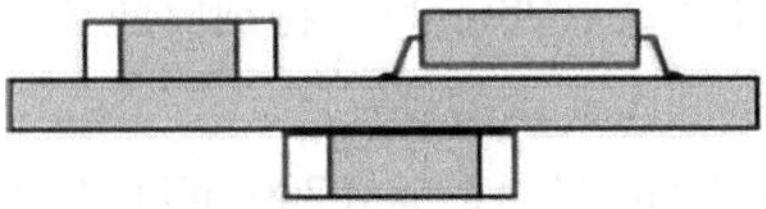	A/B 面均装有 SMD
Ⅲ. 单面元件混装	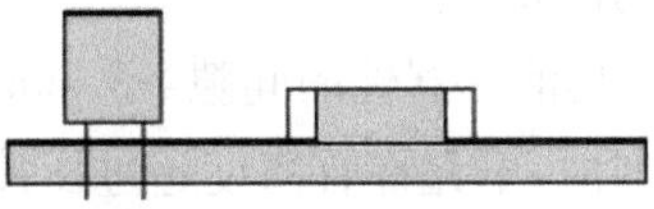	仅 A 面装有元件,既有 SMD 又有 THC
Ⅳ. A 面元件混装、B 面仅装简单 SMD	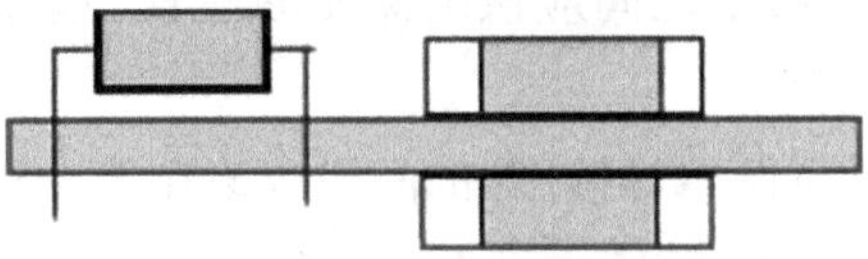	A 面混装,B 面仅装简单 SMD
Ⅴ. A 面插件、B 面仅贴简单 SMD	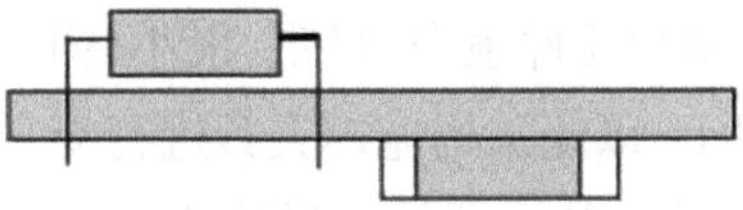	A 面装 THC,B 面仅装简单 SMD
注:简单 SMD—Chip、SOT、引线中心距大于 1 mm 的 SOP。		

另外还应注意,在波峰焊的板面上(Ⅳ,Ⅴ组装方式)尽量避免出现只有几个 SMD 的情况,因为它使组装流程更复杂。

(2) 组装形式说明

① 关于双面全 SMD 板(Ⅱ)

双面全 SMD,采用两次再流焊工艺,在焊接第二面时,已焊好的第一面上的元件焊点同时再次熔化,仅靠焊料的表面张力附在 PCB 下面,较大较重的元件容易掉落。因此,元件布局时应尽量将较重的元件集中布放在 A 面,较轻的布放在 B 面,特别是 BGA 器件一定要集中放在 A 面。

② 关于混装板(Ⅳ)

混装板 B 面(即焊接面)采用波峰焊进行焊接,此面上所布元件的种类、位向、间距一定要符合规定。

10. 元件布局

（1）A 面上元件的布局要求

元器件应尽可能有规则地、均匀地分布排列。A 面上的有极性元器件的正极、集成电路的缺口等统一朝上、朝左放置，如果布线困难，可以有例外。有规则的排列可方便检查，利于提高贴片/插件速度，均匀分布有利于散热和焊接工艺的优化。

考虑到焊接、检查、测试、安装的需要，元件焊盘之间的间隔不能太近，建议按照以下原则设计（其中间隙指不同元器件焊盘间的间隙），对大批量生产的手机板可灵活设计：

① PLCC，QFP，SOP 各自之间和相互之间的间隙≥2.5 mm（100 mil）。

② PLCC，QFP，SOP 与 Chip，SOT 之间的间隙≥1.5 mm（60 mil）。

③ Chip，SOT 各自之间和相互之间在 B 面（焊接面）的间隙≥1.2 mm（48 mil），在 A 面（元件面）的间隙可以小至 0.7 mm（28 mil）。特别要注意，如果 B 面上相邻元件是错开的或高度不一致，要遵守（2）③间距要求的规定。

④ BGA 外侧与其他元器件的间隙≥5 mm（200 mil），如果不考虑返修，这个距离可以小至 2 mm（这是进 Underfill 胶的需要）。

⑤ PLCC 表面贴转接插座与其他元器件的间隙≥3 mm（120 mil）。

⑥ 压接插座周围 5 mm 范围内，不允许有高度超过压接插座高度的元器件。

⑦ 表面贴片连接器与连接器之间应该确保能够检查和返修。一般连接器引线侧应该留有比连接器高度大的空间。

⑧ 元器件到喷锡铜带（屏蔽罩焊接用）的间隔应该在 2 mm（80 mil）以上。

⑨ 元器件到拼板分离边的间隙需大于 1 mm（40 mil）。

⑩ 如果 B 面（焊接面）上贴片元件很多、很密、很小，而插件焊点又不多，建议插件引脚离开贴片元件焊盘 5 mm 以上，以便采用掩模夹具进行局部波峰焊。

（2）波峰焊焊接面上（B 面）贴片元器件布局的特殊要求

① 只允许布设元器件种类。封装尺寸 1608（0603）以上的贴片电阻、贴片电容、SOT、SOP［引线中心距≥1 mm（40 mil）且高度小于 6 mm］。

② 放置位向。采用波峰焊焊接贴片元器件时，常因前面元器件挡住后面元器件而产生漏焊现象，即通常所说的遮蔽效应。因此，必须将元器件引线垂直于波峰焊焊接时 PCB 的传送方向，且相邻元器件必须满足一定的间距要求，否则将产生严重的漏焊现象。

③ 间距要求。波峰焊时，两个大小不同的元器件或错开排列的元器件之间的间距必须≥2.5 mm（100 mil），小元件与大元件相对位置应一致。否则，前面的元器件可能挡住后面的元器件造成漏焊，如图 4-1-10 所示。

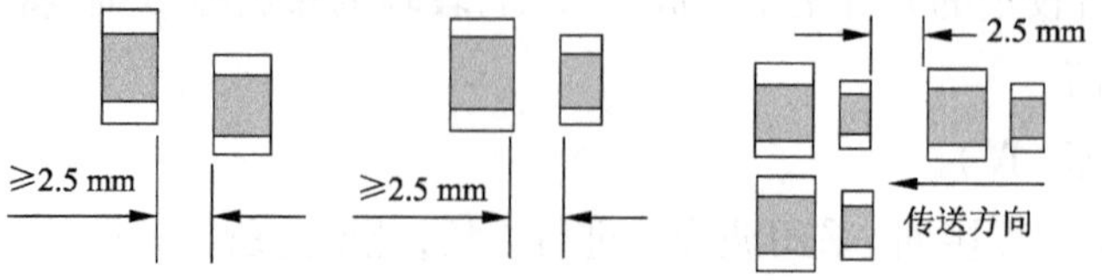

图 4-1-10　间距和相对位置要求

④ 焊盘要求。波峰焊时，对于 SOT、SOP、钽电容器，在焊盘设计上应该按照以下工艺要求做一些修改，以减少类似漏焊、桥连等焊接缺陷：对 SOT、钽电容器，焊盘应比正常设计的焊盘向外扩展 0.3 mm(12 mil)，以免产生漏焊缺陷，如图 4-1-11 所示；对于 SOP，如果方便，应该在每个元器件一排引线的前后位置设计一个工艺焊盘，其尺寸一般比焊盘稍宽一些，以防止产生桥连缺陷，如图 4-1-12 所示。

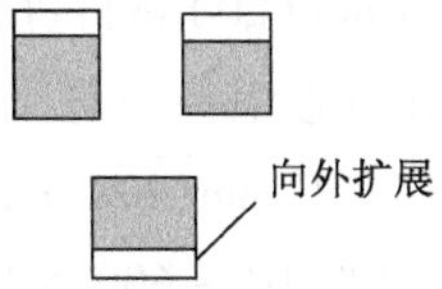

图 4-1-11　SOT 焊盘向外扩展

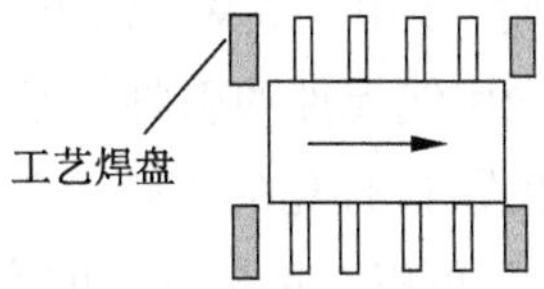

图 4-1-12　SOP 加工艺焊盘

焊接面上所布元件（波峰焊后补焊的插装元件）高度超过 6 mm 时，应尽量集中布置，以减少测试针床制造的复杂性。

(3) 其他要求

由于目前插装元件封装尺寸不标准，各元件厂家生产产品的差别很大，设计时一定要留有足够的空间位置，以适应多家供货的情况。

对 PCB 上的插装元件，应该考虑卧式安装，留出卧放空间，卧放时注意元件孔位，如图 4-1-13 所示。

特别要注意，不要让金属壳体元器件与别的元器件或印制导线相碰，要留有足够的空间位置。

较重的元器件，应该布放在靠近 PCB 支撑点或边的地方，以减少 PCB 的翘曲，尤其是 PCB 上有 BGA 等不能通过引脚释放变形应力的元件，必须注意这一点。

大功率的元器件周围及散热器周围，不应该布放热敏元件，要留有足够的距离。

拼板连接处，最好不要布放元件，以免分板时损伤元件。

对需要用胶加固的元件，如较大的电容器、较重的瓷环等，要留有注胶的地方。

对有结构尺寸要求的单板，如插箱安装的单板，应该确保其元件的高度距相邻板面 6 mm 以上，如图 4-1-14 所示。

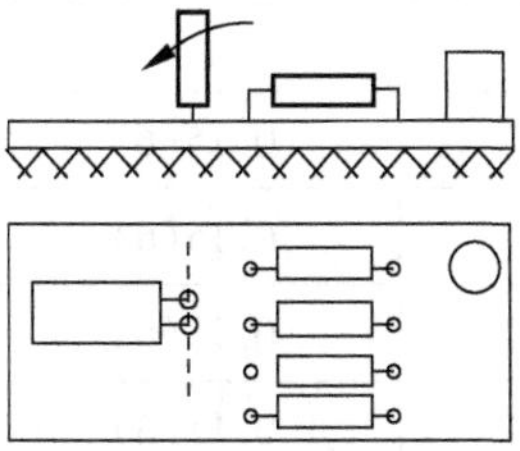

图 4-1-13　比周围元件高的元件应该卧放

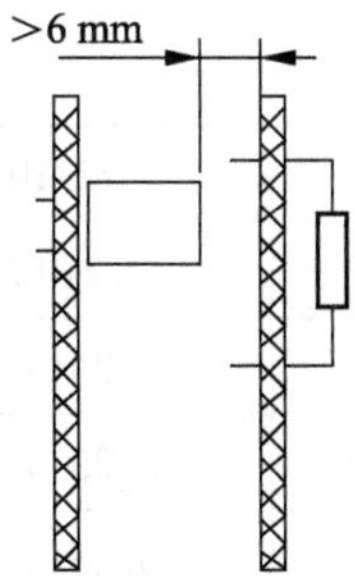

图 4-1-14　元件高度限制

规范化设计要求：

为了减少生产准备(引线成形和工装设计制造)时间,应该积极推行规范化设计工作,督促设计者在新品设计中按以下要求进行设计：

① (标准单板)标准小面板的指示灯位应按图 4-1-14 所示尺寸要求进行设计。

② 一般轴向引线元件的引脚间距(跨距),卧式安装时按优化的 10 mm(400 mil)进行设计;立式安装时(多用于 2 W 以上的功率元件),按 5 mm(200 mil)进行设计。

③ 一般径向引线元件的引脚间距,按与元件引脚中心距一一对应的原则进行设计,不要进行变间距设计,优化的间距为 2.5 mm(100 mil)和 5 mm(200 mil)。

④ 电源端子,可以选用标准化的产品,如 EPT 公司的 910 - 60045,911 - 32004。

⑤ 每一块单板上使用的铆钉规格必须一样,螺钉规格也尽可能相同。

11. 布线要求

(1) 布线范围

布线范围如表 4-1-6 所示。

表 4-1-6　布线范围　　单位:mm(mil)

<table>
<tr><th colspan="3">板外形要素</th><th>内层线路及铜箔</th><th>外层线路及铜箔</th></tr>
<tr><td rowspan="4">距边最小尺寸</td><td colspan="2">一般边</td><td>≥0.5(20)</td><td>≥0.5(20)</td></tr>
<tr><td colspan="2">导槽边</td><td>≥1(40)</td><td>导轨深 +2(80)</td></tr>
<tr><td rowspan="2">拼板分离边</td><td>V 槽中心</td><td>≥1(40)</td><td>≥1(40)</td></tr>
<tr><td>邮票孔孔边</td><td>≥0.5(20)</td><td>≥0.5(20)</td></tr>
<tr><td rowspan="2">距非金属化孔壁最小尺寸</td><td colspan="2">一般孔</td><td>0.5(20)(隔离圈)</td><td>0.3(12)(封孔圈)</td></tr>
<tr><td colspan="2">单板起拔扳手轴孔</td><td>2(80)</td><td>扳手活动区不能布线</td></tr>
</table>

(2) 布线的线宽和线距

在组装密度许可的情况下,尽量选用较低密度的布线设计,以提高成品的可靠性。目前厂家的制造能力:最小线宽 0.127 mm(5 mil),最小线距 0.127 mm(5 mil)。

常用布线密度设计参考如表 4-1-7 所示。

表 4-1-7　布线密度设计参考表　　单位:mm(mil)

名称	12/10	8/8	6/6	5/5
线宽	0.3(12)	0.2(8)	0.15(6)	0.125(5)
线距	0.25(10)	0.2(8)	0.15(6)	0.125(5)
线—焊盘间距	0.25(10)	0.2(8)	0.15(6)	0.125(5)
焊盘间距	0.25(10)	0.2(8)	0.15(6)	0.125(5)

(3) 焊盘与线路的连接

① 线路与 Chip 元器件的连接

线路与 Chip 元器件连接时,原则上可以在任意点连接。但对采用再流焊工艺焊接的 Chip 元器件,最好按以下原则设计。

a. 对于两个焊盘安装的元件,如电阻、电容,与其焊盘连接的印制线最好从焊盘中心位置对称引出,且与焊盘连接的印制线必须具有一样的宽度,如图 4-1-15 所示。对线宽小于 0.3 mm(12 mil)的引出线可以不考虑此条规定。

b. 与较宽印制线连接的焊盘,中间最好通过一段窄的印制线过渡,这一段窄的印制线通常被称为“隔热路径”,否则对 2125(英制即 0805)及其以下 Chip 类 SMD,焊接时极易出现“立片”缺陷。具体要求如图 4-1-16 所示。

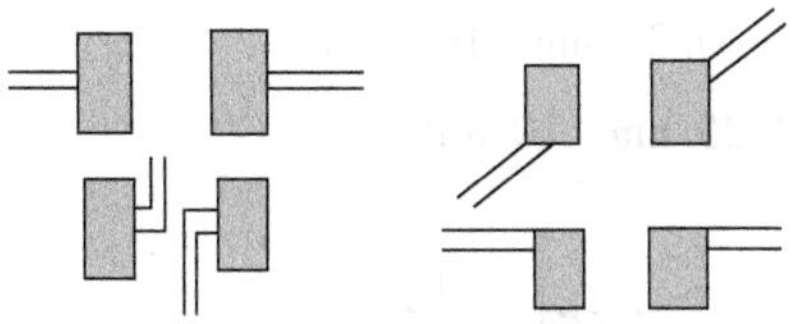

图 4-1-15　阻容元件焊盘与印制线的连接

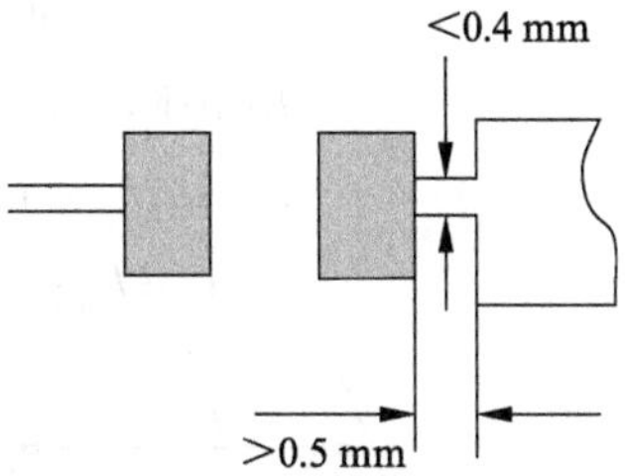

图 4-1-16　隔热路径的设计

② 线路与 SOIC,PLCC,QFP,SOT 等元器件的焊盘连接

线路与 SOIC,PLCC,QFP,SOT 等元器件的焊盘连接,一般建议将导线从焊盘两端引出,如图 4-1-17 所示。

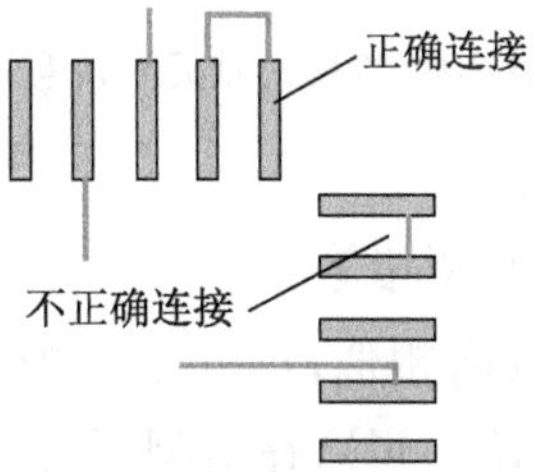

图 4-1-17　元器件焊盘引出线的位置

(4) 大面积电源区和接地区的设计

① 面积超过 ϕ25 mm(1000 mil)的大面积电源区和接地区,如果无特殊需要,一般都应该开设窗口,以免其在焊接时间过长时产生铜箔膨胀、脱落等现象,如图 4-1-18 所示。

② 大面积电源区和接地区的元件连接焊盘应设计成如图 4-1-19 所示的形状,以免大面积铜箔传热过快,影响元件的焊接质量或造成虚焊,对于有电流要求的特殊情况允许使用阻焊膜定义的焊盘。

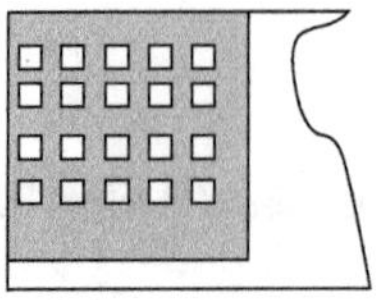

图 4-1-18　大面积铜箔区窗口的设计

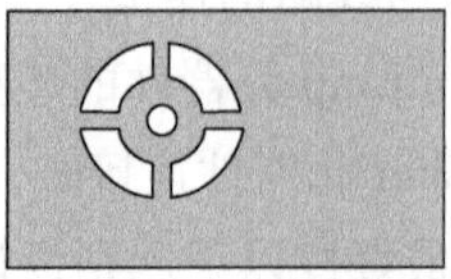

图 4-1-19　花焊盘的设计

12. 表面贴装元件的焊盘设计

表面贴装元器件的焊盘图形均按《印制电路板焊盘图形——尺寸要求》的标准设计。对上述标准中没有规定的,请参照以下原则设计。

(1) 矩形片状元件焊盘设计的一般原则

矩形片状元件焊盘的形状以及下列各式中字母的意义,如图 4-1-20 所示。

$$A = W_{max} - 0.25\ \mathrm{mm}(10\ \mathrm{mil})$$

$$B(\text{电阻}) = H_{max} + T_{min} + 0.25\ \mathrm{mm}(10\ \mathrm{mil})$$

$$B(\text{电容}) = H_{max} + T_{min} - 0.25\ \mathrm{mm}(10\ \mathrm{mil})$$

$$C = L_{max} - 2T_{max} - 0.25\ \mathrm{mm}(10\ \mathrm{mil})$$

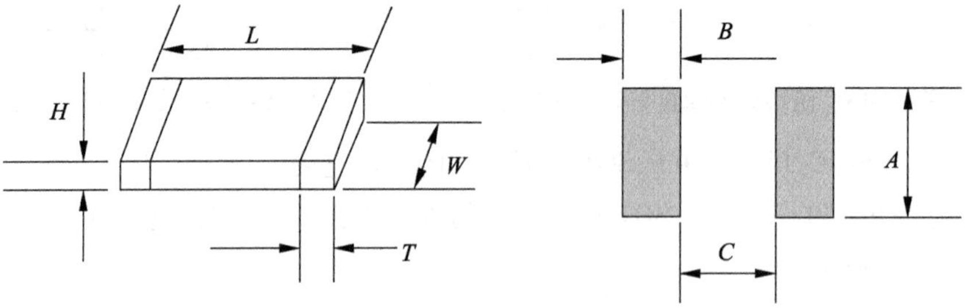

图 4-1-20　矩形片状元件焊盘图形

(2) SOT 焊盘设计的一般原则

① 焊盘的中心距与引线的中心距相等。

② 焊盘的图形与引线的焊接面相似,尺寸上一般是向引脚脚尖方向外延 0.8 mm (32 mil),向脚根方向外延 0.2 mm(8 mil),在引脚宽度方向上每边外扩 0.3 mm(12 mil)。

(3) PLCC 设计的一般原则

PLCC 元器件与焊盘的形状以及下列各式中字母的意义,如图 4-1-21 所示。

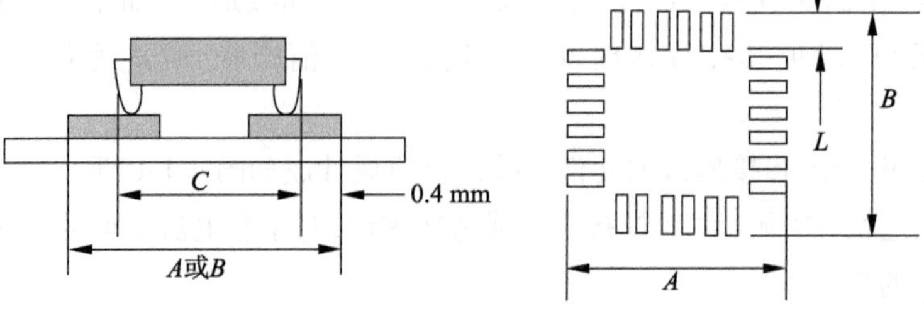

图 4-1-21　PLCC 焊盘图形

① 焊盘中心距等于引线中心距。

② 焊盘宽度为 0.6 mm(24 mil)。

③ A 或 $B = C_{max} + 0.8$ mm(32 mil)。

④ $L = 2.2$ mm(88 mil)。

(4) QFP 设计的一般原则

QFP 元器件与焊盘的形状以及下列各式中字母的意义,如图 4-1-22 所示。

① 焊盘中心距等于引线中心距。

② 焊盘宽度等于引线中心距的一半加上 0.05 mm(2 mil)。

③ $A'(B') = A(B) + 1$ mm(40 mil),确保焊盘伸出元件引脚 0.5 mm。

④ $L = \begin{cases} 1.6\ \text{mm}(64\ \text{mil}),\text{适合于引线中心距为 0.5 mm 及其以下尺寸的 QFP。} \\ 1.75\ \text{mm}(70\ \text{mil}),\text{适合于引线中心距为 0.8 mm,0.65 mm 尺寸的 QFP。} \end{cases}$

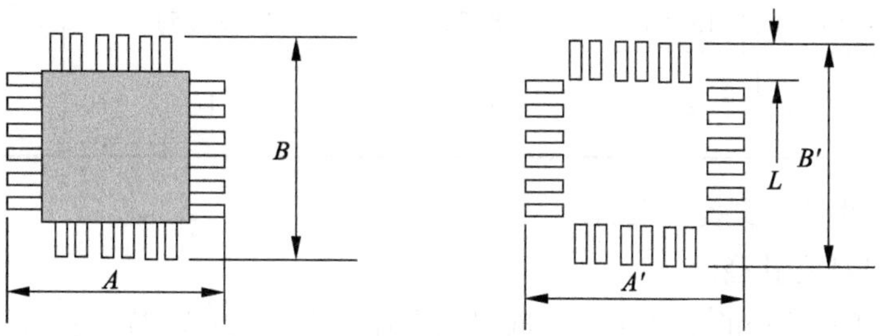

图 4-1-22　QFP 焊盘图形

(5) BGA 焊盘设计的一般原则

① 焊盘与球形阵栅一一对应。

② 焊盘形状为圆形,建议焊盘尺寸按表 4-1-8 中的尺寸进行设计(理想情况下,尺寸按 BGA 上焊球直径的 80% 设计,由于采购方面的原因,实际上难以实现)。

③ 在 BGA 焊球间距≥0.8 mm 的情况下,PCB 仍采用传统的工艺进行制造,BGA 中心部位引出端子(焊球)信号通常通过焊盘旁的导通孔引到其他电路层后再引出。

④ 在 BGA 焊球间距 <0.8 mm 的情况下,想从焊盘旁的导通孔引出端子(焊球)就非常困难了,必须采用 BUM 工艺制造 PCB,它可以将导通孔做到 0.1 mm 以下,也可以直接用微盲孔做焊盘。

具体设计数据参考表 4-1-8。

表 4-1-8　BGA 焊盘设计参数(仅供参考)　　单位:mm(mil)

焊球中心距	1.5(60)	1.27(51)	1.0(40)	0.8(32)	0.65(26)	0.5(20)
焊球直径	0.75(30)		0.6(24)/0.5(20)/0.45(18)	0.5(20)/0.45(18) 0.4(16)/0.3(12)	0.4(16)/0.3(12)	0.3(12)
PCB 制造方法	层压工艺			层压工艺	层压工艺	

续表

焊盘直径	0.6(24)		0.50(20)/ 0.45(18)/0.4(16)	0.45(18)/0.4(16)/ 0.35(14)/0.25(10)	0.30(12)/ 0.25(10)	0.25(10)
导通孔孔径	0.25(10)	0.25(10)	0.25(10)	0.25(10)		
导通孔连接盘环宽	0.13(5)	0.13(5)	0.13(5)	0.13(5)		
盲孔孔径				0.30(12)	0.2(8)	0.10(4)
盲孔连接盘/焊盘				0.50(20)	0.4(16)	0.23(9)
盲孔孔底连接盘				0.50(20)	0.4(16)	0.23(9)
信号线宽度	0.13(5)	0.13(5)	0.13(5)	0.127(5)	0.1(4)	0.75(30)
信号线间距	0.13(5)	0.13(5)	0.18(7)	0.127(5)	0.127(5)	0.75(30)
焊盘间可布线数	3	2	1	1	1	1

13．通孔插件元件安装要素的设计

（1）元器件插孔孔径

① 元器件插孔孔径的设计主要依据引线直径的大小、引线成形情况及波峰焊工艺而定。在考虑工艺要求的基础上尽量选用标准的孔径尺寸。

② 常见的标准孔径尺寸：0.25 mm(10 mil)，0.4 mm(16 mil)，0.5 mm(20 mil)，0.6 mm(24 mil)，0.7 mm(28 mil)，0.8 mm(32 mil)，0.9 mm(36 mil)，1.0 mm(40 mil)，1.3 mm(52 mil)，1.6 mm(64 mil)，2.0 mm(80 mil)。

注：0.25 mm ~ 0.6 mm 尺寸的孔径一般用作导通孔。

③ 对于金属化孔，使用圆形引线时，孔径和引线直径之差一般为 0.2 mm(8 mil) ~ 0.6 mm(24 mil)，视板厚选取，一般厚板选大值，薄板选小值。对于板厚在 1.6 mm(64 mil) ~ 2 mm(80 mil)之间，孔径和引线直径之差一般取0.2 mm(8 mil) ~ 0.4 mm(16 mil)即可。对引线直径≥1 mm(40 mil)的安装孔，间隙适当大点，可以取 0.4 mm(16 mil) ~ 0.6 mm(24 mil)。在同一块电路板上，孔径的尺寸规格应当少一些，还要尽可能避免异形孔，以便降低加工成本。

（2）焊盘

焊盘外径主要依据布线密度及元器件安装孔的孔径和金属化状态而定。对于金属化孔孔径≤1 mm 的 PCB，连接盘外径一般为元件孔径加 0.45 mm(18 mil) ~ 0.6 mm(24 mil)，具体依布线密度而定。其他情况下，焊盘外径按孔径的 1.5 ~ 2 倍来设计，但要满足最小连接盘环宽≥0.225 mm(9 mil)的要求。

从焊接的工艺性考虑，可以将插装元件的焊盘分为如表 4-1-9 所示的几类。

表 4-1-9　焊盘分类

焊盘类型	简　图	焊盘设计说明
轴向引线元件焊盘	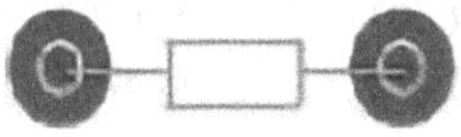	焊盘分散,如果布线密度许可,焊盘环宽可以较大,一般焊盘环宽取 0.3 mm(12 mil)
径向引线元件焊盘		一般情况下,焊盘环宽取 0.25 mm(10 mil)。
单排焊盘		DIP、单排插属于此类焊盘,由于单排焊接时工艺性较好,一般焊盘环宽取 0.25 mm (10 mil)。
矩阵焊盘	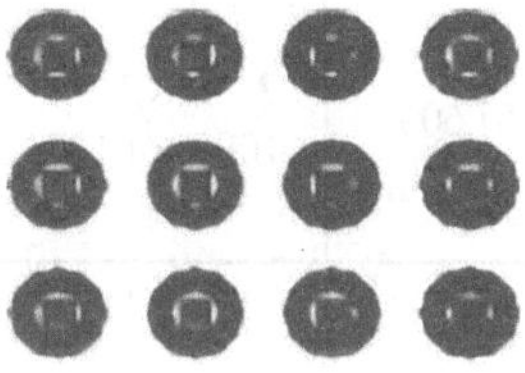	连接器的焊盘多属于此类,有两排或多排,此类焊盘的设计要根据引脚截面形状来确定。对矩阵焊盘扁形引脚,焊盘环宽可以大些,而对方形引脚,焊盘环宽就要小些。一般焊盘环宽取 0.25 mm(10 mil)。

(3) 跨距

PCB 上元器件安装跨距大小的设计主要依据元件的封装尺寸、安装方式和元器件在 PCB 上的布局而定。

① 对于轴向元件,安装孔距应选取比封装体长度长 4 mm 以上的标准孔距。

② 对于径向元器件,安装孔距应选取与元器件引线间距一致的安装孔距。

③ 标准安装孔距建议使用公制系列,即 2.0 mm,2.5 mm,3.5 mm,5.0 mm,7.5 mm,10.0 mm,12.5 mm,15.0 mm,17.5 mm,20.0 mm,22.5 mm,25.0 mm。为实现短插工艺,优先选用 2.5 mm,5.0 mm,10.0 mm 的跨距。

(4) 常用插装元器件的安装孔径和焊盘尺寸

对板厚为 1.6 ~ 2 mm 的 PCB,常用插装元器件的安装孔径和焊盘尺寸如表 4-1-10 所示。

表 4-1-10　常用插装元器件的焊盘和孔径　　单位:mm(mil)

元器件引脚类型	孔径	焊盘	跨距或间距	实例
轴向引线 ϕ0.45 ~ 0.55 ϕ0.8	ϕ0.8(32) ϕ1.0(40)	ϕ1.40(56) ϕ1.60(64)	10.0(400)	各类电阻器的跨距根据元件体长度尺寸加 3 ~ 4 mm 的余量,选接近的标准跨距
径向引线 ϕ0.45 ~ 0.55 ϕ0.8	ϕ0.8(32) ϕ1.0(40)	ϕ1.40(56) ϕ1.60(64)	2.54/5 (100/200)	各类电容器,按照元件引脚间距值选取对应的标准跨距值

续表

元器件引脚类型	孔径	焊盘	跨距或间距	实例
单排方形引线 0.64×0.64 0.5×0.5	ϕ1.0(40) ϕ0.8(32)	ϕ1.5(60) ϕ1.3(52)	2.54(100) 2(80)	单排插头
单排扁形引线 0.45×0.2 0.5×0.2 0.6×0.2	ϕ0.7(28) ϕ0.7(28) ϕ0.8(32)	ϕ1.3(52) ϕ1.3(52) ϕ1.4(56)	2.54(100) 2.54(100) 2.54(100)	DIP DIP 转接插座/DIP DIP 转接插座/DIP
2.54 mm 矩阵布局方形引线（焊接型） 0.6×0.6	ϕ1.0(40)	ϕ1.5(60)	2.54×2.54 (100)×(100)	96 芯 DIN 型单板用插头
2.54 mm 矩阵布局扁形引线（焊接型） 0.6×0.25	ϕ1.0(40)	ϕ1.5(60)	2.54×2.54 (100)×(100)	96 芯 DIN 型单板用插座

14. 导通孔的设计

（1）导通孔位置的设计

① 导通孔的位置主要与再流焊工艺有关，导通孔一般不能设计在焊盘上（更不允许直接将导通孔作为 BGA 器件的焊盘来使用），应该通过一小段印制线连接，否则容易产生立片、焊料不足的缺陷，如图 4-1-23 所示。如果导通孔焊盘涂敷有阻焊剂，图中所示距离可以小至 0.1 mm(4 mil)；而对波峰焊，一般希望导通孔与焊盘靠得近些以利于排气，在极端情况下甚至可以将导通孔设计在焊盘上，只要不被元件压住。

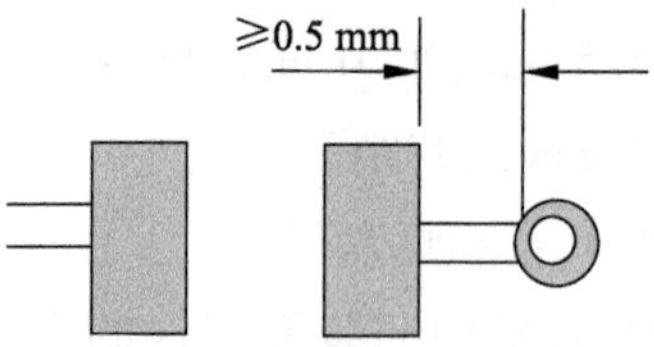

图 4-1-23　导通孔位置

② 导通孔不能设计在焊接面上片式元件的焊盘中心位置，如图 4-1-24 所示。

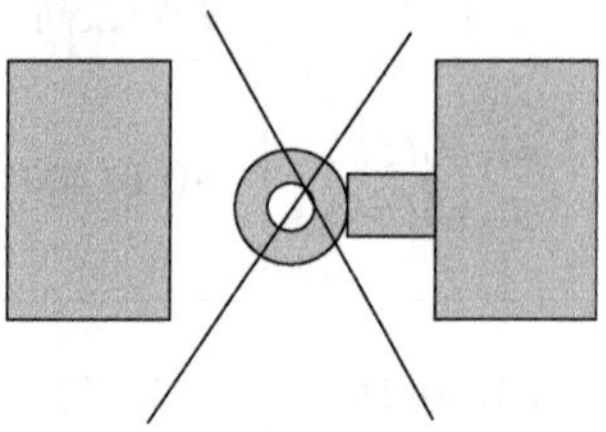

图 4-1-24　导通孔不允许位置

③ 排成一列的无阻焊导通孔焊盘，焊盘的间隔须≥0.2 mm(8 mil)，如图 4-1-25 所示。

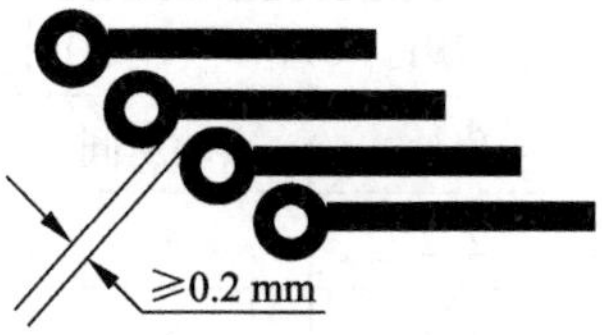

图 4-1-25　无阻焊导通孔焊盘间隔要求

(2) 导通孔孔径和焊盘

导通孔主要用作多层板层间电路的连接，在 PCB 工艺可行条件下，孔径和焊盘越小，布线密度越高。对导通孔来讲，一般外层焊盘最小环宽不应小于 0.127 mm(5 mil)，内层焊盘最小环宽不应小于 0.2 mm(8 mil)。推荐的导通孔孔径及焊盘尺寸见表 4-1-11。如果用作测试，要求焊盘外径≥0.9 mm(36 mil)。

表 4-1-11　导通孔及焊盘的设计　　单位：mm(mil)

导通孔尺寸	层次	钻孔方法	最小焊盘尺寸		应用场合
			外层线路	内层线路	
0.10(4)	仅在外层	激光			BUM 板
0.15(6)	全部	激光/钻孔			
0.25(10)	全部	钻孔	0.5(20)	0.7(28)	≤2.0 mm 板
0.30(12)	全部	钻孔	0.6(24)	0.7(28)	≤3.0 mm 板
0.40(16)	全部	钻孔	0.7(28)	0.85(34)	≤4.0 mm 板
0.50(20)	全部	钻孔	0.9(36)	1(40)	≤4.8 mm 板

15. 螺钉/铆钉孔

(1) 螺钉安装空间见表 4-1-12。

表 4-1-12　螺钉安装空间　　单位：mm

项目	M_3	M_4	M_5	M_6
孔径	3.5	4.5	6	7
焊盘(有接地要求)	8	10	11	13
安装空间	10	12	13	15

（2）铆钉孔孔径及安装空间见表4-1-13。

表4-1-13　铆钉孔孔径及安装空间（铆枪头要求）　　单位：mm

铆钉规格	抽芯铆钉（GB12618－1990）		空芯铆钉（GB876－1986）		Avdel连接器铆钉（1189－2510/2808）	
	孔径	安装空间	孔径	安装空间	孔径	安装空间
2			2.2	4		
2.5			2.7	5	2.5～2.6	6
3	3.2	8	3.2	6		
4	4.2	10				
5	5.2	12				

16．阻焊层设计

阻焊层的主要作用是防止波峰焊焊接时产生桥连现象。阻焊膜的设计主要是确定开窗方式和焊盘余隙。

（1）开窗方式

① 当表面组装焊盘间隙≥0.2 mm（8 mil）时，采用单焊盘式窗口设计；当相邻焊盘间距＜0.2 mm（8 mil）时，采用群焊盘式窗口设计，如图4-1-26所示。

② 对金手指，应该开大窗口（类似群焊盘式），且金手指顶部与附近焊盘间距须≥0.5 mm（20 mil）。

③ 除用于测试的导通孔外，其余导通孔全部进行塞孔处理，以防止波峰焊时焊料、焊剂扩散和再流焊时吸走焊料。

（2）焊盘余隙

表面组装PCB的阻焊涂层大多采用液体光致成像阻焊剂工艺来实现。采用这种工艺，阻焊窗口的尺寸一般应该比PCB上对应焊盘每边大0.1 mm（4 mil），如图4-1-27所示，以防止阻焊剂污染焊盘。对细间距器件，每边可以小至0.075 mm（3 mil）。

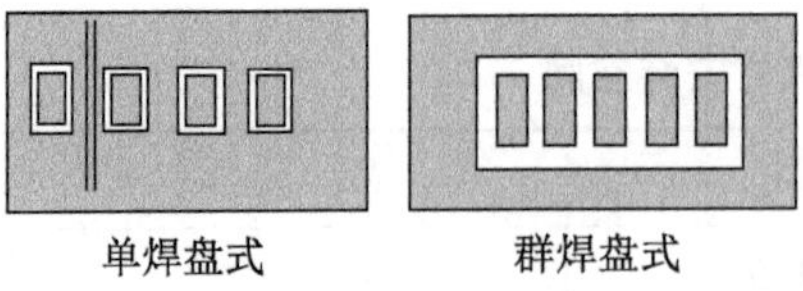

图4-1-26　开窗方式

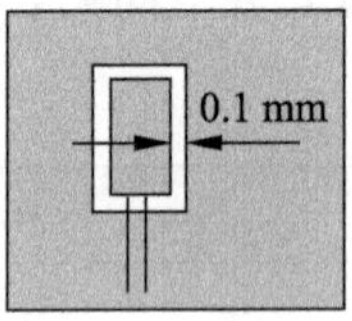

图4-1-27　阻焊膜尺寸

（3）蓝胶的采用

如果PCB在波峰焊前有许多需要保护的地方，如金手指、金属化孔、元件孔，可以考虑在这些地方印刷可剥蓝色阻焊剂（但因其成本较高，一般情况下不宜采用）。

17．字符图

（1）丝印字符图绘制要求

字符图应包括元器件的图形符号、位号、PCB的板名、型号、版本号及条码位置图块。

字符图不仅是 PCB 上丝印字符的模板，而且是 PCB 装配图的一部分，必须仔细绘制，以便正确指导 PCB 的装配、接线和调试。绘制字符图时须注意以下几点：

① 有极性的元器件，如电解电容器、晶体管等，要按照实际安装位置标出极性及安装方向。

② 对两边或四周引出引脚的集成电路要用符号（如小方块、小圆圈、小圆点）标出第 1 号管脚的位置，符号大小要和实物成比例；对 BGA 器件，要用阿拉伯数字和英语字母以矩阵的方式标出 1 号引脚的位置；对连接器类元件，要标出插入方向、1 号引脚位置等。

③ 一般在每个元器件上都必须标出位号（代号）。对于高密度 SMT 板，如果空间不够，可以采用引出的标注方法或标号标注方法，将位号标在 PCB 其他有空间的地方，如果实在无空间标注位号，在得到 PCB 工艺评审人员许可后可以不标，但必须绘出字符图，以便指导安装和检查。

④ 字符图中丝印线、图形符号、文字符号不得压住焊盘，以免焊接不良。

（2）元器件的表示方法

① 元器件一般用图形符号或简化外形表示，图形符号多用于插装元件的表示，简化外形多用于表面贴片元器件、连接器及其他自制件的表示。

② IC 器件、极性元件、连接器等元件要表示出其安装方向，一般用缺口或倒脚边来表示。对立式安装的元件，为了方便装配，建议将元件侧的孔用实心圈标出，若有极性还要在引线侧标注极性，如图 4-1-28 所示。

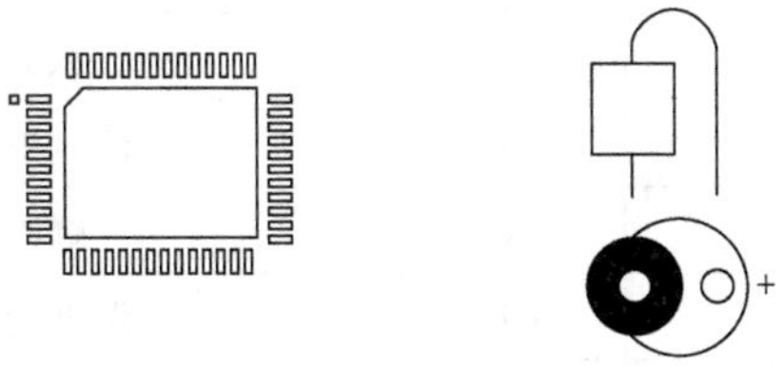

图 4-1-28　安装方向的表示

③ IC 器件一般要表示出 1 号引脚位置，用圆点、方块或数字“1”表示。对 BGA 器件用英语字母和阿拉伯数字构成的矩阵表示；极性元件要表示出其正极，用“ + ”表示；二极管采用元件的图形符号表示，并表示出“ + ”极；转接插座有时为了调试和连接方便，也需要标出针脚号。

（3）字符尺寸、位置和方向

字符尺寸、位置和方向的规定见表 4-1-14。表中规定的字符尺寸为原则性规定，设计时应以成品板的实际效果为准。

表 4-1-14　字符尺寸、位置和方向要求　　单位:mil

字符	层面	大小	线宽	位置、方向
元器件标记通常情况	丝印层	60	10	元件面,向上、向左
元器件标记高密度情况	丝印层	50	8	元件面,向上、向左
元器件标记甚高密度情况	丝印层	45	6	元件面,向上、向左
型号—板名(单板)	铜箔面	100	20	元件面左上方
版本号(单板)	铜箔面	80	10	“型号—板名”下方
型号—板名(后背板)	铜箔面	150	25	焊接面右上方
版本号(后背板)	铜箔面	100	20	“型号—板名”下方

当单板面积很小时,“型号—板名”及“版本号”等字符可相应缩小并灵活安排在板上合适的位置。

有些产品后背板的背面已经被机柜封住,从背面不可见,这种情况下,板名和型号可以放在前面适当的位置(如传输产品的后背板)。

(4) 元器件文字符号的规定

元器件位号中常见文字符号的规定见表 4-1-15。

表 4-1-15　元器件对应文字符号的统一规定

按照名称拼音排序		按照文字符号排序	
元器件种类及名称	文字符号	元器件种类及名称	文字符号
变压器	T	激光器	AL
测试点(焊盘)	TP	印制电路板	AP
插头、插座、插针	X	蜂鸣器	B
电池	GB	温度变换器	BT
电感器	L	电容器	C
电容器	C	可变电容器	CP
电位器	RP	集成运放	D
电阻排	RR	集成电路、三端稳压块、光耦	D
电阻器	R	熔断器	FU
电阻网络	RN	过压保护器	FV
短路器、连接器	XJ	晶体振荡器、谐振器	G
二极管、稳压二极管	VD	电池	GB
发光二极管	HL	射频压控振荡器	GR
蜂鸣器	B	发光二极管	HL
功分器	W	指示灯	HL

续表

按照名称拼音排序		按照文字符号排序	
元器件种类及名称	文字符号	元器件种类及名称	文字符号
过压保护器	FV	继电器	K
厚膜电路	NF	接触器	KM
环形器	NL	电感器	L
霍尔传感器	SH	模块电源	M
激光器	AL	匹配网络	MN
集成电路、三端稳压块、光耦	D	衰减器	N
集成运放	D	射频放大器	NA
继电器	K	厚膜电路	NF
接触器	KM	环形器	NL
晶体振荡器、谐振器	G	电阻器	R
开关	S	微带负载	RL
可变电容器	CP	电阻网络	RN
滤波器	Z	电位器	RP
模块电源	M	电阻排	RR
匹配网络	MN	热敏电阻	RT
热敏电阻	RT	压敏电阻	RV
熔断器	FU	开关	S
三极管	VT	霍尔传感器	SH
射频放大器	NA	温度传感器	ST
射频混频器	U	变压器	T
射频压控振荡器	GR	测试点(焊盘)	TP
衰减器	N	调制器	U
调制器	U	射频混频器	U
微带负载	RL	整流器	UR
温度变换器	BT	二极管、稳压二极管	VD
温度传感器	ST	三极管	VT
压敏电阻	RV	功分器	W
印制电路板	AP	插头、插座、插针	X
整流器	UR	短路器、连接器	XJ
指示灯	HL	滤波器	Z
注:对于本表中没有涉及的新类别,应报标准化科统一规定,原则上按功能归类。			

(5) 后背板的特殊要求

后背板两面都有插接件,使用时两面都有操作,其字符标注有些特殊的要求。字符如果放在 Bottom Overlay 层面上,必须镜像放置,具体要求见表 4-1-16。

表 4-1-16　后背板元件的标注方法

元件	内容	标注面	相对于元件的位置	方向	示例	备注
单板插座	位号	Top Overlay	左上方	向上	X12	
	插座类型		左上侧面	向左	DIN64W	
	插座外形		包围元件			简化外形轮廓,应有方向
	功能	Bottom Overlay	左上方	向上	DT8U	
	针脚序号		针脚两侧	向上	5a,5c	按 5 的倍数增加
36 芯插座	简化外形	Bottom Overlay	包围元件			应能区分大头、小头
	功能		左上方	向上	DTMFO	
	位号		左上侧面	向上	X14	
电源插座	位号	Bottom Overlay	左上方	向上	X14	

18. 条码位置

在 PCB 板名和版本号的后面或下面留出贴条形码的位置,尺寸为 25 mm(1000 mil) × 8 mm(320 mil),并用 18.5 mm(740 mil) ×6.5 mm(260 mil)的丝印框表示,线宽 0.2 mm (8 mil)。

4.2 用 Protel 99 设计电路板的基本流程

1. 电路板设计的先期工作

① 利用原理图设计工具绘制原理图,并生成对应的网络表。当然,在一些特殊情况下,如电路板比较简单或已经有了网络表等情况下也可以不进行原理图的设计,直接进入 PCB 设计系统。在 PCB 设计系统中,可以直接取用零件封装,人工生成网络表。

② 手工更改网络表,将一些元件的固定用脚等原理图上没有的焊盘定义到与它相通的网络上,没有任何物理连接的可定义到地或保护地等。将原理图和 PCB 封装库中引脚名称不一致的器件引脚名称改成和 PCB 封装库中的一致,特别是二极管、三极管等。

2. 画出自己定义的非标准器件的封装库

建议将自己所画的器件都放入一个自建的 PCB 专用设计文件库中。

3. 设置 PCB 设计环境

① 进入 PCB 系统后首先设置 PCB 设计环境，包括设置格点大小和类型、光标类型、板层参数、布线参数等。大多数参数都可以使用系统默认值。这些参数经过设置之后符合个人的习惯，以后无需再去修改。

② 规划电路板，主要是确定电路板的边框，包括电路板的尺寸大小等。

在需要放置固定孔的地方放置适当大小的焊盘。对于 3 mm 的螺丝，可用外径 6.5 ~ 8 mm和内径 3.2 ~ 3.5 mm 的焊盘，对于标准板可从其他板或 PCB izard 中调入。

注意：在绘制电路板的边框前，一定要将当前层设置为 Keep Out 层，即禁止布线层。

4. 调入网络表文件和修改元件封装

这一步是非常重要的环节，网络表是 PCB 自动布线的灵魂，也是原理图设计与印象电路板设计的接口，只有将网络表装入后，才能进行电路板的布线。

在原理图设计的过程中，ERC 检查不会涉及元件的封装问题，因此，在原理图设计时，元件的封装可能被暂时遗忘，在引进网络表时可以根据设计情况来修改或补充元件的封装。当然，也可以直接在 PCB 内人工生成网络表，并且指定元件封装。

5. 元件布局

布线的关键是布局。Protel 99 可以进行自动布局，也可以进行手动布局。如果进行自动布局，则运行“Tools”菜单下面的“Auto Place”（用这个命令，你需要有足够的耐心）。多数设计者采用手动布局的形式，即用鼠标选中一个元件，按住鼠标左键不放，拖住这个元件到达目的地后放开左键，将该元件固定。Protel 99 在布局方面新增了一些技巧，新的交互式布局选项包含自动选择和自动对齐，使用自动选择方式可以很快地收集相似封装的元件，然后旋转、展开和整理成组，最后将其移动到板上所需的位置即可。简易的布局完成后，使用自动对齐的方式可整齐地展开或缩紧一组封装相似的元件。

在自动选择时，使用【Shift + X（或 Y）】和【Ctrl + X（或 Y）】可展开或缩紧选定组件的 X，Y 方向。

注意：零件布局应当从机械结构散热、电磁干扰、布线的方便性等方面综合考虑，先布置与机械尺寸有关的器件，并锁定这些器件，然后是占位大的器件和电路的核心元件，最后是外围的小元件。

6. 局部调整

假如板上空间允许，则可在板上放上一些类似于实验板的布线区。对于大板子，应在中间多加几个固定螺丝孔。若板上有重的器件或较大的接插件等，受力器件边上也应加固定螺丝孔，有需要的话也可在适当位置放一些测试用的焊盘，最好在原理图中就表示出来。将过小的焊盘过孔改大，将所有固定螺丝孔焊盘的网络定义到地或保护地等。操作完成后，用 View 3D 功能察看一下实际效果，然后存盘。

7. 布线规则设置

布线规则是设置布线的各种规范，如使用层面、各组线宽、过孔间距、布线的拓扑结构等的规则,可通过“Design-Rules”的“Menu”从其他板导出后,再导入这块板。这个步骤不必每次都执行,按个人的习惯设定一次即可。

选择“Design-Rules”一般需要重新设置以下几点:

① 安全间距(Routing 标签的 Clearance Constraint)。它规定了板上不同网络的走线、焊盘过孔等必须保持的距离。一般板子可设为 0.254 mm,较空的板子可设为 0.3 mm,较密的贴片板子可设为 0.2 ~0.22 mm。极少数印制板加工厂家的生产能力在 0.1 ~0.15 mm,假如能征得他们的同意,也可以设成此值。0.1 mm 以下是绝对禁止的。

② 走线层面和方向(Routing 标签的 Routing Layers)。此处可设置使用的走线层和每层的主要走线方向。请注意,贴片的单面板只用顶层,直插型的单面板只用底层,但是多层板的电源层不在这里设置(可以在“Design-Layer Stack Manager”中,单击“顶层”或“底层”后,用“Add Plane”添加,鼠标左键双击后进行设置,选中本层后用【Delete】键删除)。机械层也不是在这里设置的(可以在“Design-Mechanical Layer”中选择所要用到的机械层,并选择是否可视和是否同时在单层显示模式下显示)。

机械层 1:一般用于画板子的边框。

机械层 3:一般用于画板子上的挡条等机械结构件。

机械层 4:一般用于画标尺和注释等,具体操作时可用 PCB Wizard 导出一个 PCAT 结构的板子查看一下。

③ 过孔形状(Routing 标签的 Routing Via Style)。它规定了手工布线和自动布线时自动产生的过孔的内、外径,它们均分为最小、最大和首选值,其中首选值是最重要的(下同)。

④ 走线线宽(Routing 标签的 Width Constraint)。它规定了手工布线和自动布线时走线的宽度。整个板范围的首选项一般取 0.2 ~ 0.6 mm,另添加一些网络或网络组(Net Class)的线宽设置,如地线、+5 V 电源线、交流电源输入线、功率输出线和电源组等。网络组可以事先在“Design-Netlist Manager”中定义好,地线一般可选 1 mm 宽度,各种电源线一般可选 0.5 ~1 mm 宽度,印制板上线宽和电流的关系大约是每毫米线宽允许通过 1 A 的电流,具体可参考有关资料。当线径首选值太大使得 SMD 焊盘在自动布线时无法走通时,它会在进入 SMD 焊盘处自动缩小成最小宽度和焊盘宽度之间的一段走线,其中 Board 为对整个板的线宽约束,它的优先级最低,即布线时首先满足网络和网络组等的线宽约束条件。

⑤ 敷铜连接形状的设置(Manufacturing 标签的 Polygon Connect Style)。建议用 Relief Connect 方式来设置,导线宽度“Conductor Width”取 0.3 ~0.5 mm,4 根 45°或 90°电路转角的导线,其余各项一般可用它原先的缺省值,而布线的拓扑结构、电源层的间距和连接形状匹配的网络长度等项可根据需要来设置。

选择“Tools - Preferences”,在“Options”栏的“Interactive Routing”处选“Push Obstacle”,表示遇到不同网络的走线时推挤其他的走线。此外,“Ignore Obstacle”表示穿过;

“Avoid Obstacle”表示拦断模式并选中“Automatically Remove”(可自动删除多余的走线)。“Defaults”栏中的“Track”和“Via”等也可修改,但一般不必去动它们。在不希望有走线的区域放置Fill填充层,如散热器和卧放的两脚晶振下方所在的布线层,要上锡的在Top或Bottom Solder相应处放置Fill层。

布线规则设置也是印制电路板设计的关键之一,需要有丰富的实践经验。

8. 自动布线和手工调整

① 单击菜单命令“Auto Route/Setup”对自动布线功能进行设置。选中除“Add Test Points”以外的所有项,特别要注意选中“Lock All Pre-Route”选项,“Routing Grid”可选“1 mil”等。自动布线开始前Protel会给你一个推荐值,可以不接受它的推荐值,也可以按它推荐的进行修改。此值越小,板越容易100%布通,但布线难度会增大,所花的时间相应增加。

② 单击菜单命令“Auto Route/All”开始自动布线。假如不能完全布通,则可手工继续完成或“Undo”一次,调整一下布局或布线规则,再重新布线(千万不要用“撤销全部布线”的功能,它会删除所有的预布线、自由焊盘和过孔)。完成后做一次DRC,有错则改正。布局和布线过程中,若发现原理图有错,则应及时更新原理图和网络表,手工更改网络表(同第一步)并重装网络表后再布线。

③ 对布线进行手工初步调整。给需加粗的地线、电源线、功率输出线等加粗,某几根绕得太多的线需要重布一下,消除部分不必要的过孔,再次用View 3D功能察看实际效果。手工调整中可选“Tools - Density Map”查看布线密度,红色为最密,黄色次之,绿色为较松,查看完后可按键盘上的【End】键刷新屏幕。红色部分一般应将走线调得松一些,直到变成黄色或绿色。

9. 切换到单层显示模式

单击菜单命令“Tools-Preferences”,选中对话框中“Display”栏的“Single Layer Mode”,将每个布线层的线拉整齐、美观。手工调整时应经常做DRC,因为有时候有些线会断开,而你可能会从它的断开处走上好几根线。快完成时可将每个布线层单独打印出来,以方便改线时参考。操作期间要经常用3D显示和密度图功能查看。最后,取消单层显示模式,存盘。

10. 器件的重新标注

如果器件需要重新标注,可单击菜单命令“Tools/Re-Annotate”并在选好方向后,单击“OK”键,回到原理图中选中“Tools-Back Annotate”,再选择新生成的那个“*.WAS”文件,单击“OK”键。原理图中有些标号应重新拖放以求美观,全部调完并DRC通过后,拖放所有丝印层的字符到合适位置。注意字符尽量不要放在元件下面或过孔焊盘上面。对于过大的字符可适当缩小,Drill Drawing层可按需放上一些坐标(Place-Coordinate)和尺寸(Place-Dimension)。最后再放上印制板名称、设计版本号、公司名称、文件首次加工日期、印制板文件名、文件加工编号等信息,并可用第三方提供的程序加上图形和中文注释,如

BMP2PCB. EXE 和宏势公司 Protel 99 及 Protel 99 SE 专用 PCB 汉字输入程序包中的 FONT. EXE 等。

11. 对所有过孔和焊盘补泪滴

补泪滴可增加它们的牢固度,但会使板上的线变得较难看。顺序按下键盘上的【S】和【A】键(全选),再选择"Tools-Teardrops",选中"General"栏的前三个,并选择"Add"和"Track"模式,如果不需要把最终文件转为 Protel 的 DOS 格式文件,也可用其他模式,最后按【OK】键。完成后顺序按下键盘的【X】和【A】键(全部不选中)。

12. 放置覆铜区

将设计规则里的安全间距暂时改为 0.5 ~ 1 mm 并清除错误标记,选中"Place-Polygon Plane"在各布线层放置地线网络的覆铜(尽量用八角形,而不是用圆弧来包裹焊盘。如果最终要转成 DOS 格式文件,则一定要选用八角形)。设置完成后,按【OK】键,画出需覆铜区域的边框,最后一条边可不画,直接按鼠标右键就可开始覆铜。电路频率较高时可选择 Grid Size(Grid Size > Track Width),即覆出网格线。

相应放置其余几个布线层的覆铜,观察某一层上较大面积没有覆铜的地方,在其他层有覆铜处放一个过孔,双击覆铜区域内任一点并选择一个覆铜后,直接按【OK】键,再单击"Yes"便可更新这个覆铜。反复操作几次,直到每个覆铜层都较满为止。将设计规则里的安全间距改回原值。

13. 最后做一次 DRC

选择 Clearance Constraints, Max/Min Width Constraints, Short Circuit Constraints 和 Un – Routed Nets Constraints 这几项,单击"Run DRC"按钮,有错则改正,全部正确后存盘。

① 对于支持 Protel 99 SE 格式(PCB4.0)加工的厂家,可在观看文档目录的情况下,将这个文件导出为一个"＊. PCB"文件;对于支持 Protel 99 格式(PCB3.0)加工的厂家,可将文件另存为 PCB3.0 二进制文件,再做 DRC,通过后不存盘退出,在观看文档目录的情况下,将这个文件导出为一个"＊. PCB"文件。也可直接生成 Gerber 和钻孔文件交给厂家,选择"File-CAM Manager",单击"Next >",弹出六个选项,其中 Bom 为元器件清单表,DRC 为设计规则检查报告,Gerber 为光绘文件,NC Drill 为钻孔文件,Pick Place 为自动拾放文件,Test Points 为测试点报告。选择"Gerber"后按提示一步步往下做,其中有些与生产工艺能力有关的参数需印制板生产厂家提供,直到按下"Finish"为止。在生成的 Gerber Output 1 上按鼠标右键,选"Insert NC Drill"加入钻孔文件,再按鼠标右键选"Generate CAM Files"生成真正的输出文件,光绘文件可导出后用 CAM350 打开并校验。(注意:电源层是负片输出的。)

② 发 E-mail 或拷盘给加工厂家,注明板子材料和厚度(做一般板子时,厚度为 1.6 mm,特大型板可用 2 mm,射频用微带板等一般在 0.8 ~ 1 mm,并给出板子的介电常数等指标)、数量、加工时需特别注意之处等。E-mail 发出后两小时内打电话给厂家确认收到与否。

③ 产生BOM文件并导出后,将其编辑成符合公司内部规定的格式。

④ 将边框螺丝孔接插件等与机箱机械加工有关的部分(即先把其他不相关的部分选中后删除)导出为公制尺寸的AutoCAD R14的DWG格式文件给机械设计人员。

⑤ 整理和打印各种文档,如元器件清单、器件装配图(并应注上打印比例)、安装和接线说明等。

第 5 章

元器件焊接与工艺流程

5.1 焊接的基础知识

1. 基本概念

焊接是指以金属合金焊锡为黏结剂和填充物使金属连接。在焊接过程中，焊锡与被焊金属发生反应，焊锡的原子与被焊金属的原子混合，形成紧密接触。

2. 焊接的种类

焊接一般分为三大类：熔焊、接触焊和钎焊。

（1）熔焊

熔焊是指在焊接过程中，将焊件接头加热至熔化状态，在不外加压力的情况下完成焊接的方法，如电弧焊、气焊等。

（2）接触焊

在焊接过程中，必须对焊件施加压力（加热或不加热）以完成焊接的方法称为接触焊，如超声波焊、脉冲焊、摩擦焊等。

（3）钎焊

钎焊是指采用比被焊件熔点低的金属材料作焊料，将焊件和焊料加热到高于焊料的熔点而低于被焊物熔点的温度，利用液态焊料润湿被焊物，并与被焊物相互扩散，实现连接。钎焊根据使用焊料熔点的不同又可分为硬钎焊和软钎焊。使用焊料的熔点高于450 ℃的焊接称为硬钎焊；使用焊料的熔点低于450 ℃的焊接称为软钎焊。电子产品焊接工艺中所谓的“焊接”就是软钎焊的一种，它主要使用锡、铅等低熔点合金材料作为焊料，因此俗称“锡焊”。

3. 焊料

凡是用来熔合两种或两种以上的金属面，使之形成一个整体的金属合金都叫焊料。根据其含铅与否，分为有铅焊料和无铅焊料；根据其组成成分，分为锡铅焊料、银焊料及铜焊料；根据其熔点，分为软焊料和硬焊料。

常见含铅的焊料是一种锡与铅的合金，它是一种软焊料，常见的含量比例是Sn63/Pb37。

而无铅的合金焊料配方非常多,可以是锡银合金、锡铜合金和锡银铜合金等,含量比例有 Sn96.5/Ag3.5,Sn99.3/Cu0.7 和 Sn95.5/Ag3.9/Cu0.6 等。

含铅焊料无论在成本上,还是在金属接合程度上都要优于无铅焊料,但是含铅焊料具有毒性且难回收,在欧盟立法之后,国际上大量采用无铅焊料。

(1) 锡铅焊料介绍

纯锡与其他多种金属有良好的亲和力,熔化时能与焊接母材金属形成化合物合金层。许多元件的引脚是铜材料,这种合金层是 Cu_6Sn_5,如果用铅与锡制成锡铅合金,则既可以降低焊料的熔点,又可以增加强度。

纯锡的熔点是 232 ℃,纯铅的熔点是 327 ℃,而锡铅合金的熔点则有赖于两种金属所占的比例。用于电子设备焊接的最常见焊锡的熔点都远低于锡或铅各自的熔点。

锡铅合金在一定的比例下,可以在同一个温度由固体直接变成液体,以这个配比配制的合金称为共晶合金。锡铅合金焊锡的共晶点配比为锡 63%、铅 37%,熔化温度为 183 ℃,在共晶温度下,焊锡由固体直接变成液体,无需经过半液体状态,共晶焊锡的熔化温度比非共晶焊锡低,这样就减少了被焊接元件受损坏的机会。同时,由于共晶焊锡由液体直接变成固体,也减少了虚焊现象,所以 Sn63/Pb37 应用得非常广泛。

(2) 杂质对焊锡的影响

焊锡中往往含有少量的其他元素,这些元素会影响焊锡的熔点、导电性、抗张强度等物理、机械性能。

① 铜(Cu):铜的成分来源于印制电路板的焊盘和元器件的引线,并且铜的熔解速度随着焊料温度的升高而加快,随着铜含量的增加,焊料的熔点升高,黏度增大,容易产生桥接、拉尖等缺陷。一般焊料中铜含量允许范围在 0.3% ~0.5%。

② 锑(Sb):加入少量锑会使焊锡的机械强度增加,光泽度变好,但润滑性变差,对焊接质量产生影响。

③ 锌(Zn):锌是焊接最有害的金属之一。焊料中熔入 0.001% 的锌时,就会对焊料的焊接质量产生影响;熔入 0.005% 的锌时,会使焊点表面失去光泽,流动性变差。

④ 铝(Al):铝也是焊接中有害的金属,当焊料中熔入 0.005% 的铝时,就会使焊锡出现麻点,粘接性变坏,流动性变差。

⑤ 铋(Bi):含铋的焊料熔点下降,当添加 10% 以上的铋时,有使焊锡变脆的倾向,冷却时易产生龟裂。

⑥ 铁(Fe):铁难熔于焊料中。它会使焊料熔点升高,难于熔接。

(3) 焊锡的选择

丝状的焊锡(见图 5-1-1)最为常见,也有泥状(见图 5-1-2)、锭状和其他特定形状的焊锡。焊锡泥常用于罐、管型器件及贴片元件的焊接。

图 5-1-1　焊锡丝

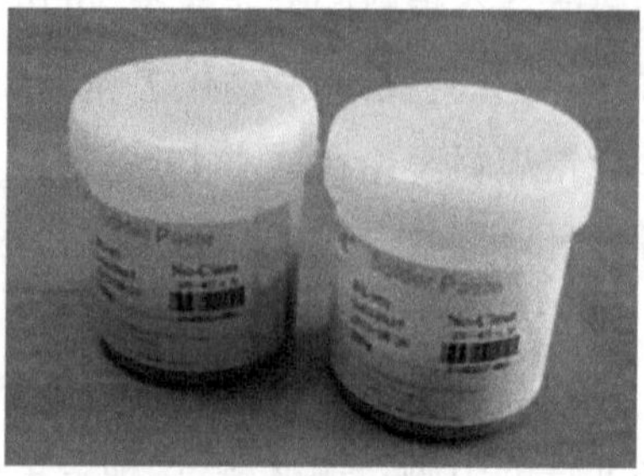

图 5-1-2　焊锡膏

选用焊锡丝时,要选择符合工作要求的焊锡丝规格。较粗的焊锡丝对小焊点而言供锡量过大,会淹没焊点,较细的焊锡丝可使锡丝脚易于控制。

① 直径为 0.8 mm 或 1.0 mm 的焊锡丝,用于电子类元器件的焊接。

② 直径为 0.6 mm 或 0.7 mm 的焊锡丝,用于超小型电子元件焊接。

目前大都使用松香芯锡线,以便焊接时不再使用助焊剂。其中松香芯分为:R 型(低活性),RMA 型(中度活性)和 RA 型(高度活性)三种,它具有焊接时润湿性佳、焊点可靠、各种技术性能指标优良、用途广泛等优点。

(4) 安全性

焊接是在能引起燃烧的温度下进行的,因此须注意以下几点:

① 焊锡由绝不允许带入人体的金属组成,对人体健康有危害,因此在焊接后用餐和喝水之前必须洗手。

② 每次都要小心地将待用的热烙铁置于支架上。

③ 烙铁头上的焊锡应该在湿海绵上擦拭,绝不要拨弄。

④ 更换烙铁头时请小心,尤其是未冷却的烙铁头。

⑤ 焊接时若吸烟,肺部会有光气形成,包括对人体危害极大的介子气,因此,绝对不允许在焊接时吸烟。

4. 助焊剂

助焊剂的作用是清除金属表面氧化物、硫化物、油和其他污染物,并防止在加热过程中焊料继续氧化。同时,它还具有增强焊料与金属表面的活性、增加浸润等作用。

助焊剂一般可分为无机、有机和树脂三大类。

① 无机类助焊剂包括无机酸和无机盐。无机酸有盐酸、氟化氢酸、溴化氢酸、磷酸等。无机盐有氯化锌、氯化铵、氟化钠等。无机盐的代表助焊剂是氯化锌和氯化铵的混合物(氯化锌 75%,氯化铵 25%)。它的熔点约为 180 ℃,是适用于钎焊的助焊剂。由于其具有强烈的腐蚀性,故不能在电子产品装配中使用,只能在特定的场合使用,并且焊后一定要清除残渣。

② 有机类助焊剂是由有机酸、有机类卤化物以及各种胺盐树脂类合成的。这类助焊剂含有酸值较高的成分,因而具有较好的助焊性能,可焊性好。由于此类助焊剂具有一定

程度的腐蚀性，残渣不易清洗，焊接时有废气污染，因而限制了它在电子产品装配中的使用。

③ 树脂类助焊剂在电子产品装配中应用较广，其主要成分是松香。在加热的情况下，松香具有去除焊件表面氧化物的能力，同时焊接后形成的膜层具有覆盖和保护焊点不被氧化腐蚀的作用。由于松脂残渣具有非腐蚀性、非导电性、非吸湿性，焊接时没有什么污染，且焊后容易清洗，成本又低，所以这类助焊剂至今仍被广泛使用。松香助焊剂的缺点是酸值低、软化点低(55 ℃左右)，且易氧化、易结晶、稳定性差，在高温时很容易脱羧碳化而造成虚焊。目前出现了一种新型的助焊剂——氢化松香，我国已开始生产，它是用普通松脂提炼出来的，氢化松香在常温下不易氧化变色、软化点高、脆性小、酸值稳定、无毒、无特殊气味、残渣易清洗，适用于波峰焊焊接。

5. 手工焊接工具

电烙铁的作用是提高焊点处焊锡的温度，使焊锡与被焊金属彼此融合。电烙铁有普通电烙铁、温控电烙铁等。

(1) 普通电烙铁

普通电烙铁就是电热丝式电烙铁，这种电烙铁是靠电流通过电热丝发热加热烙铁头的。普通电热丝式电烙铁又分为外热式(见图 5-1-3)和内热式(见图 5-1-4)两种。

外热式:电热丝包在烙铁头外部。

内热式:电热丝置于烙铁头内部。

这两种电烙铁结构简单，价格便宜，但烙铁头的温度不能有效控制，适合在要求不高的场合下焊接。外热式电烙铁有功率大的优点，它有 25 W,30 W,50 W,75 W,100 W,150 W,300 W 等多种规格，可根据不同的需求进行选择。

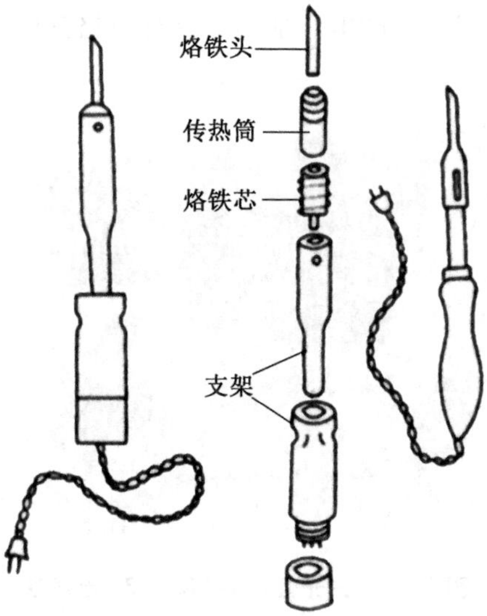

图 5-1-3　外热式电烙铁

图 5-1-4　内热式电烙铁

（2）温控电烙铁

手工焊接 SMD 器件或返修 SMD 器件，要求烙铁头的温度稳定，否则不但会损伤元器件，甚至还会损伤多层 PCB。因此，这种情况下应使用温控电烙铁，若能使用恒温的电烙铁则更好。温控电烙铁有手动调温和自动调温两种。

① 手动调温电烙铁

它是将电烙铁接到一个可调电源上，通过改变调压器输出的交流电压来调节烙铁温度的。这种烙铁的温度稳定性不够。

② 自动调温电烙铁

这种电烙铁的典型产品如日本白光公司的 HAKO 936（见图 5-1-5）。它靠温度传感器监测烙铁头的温度，并通过放大器将温度传感器输出的信号放大，以控制给烙铁供电的电源电压：当烙铁头的温度与设定温度相差较大时，以较大的电压加热，当烙铁头的温度与设定的温度相差较小时，以较小的电压加热。这种电烙铁的特点是控温准确（控温精度为 ±10 ℃）。

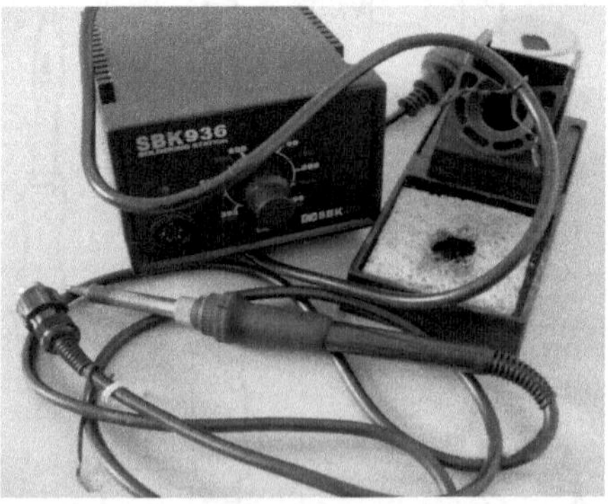

图 5-1-5　白光公司 HAKO 936 电烙铁

6．电烙铁的握法

焊接操作者手握电烙铁的方法有三种：

（1）反握法。它适合于较大功率的电烙铁（ >75 W）对大焊点的焊接操作，如图 5-1-6（a）所示。

（2）正握法。它适用于中功率的电烙铁及带弯头的电烙铁的操作，或直烙铁头在大型机架上的焊接，如图 5-1-6（b）所示。

（3）笔握法。它适用于小功率的电烙铁焊接印制板上的元器件，如图 5-1-6（c）所示。

(a) 反握法　　(b) 正握法　　(c) 笔握法

图 5-1-6　电烙铁的握法

7. 烙铁头的种类

不同类型的电烙铁使用的烙铁头类型也不同，普通电烙铁的烙铁头如图 5-1-7 所示，主要有特尖嘴、尖嘴、斜嘴和扁嘴几种类别。

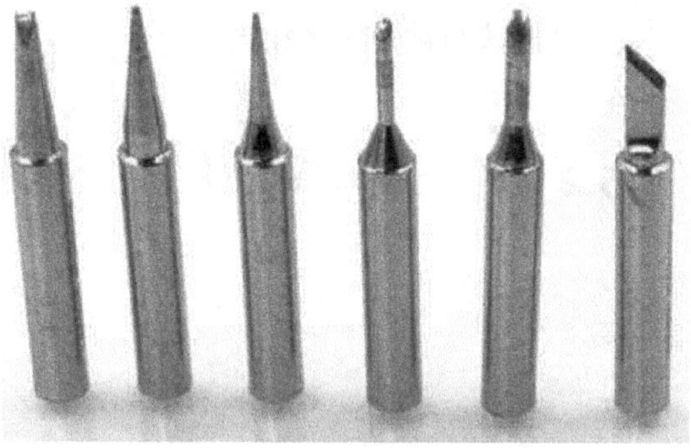

图 5-1-7　普通电烙铁的烙铁头（外热式）

温控电烙铁的烙铁头类型如表 5-1-1 所示。

表 5-1-1　温控电烙铁的烙铁头类型

温控电烙铁	烙铁头类型
	中尖嘴
	小尖嘴
	刀嘴

续表

温控电烙铁	烙铁头类型
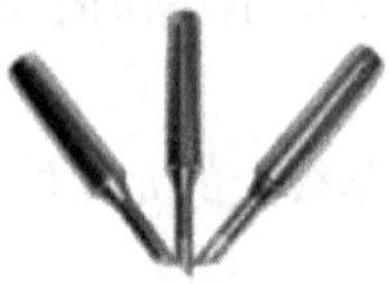	斜嘴
	扁嘴

8. 烙铁头使用说明

① 圆锥型(尖嘴)烙铁头接触面小,只适用于较小的焊接点。

② 螺丝刀型或凿子型(扁嘴)烙铁头接触面宽,传热范围广,适用于较大的焊接点。

③ 无铅焊接用的电烙铁优先选用螺丝刀型或凿子型烙铁头,因为圆锥型烙铁头接触点细小,传热不完全,稍一接触就会使接触面温度明显上升,温度均匀性差。烙铁头前端的大小决定着热传导效率,尺寸应该与被焊物体相当。

5.2 手工焊接工艺

1. 手工焊接通用温度要求

(1) 有铅制程

① 直插式器件

恒温烙铁温度一般控制在 280 ~ 360 ℃之间,缺省设置为(330 ± 10)℃,焊接时间小于 3 s。

② SMD 器件

焊接时烙铁头温度为(320 ± 10)℃,每个焊点焊接时间为 1 ~ 3 s,拆除元件时烙铁头温度控制在 310 ~ 350 ℃。需根据 Chip 件尺寸的不同使用不同的烙铁头。

③ DIP 器件

焊接时烙铁头温度为(330 ± 5)℃,每个焊点焊接时间为 2 ~ 3 s。

注意:当焊接大功率如 TO - 220,TO - 247,TO - 264 等封装或焊点与大铜箔相连,上述温度无法焊接时,烙铁温度可升高至 360 ℃;当焊接敏感怕热零件如 LED,CCD,传感器等时,温度控制在 260 ~ 300 ℃。

(2) 无铅制程

无铅恒温烙铁温度一般控制在 340 ~ 380 ℃之间,缺省设置为(360 ± 10)℃,焊接时间小于 3 s,要求烙铁的回温每秒钟就可将降低的温度升至设定温度。

2. 直插式元件焊接

（1）直插式元件安装

① 电阻的安装

一般情况下,电阻应该与电路板平行装在 PCB 板上,电阻元件应该安装在两孔中间的位置,如图 5-2-1 所示。

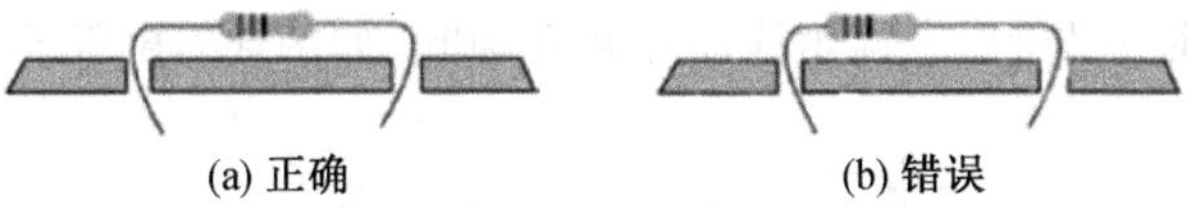

图 5-2-1　电阻安装示意图

如果电路板上直插元件的两孔间距比电阻的长度小,电阻可采用竖插式安装,如图 5-2-2 所示。

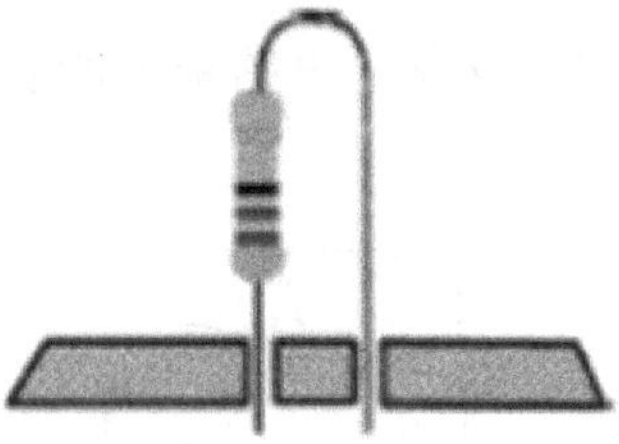

图 5-2-2　电阻竖插式安装示意图

② 电容的安装

部分电容的元件上有极性标志,安装时极性方向必须与电路板上所标明的方向一致,极性电容上有“+”、圆点、细端、缺口端和长管脚等,它们均表示正极,如图 5-2-3 所示,详情请参考元器件的学习。

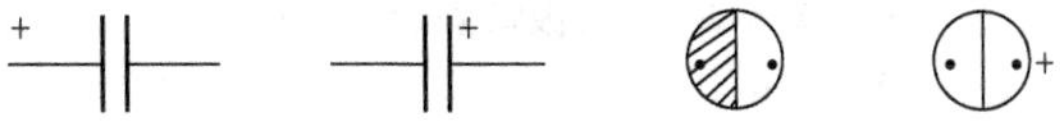

图 5-2-3　PCB 上电容丝印

电路板上画有竖线的一端为负,插放电容时应注意极性,电容底部应紧挨电路板,电容的管脚插入后,管脚根部与电路板之间的距离不小于 1 mm,如图 5-2-4 所示。

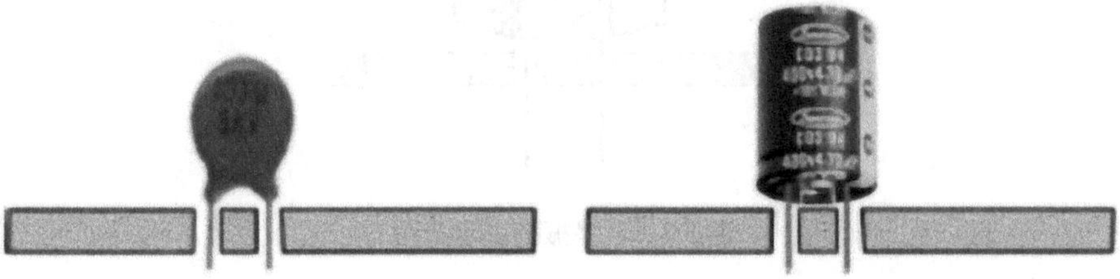

图 5-2-4　电容安装示意图

③ 二极管的安装

二极管是有极性的元件,安装时要看清电路板丝印中的极性标识。电路板上的二极管丝印如图 5-2-5 所示。

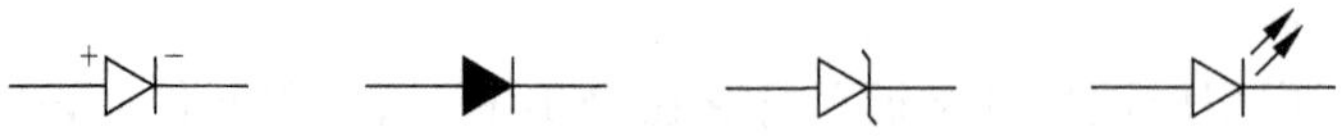

图 5-2-5　PCB 板上的二极管丝印

轴向引线二极管安装时,元件主体应在两孔中间,如图 5-2-6 所示。

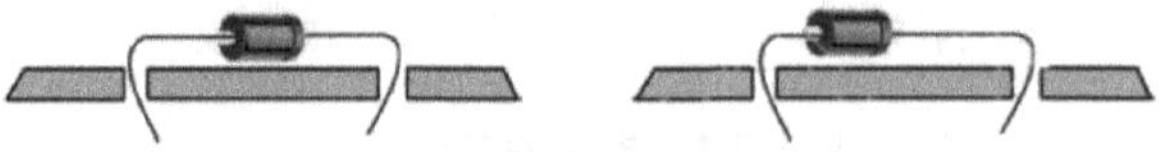

(a) 正确　　(b) 错误

图 5-2-6　二极管安装示意图

④ 三极管的安装

安装三极管时,元件体上的平面必须与电路板上所表示的平边对应插放,如图 5-2-7 所示。

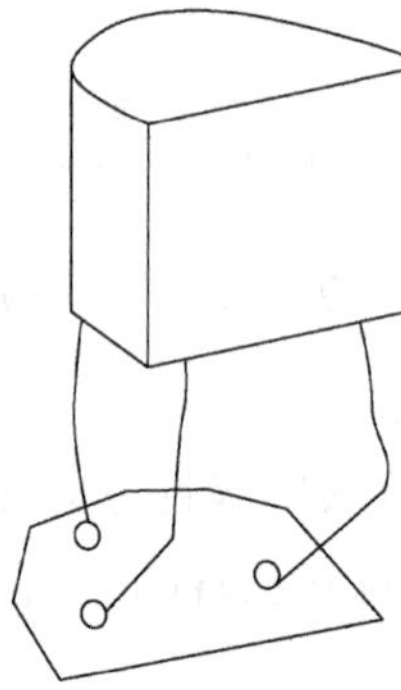

图 5-2-7　三极管安装示意图

⑤ 晶振的安装

晶振体内的晶片是很脆的,在放置或搬运过程中勿重压,以防止晶片损坏。晶振安装示意图如图 5-2-8 所示。

图 5-2-8　晶振安装示意图

⑥ IC 芯片的安装

IC 芯片是具有方向性的器件，管脚的排列有顺序规定，芯片上一般有一个凹口或圆点表示方向，如图 5-2-9 所示。芯片座和 PCB 丝印上也会相应有一个凹口记号，如图 5-2-10 所示，两者需要对应，切勿插反，否则会烧坏芯片。

图 5-2-9　IC 插装示意图

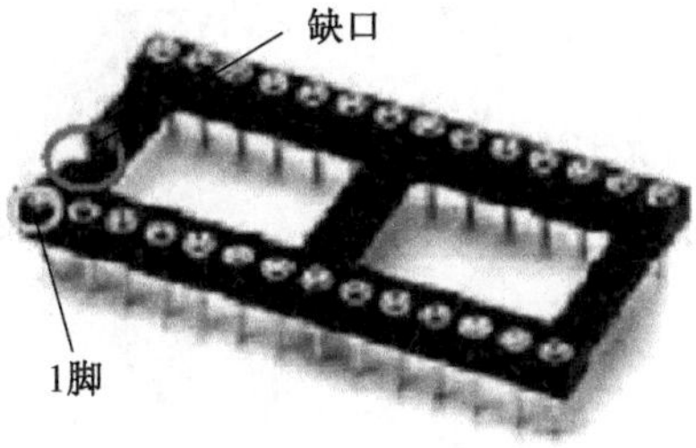

图 5-2-10　IC 插座标识

（2）直插式元件焊前准备

① 准备工具。准备好温控电烙铁、烙铁头、松香和湿海绵，将海绵泡入水中取出后对折，握住海绵稍加用力，以水不流出为海绵含水标准。

② 设置温度。为保证稳定的高标准焊接，烙铁头工作面温度必须控制在一定范围内，以适应被焊工作要求。将烙铁温度设置为 320 ~ 340 ℃，这样能提供范围为 230 ~ 250 ℃的焊接温度。

③ 预处理烙铁头。接通烙铁电源，等待烙铁头加热到工作温度，此过程不应超过 1 min，如果烙铁头之前未上过焊锡，则在加热时为其上锡；如果烙铁头上过焊锡，检查发现烙铁头上有氧化物或其他残留物等，则先在湿海绵上擦拭清洁烙铁头，擦拭完成后，在烙铁头上加少量焊锡，焊锡中的助焊剂能清除烙铁头上的氧化物等。如果烙铁头上的焊锡结成珠或焊锡流动不畅，则需在海绵上擦拭烙铁头并加更多的焊锡。此过程应反复进行，直至焊锡能在烙铁头表面自由流动方可进行焊接。

（3）直插式元件焊接步骤

① 预热

将烙铁头与元件引脚、焊盘接触，同时预热焊盘和元件引脚，而不仅仅是预热元件引脚，如图 5-2-11 所示。

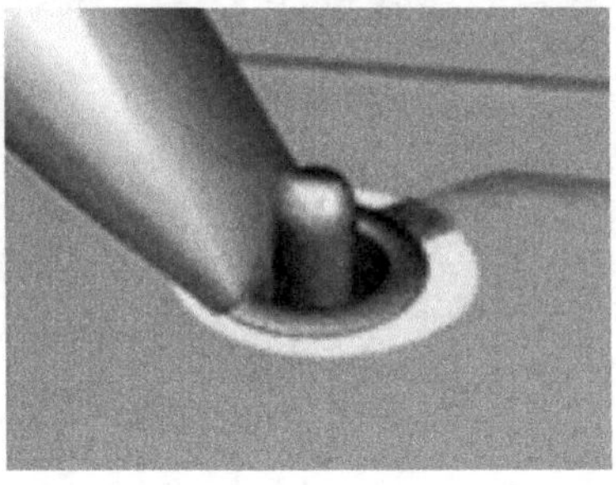

图 5-2-11　预热

② 加焊锡

焊锡应加在焊盘上,而不是仅仅加在元件引脚上,待焊盘温度上升到使焊锡丝熔化的温度,焊锡就自动熔化了。不能将焊锡直接加在烙铁头上使其熔化,这样会造成冷焊,如图 5-2-12 所示。

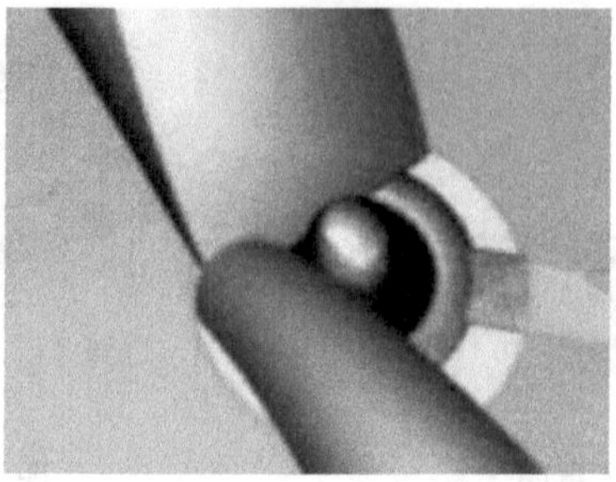

图 5-2-12 加焊锡

③ 撤离焊锡

加适量的焊锡,然后移开焊锡丝,如图 5-2-13 所示。

图 5-2-13 撤离焊锡

④ 停止加热

移开焊锡丝后,不要立即拿走烙铁,继续加热使焊锡完成润湿和扩散两个过程,直到焊点最明亮时再拿开烙铁,如图 5-2-14 所示。

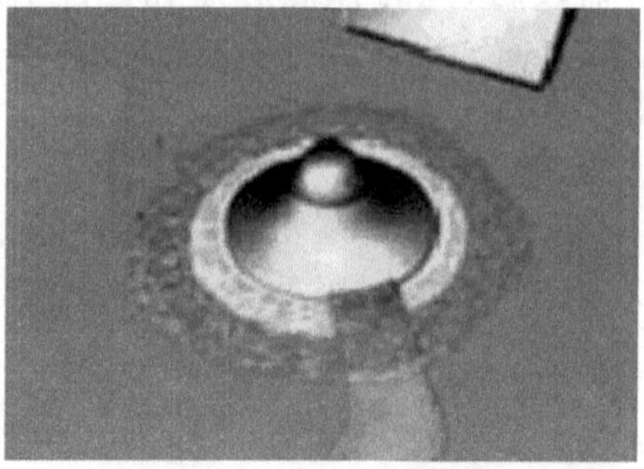

图 5-2-14 停止加热

⑤ 冷却

在冷却过程中不要移动 PCB 板。

注意:掌握焊接要领是获得良好焊点的关键,焊接要领有以下几点。

a. 接触位置。烙铁头应同时接触需要互相连接的 2 个被焊件(如引脚和焊盘),烙铁一般倾斜 45°角,应避免只与其中一个被焊件接触。当两个被焊件热容量悬殊时,应适当调整烙铁倾角,使热容量较大的被焊件与烙铁头的接触面积增大,热传导得到加强。两个被焊件能在相同的时间内被加热到相同的温度,视为加热理想状态。

b. 接触压力。烙铁头与被焊件接触时应略施压力,热传导强弱与施加压力的大小成正比,但以不对被焊件表面造成损伤为原则。

c. 锡丝的供给。通常在焊点预热 1 s 后,使锡丝与焊点接触 1 ~ 2 s,待焊锡完全熔化,由于金属液面张力形成光圆点后,快速将烙铁头自斜上方移开,便可得到合格的焊点。

(4) 焊点检查

绝大多数情况下,焊点可以用肉眼检测。若用放大镜检查,则放大倍数不应超过 5 倍。

① 合格焊点的特征

合格焊点的特征:焊点表面光滑、光亮;被焊部分的轮廓清晰;弯曲引脚的焊接面必须被焊锡覆盖至少 50%,而竖直引脚的焊接面必须被焊锡覆盖至少 75%,如图 5-2-15 所示。

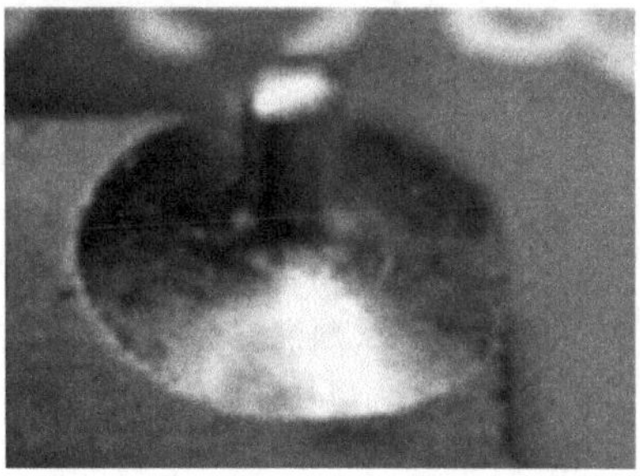

图 5-2-15　良好的焊点

② 不合格焊点的种类和产生原因

不合格焊点的种类和产生原因如表 5-2-1 所示。

表 5-2-1　不合格焊点的种类和产生原因

类型	形貌	说明	原因
虚焊 - 1	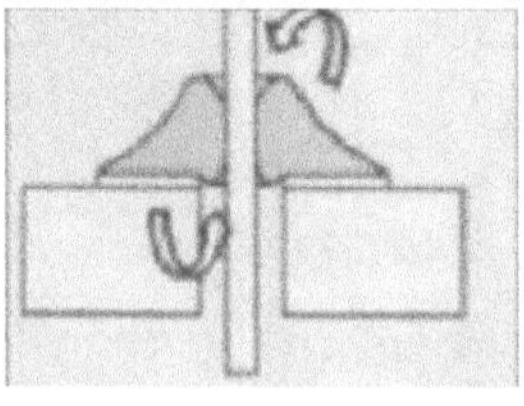	元器件引脚未完全被焊料润湿,焊料在引脚上的润湿角大于 90°	1. 元器件引线可焊性不良; 2. 元器件热容量大,引线未达到焊接温度; 3. 助焊剂选用不当或已失效; 4. 引线局部被污染。

续表

类型	形貌	说明	原因
虚焊－2	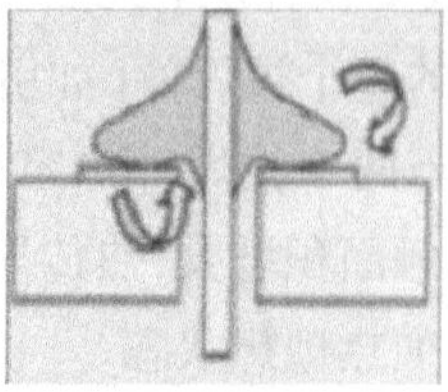	印制板焊盘未完全被焊料润湿，焊料在焊盘上的润湿角大于90°	1. 焊盘可焊性不良； 2. 焊盘处铜箔热容量大，焊盘未达到焊接温度； 3. 助焊剂选用不当或已失效； 4. 焊盘局部被污染。
焊盘剥离	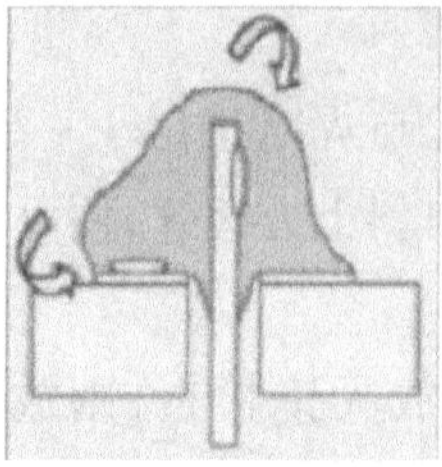	焊盘铜箔与基板材料脱开或被焊料熔蚀	1. 烙铁温度过高； 2. 烙铁接触时间过长，焊料过多，元器件引脚端被埋，焊点的弯月面呈明显的外凸圆弧。
焊料疏松无光泽		焊点表面粗糙无光泽或有明显龟裂现象	1. 焊接温度过高或焊接时间过长； 2. 焊料凝固前受到震动； 3. 焊接后期助焊剂失效。
不润湿	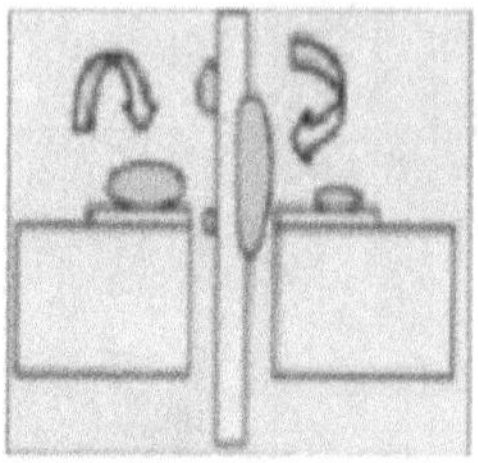	元器件引脚和印制板焊盘完全未被焊料润湿，焊料在焊盘和引脚上的润湿角大于90°且回缩	1. 焊盘和引脚可焊性均不良； 2. 助焊剂选用不当或已失效； 3. 焊盘和引脚被严重污染。

3. SMD 贴片元件焊接

（1）SMD 贴片元件的放置

在放置元件前，要保证 PCB 焊盘的清洁，如果 PCB 焊盘上有焊锡，要先对焊锡进行清理，再进行元器件的放置。放置元器件时，需注意对准焊盘上的铜片，有正负方向和引脚顺序的需注意正负方向和引脚顺序。常用 SMD 元器件在 PCB 板上的丝印如下。

① 贴片电阻的丝印

贴片电阻的丝印如图 5-2-16 所示。

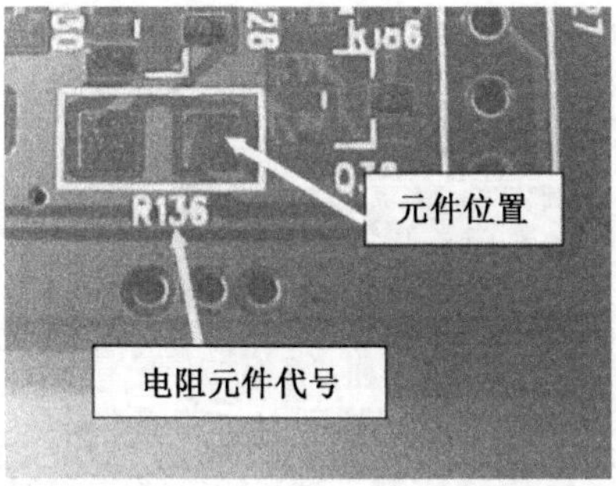

图 5-2-16　贴片电阻的丝印

② 二极管的丝印

二极管的丝印如图 5-2-17 所示。

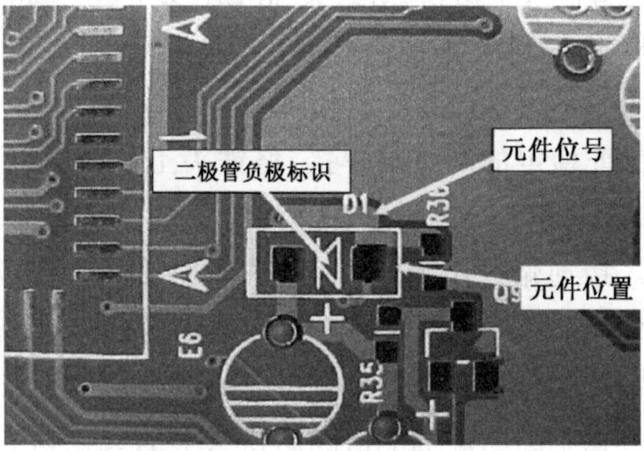

图 5-2-17　二极管的丝印

③ 贴片三极管的丝印

贴片三极管的丝印如图 5-2-18 所示。

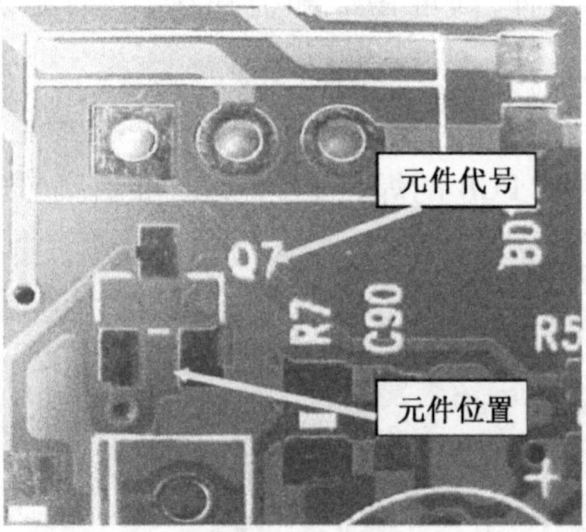

图 5-2-18　贴片三极管丝印

④ 贴片 IC 的丝印

贴片 IC 的丝印如图 5-2-19 所示。

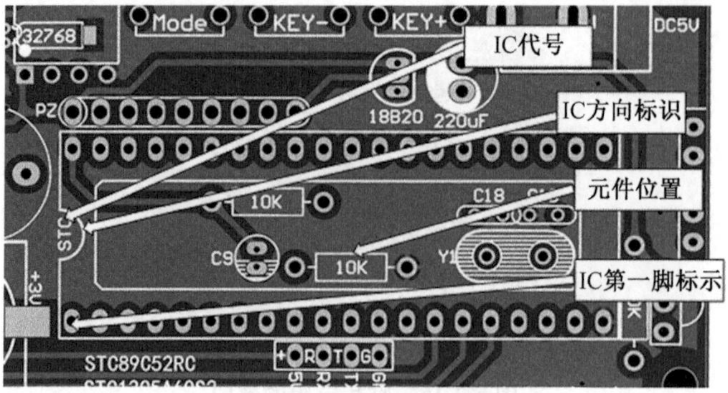

图 5-2-19　贴片 IC 的丝印

（2）SMD 元件焊前准备

① 准备工具。准备好温控电烙铁、烙铁头、焊锡（线径 0.8 mm）、尖头镊子、95% 的酒精、松香和湿海绵，将海绵泡入水中取出后对折，握住海绵稍加用力，以水不流出为海绵含水标准。

② 设置温度。为保证稳定的高标准焊接，烙铁头工作面温度必须控制在一定范围内，以适应被焊工作要求[将烙铁温度设置在(330 ±5)℃]。

③ 预处理烙铁头。接通烙铁电源，等待烙铁头加热到工作温度，此过程不应超过 1 min，如果烙铁头之前未上过焊锡，则在加热时为其上锡；如果烙铁头上过焊锡，检查发现烙铁头上有氧化物或其他残留物等，则先在湿海绵上擦拭清洁烙铁头，擦拭完成后，在烙铁头上加少量焊锡，焊锡中的助焊剂能清除烙铁头上的氧化物等。如果烙铁头上的焊锡结成珠或焊锡流动不畅，则在海绵上擦拭烙铁头并加更多的焊锡。此过程应反复进行，直至焊锡能在烙铁头表面自由流动方可进行焊接。

（3）SMD 元件焊接步骤

SMD 元件焊接方法有两种，即堆锡法和梳锡法，下面分别对这两种焊接方法进行介绍。

堆锡法：

① 首先将 IC 芯片放置到 PCB 的焊盘上，注意对准引脚顺序，如图 5-2-20 所示。

图 5-2-20　放置 IC 芯片

② 引脚顺序对准后用手压住 IC 芯片,如图 5-2-21 所示。

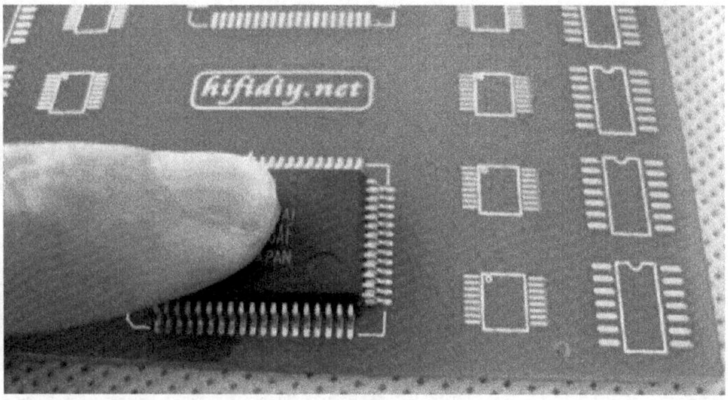

图 5-2-21　压住 IC 芯片

③ 用熔化的焊丝随意焊接 IC 的数个脚以固定 IC,然后将 IC 的四面全部用熔化的焊锡固定好,如图 5-2-22 所示。

图 5-2-22　用焊锡固定 IC

④ 固定好后,在四面 IC 脚的头部均匀地上焊锡,如图 5-2-23 所示。

图 5-2-23　加焊锡

⑤ 把 PCB 斜放 45°,将烙铁头在海绵上擦拭,去掉多余的焊锡,然后把烙铁头放入松

香中，把粘有松香的烙铁头迅速放到斜着的 PCB 头部的焊锡部分，如图 5-2-24 所示。

图 5-2-24　加松香

⑥ 按照图中所示曲线的方向移动烙铁头，如图 5-2-25 所示。

图 5-2-25　焊接

⑦ 将此过程中多余的焊锡在湿海绵上抹掉，重复步骤⑤⑥动作，直至达到图 5-2-26 所示的效果。

图 5-2-26　焊接完成

梳锡法：

梳锡法的①②③步与堆锡法一致。

④ 取一根多股裸线，如图 5-2-27 所示。

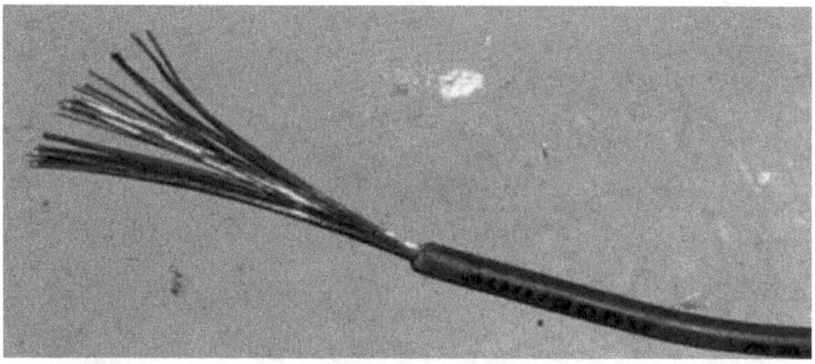

图 5-2-27　多股裸线

⑤ 把裸露的部分剪平，末端压扁，然后给裸线上锡，如图 5-2-28 所示。

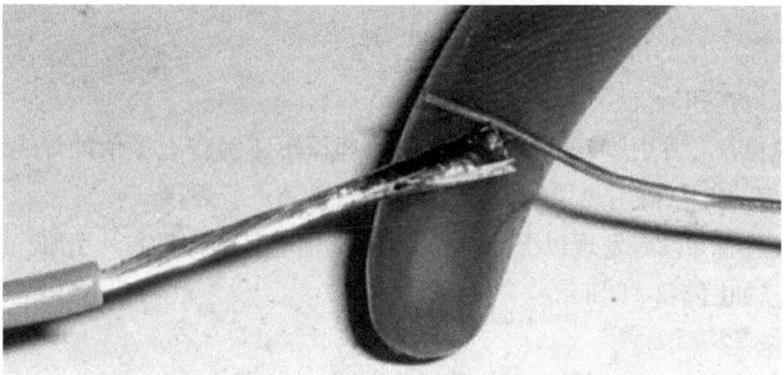

图 5-2-28　上锡的裸线

⑥ 给上过锡的裸线加上松香，然后用烙铁压住刚才处理好的“锡把”顺着被固定住的 IC 脚做“梳理”动作（需双手操作），如图 5-2-29 所示。

图 5-2-29　梳锡

⑦ 每个脚都梳理完后，IC 芯片即焊接完成，如图 5-2-30 所示。

图 5-2-30　焊接完成

（4）外观检查和清洗

用放大镜检查芯片引脚，如果有短路，需处理掉短路引脚上多余的焊锡；如果芯片引脚偏离焊盘 50% 以上，需用热风枪将芯片吹下来，重新进行焊接。

如果检查过后并没有发现以上问题，则用酒精棉球仔细擦拭芯片引脚，直至将助焊剂清除干净为止，如图 5-2-31 所示。

图 5-2-31　焊接效果

5.3　焊接工艺的规范

1. 环境要求和一般要求

① 工作场地应通风、照明良好，并保持温度为 15 ~ 35 ℃，湿度为 30% ~ 75%。

② 工作场地应无灰尘，及时清除场地杂物（如污垢、油脂、导线头、绝缘体碎屑等）。工作区不得洒水，不允许吸烟和饮食。

③ 工作台上应有防静电台垫等防静电措施，防静电台垫要可靠接地。工作台应整洁、干净、无杂物，且应有触电断路保护装置。

④ 技术文件、工具、元器件等应放在规定的地方。

2．元器件搪锡

（1）清洁元器件引线

检查元器件引线，看是否有氧化层、玷污，用橡皮擦轻擦引线去除氧化层、玷污，必要时可用 W14 ~ W28 号金相砂纸单方向轻砂引线表面，直至去除氧化层，但不可将引线上的镀层去除。距引线根部 3 ~ 5 mm 的位置处不进行去除氧化层操作，引线清洁后要对清洁部位进行清洗。氧化层去除后 2 h 内要搪锡完毕，清洁后的引线禁止用手直接触碰。

（2）元器件引线搪锡

在清洁后的元器件引线上搪锡，搪锡段离引线根部距离一般不小于 3 mm。引线上无氧化层且可焊性良好的元器件，可不搪锡而直接焊接在电路板上。

3．元器件安装

（1）元器件成形注意事项

① 成形工具必须表面光滑，夹口平整圆滑，以免损伤元器件。

② 成形时，不应使元器件本体产生破裂、密封损坏或开裂，也不应使引线与元器件内部连接断开。

③ 当弯曲或切割引线时，应固定住元器件引线根部，防止产生轴向应力而损坏引线根部或元器件内部连接。

④ 应尽量对称成形，在同一点上只能弯曲一次。

⑤ 元器件成形方向应使元器件安装在电路板上后，标记明显可见。

⑥ 不允许用接长元器件引线的办法成形，不得弯曲继电器、插头、插座等元器件的引线。

⑦ 元器件引线无论是采用手工成形还是机械成形，如果有明显的刻痕或形变超过引线直径的 10%，则应将该元器件剔除。

⑧ 元器件成形间距应与电路板上的安装孔相匹配。

⑨ 元器件引线线径 ≥1.3 mm 时，一般不可弯曲成形，以免损伤元器件密封及引线与内部的连接。对于线径 <1.3 mm 的硬引线，也不允许弯曲成形。

⑩ 元器件引线弯曲内侧半径应不小于引线的直径。对于圆形引线来说，元器件引线的弯曲起点到引线根部的距离，最小应为引线直径的 2 倍（但不得小于 0.75 mm）。

⑪ 凡有熔焊点的引线（如钽电容），不允许在熔接点和元器件终端封接处之间弯曲。从熔接点到弯曲起点之间的最小距离应为引线直径的 2 倍（但不得小于 0.75 mm）。

⑫ 元器件引线弯曲成形时，引线折弯处与元器件壳体或钽电容熔接点的距离一般不小于引线直径的 2 倍，对半导体三极管和圆壳封装的集成电路，该距离应大于引线直径的

5 倍,弯曲半径应大于引线直径的 1.5 倍。

采用弯线器弯曲引线的方法:

a. 对照元器件在电路板上安装孔的孔距,调节弯线器两尖端的距离;

b. 抬起弯曲工具,使两尖端面朝上,将元器件放入 V 形槽内;

c. 升起卡锁,调整元器件位置使其居中,将引线夹持到位,扳动弯线器使元器件两侧引线弯曲成形。

采用圆嘴钳弯曲引线的方法:

a. 用成型工具夹持住元器件终端封接处到弯曲起点之间的某一点上;

b. 按照安装要求逐渐弯曲元器件引线。

成形后的元器件应放置在容器内加以保护,静电敏感元器件(ESDS)成形后必须装入防静电容器进行保存。

(2) 元器件安装要求

元器件按照从小到大、先低后高、先轻后重、先贴装元器件后插装元器件、先非 ESDS 元器件后 ESDS 元器件的原则进行安装。

① 元器件通孔安装

元器件表面贴装时,应紧贴板面,间隙一般不大于 1 mm。

热损耗大于等于 1 W 的插装元器件,其距离板面的距离不小于 3 ~5 mm。

外壳为金属封装的元器件直接贴装在电路板上时,若焊装处有印制电路,应在元器件与电路接触部位做绝缘保护,如在接触部位套装绝缘套管。

元器件安装要横平竖直,元器件上的标识要按照从左到右、从上到下的原则进行标注,同类型元器件上的标识要统一。

② 片式元器件表面安装

元器件安装前,应在电路板上相应的安装位置涂抹焊锡膏,焊锡膏覆盖每个焊盘的面积应不小于焊盘面积的 75% ,且厚度均匀。

元器件应贴装在安装处的居中位置,引线的脚跟应在焊盘上,脚趾可有较小的伸出量,但应保证 3/4 焊脚长度在焊盘上,且伸出部分不应影响电气性能。片式元器件贴装时,普通节距引线压入焊锡膏的深度应大于引线厚度的 50% ,细节距引线压入焊锡膏的深度应大于引线厚度的 25% 。

片式元器件的焊接端与焊盘接触的最小尺寸应大于 0.13 mm。

片式元器件安装后与电路板之间的倾斜角应不大于 10°。

4. 元器件焊接及要求

(1) 焊接的一般要求

① 按元器件的规格型号及元器件引线的形状、大小选择合适功率的电烙铁和相应规格的烙铁头。

② 电路板上元器件的焊接温度一般在 260 ℃左右,焊接时间不超过 3 s。

（2）元器件焊接

① 插接类元器件的焊接步骤：

a. 加热电烙铁，并在电烙铁上蘸少量的焊剂和焊料；

b. 用烙铁加热被焊部位，当加热到一定温度后，在烙铁头和连接点的结合部位加适量焊料；

c. 当焊料熔化一定量后，迅速移开焊料；

d. 当焊料的扩散范围达到要求后，移开烙铁，焊点自然冷却，严禁用嘴吹或其他强制冷却的方法。

② 插座类元器件焊接的注意事项：

a. 一定要控制好焊接时间，防止插针连接处塑料熔化。

b. 一定要控制好焊料量，防止焊料流入插座引起短路或造成插接不彻底。

c. 焊接完成后，修剪元器件的多余引线，需留有 2 ~ 3 mm 余量，留有的余量要统一。

d. 焊接时，元器件要可靠固定，元器件与电路板之间禁止有相对移动。

e. 引线较多的元器件可以先焊接对角引线以固定元器件，之后再焊接其余引线。

f. 焊接热敏元器件时，可在元器件引线附近放置蘸有乙醇的棉球来给元器件散热。

g. 焊接完成后，焊接处不允许有虚焊、气孔、拉尖、桥接、焊瘤、焊盘翘起或脱落等缺陷。

h. 电路板金属化孔及焊盘与焊料润湿性良好，焊料应爬升到上层焊盘，金属化孔两端的焊料可有不大于板厚（包含焊盘厚度）25% 的凹陷量（见图 5-3-1），元器件引线伸进金属化孔，两面均应形成对称的弯液面焊角，单面印制板电路面形成弯液面焊角（见图 5-3-2）。

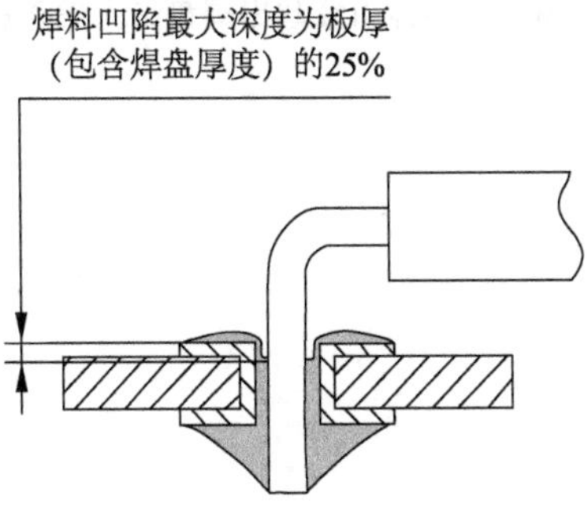

图 5-3-1　焊料凹陷最大量

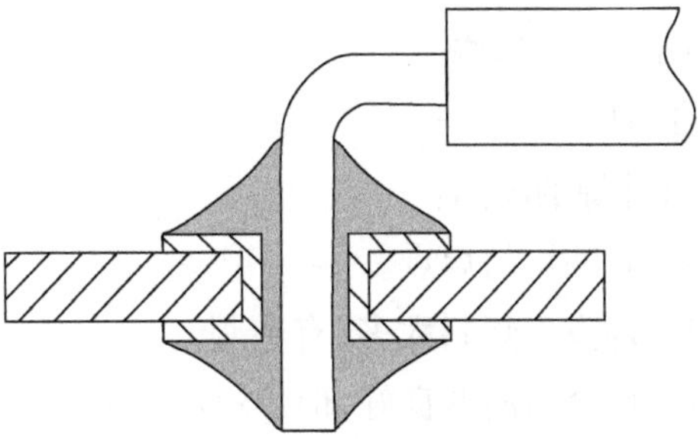

图 5-3-2　理想焊点

i. 扁平引线的角焊缝长度不小于焊脚周长的 75%，成形引线根部焊料的浸润引线高度一般不小于引线厚度的 3 倍。

j. 焊接时不应对器件焊端和引脚跟部以上部位直接加热，烙铁头不能触碰元器件本体。

k. 元器件焊接应在规定的时间内一次完成，若需重焊，需待焊点冷却后进行。

（3）片式元器件焊接

用镊子将元器件固定在电路板上，然后用电烙铁将焊盘上的焊锡膏熔化，开始焊接元器件。

元器件在焊盘上应有金属端帽75%以上面积的覆盖（见图5-3-3），并有一条焊缝，焊缝向元器件端面上方延伸，高度为25% T 或1 mm（见图5-3-4）。焊料不能把元器件本体上的非金属化部位包住。

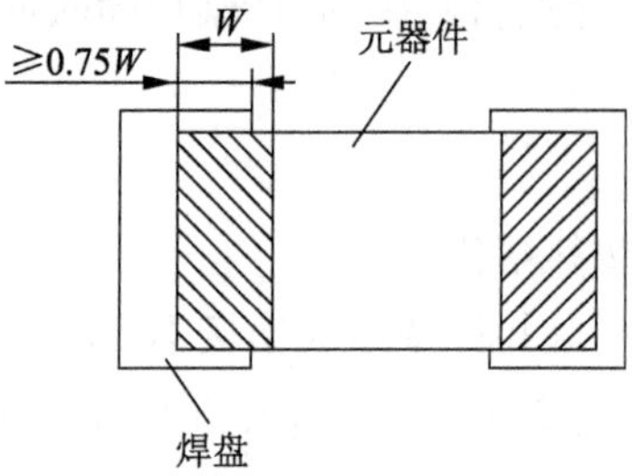

图5-3-3　元器件焊脚在焊盘上的最小接触面积

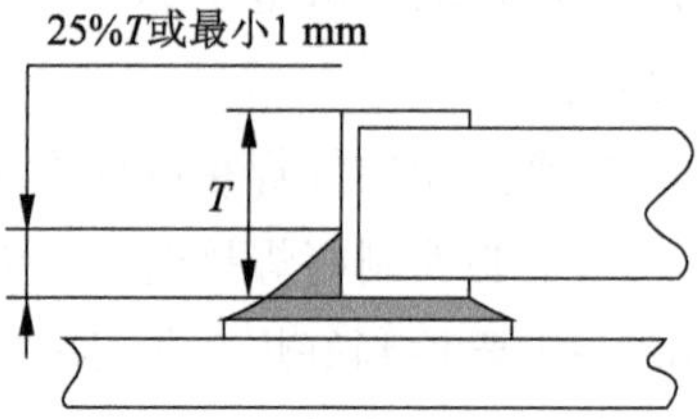

图5-3-4　贴装元器件焊接

元器件金属端帽或引线超出焊盘部位不超过0.25W，如图5-3-5和图5-3-6所示。

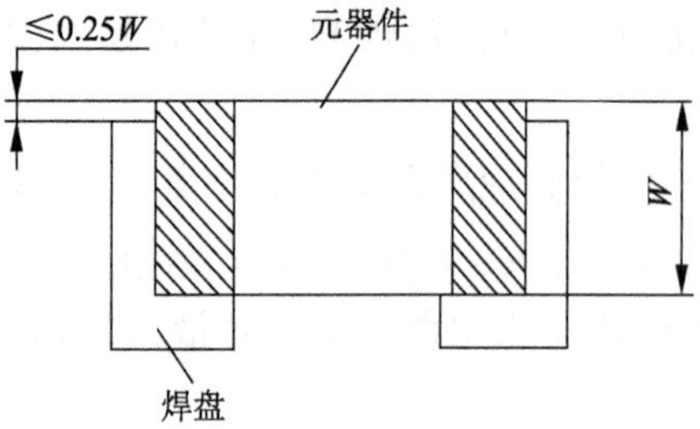

图5-3-5　元器件金属端帽超出焊盘最大偏移量

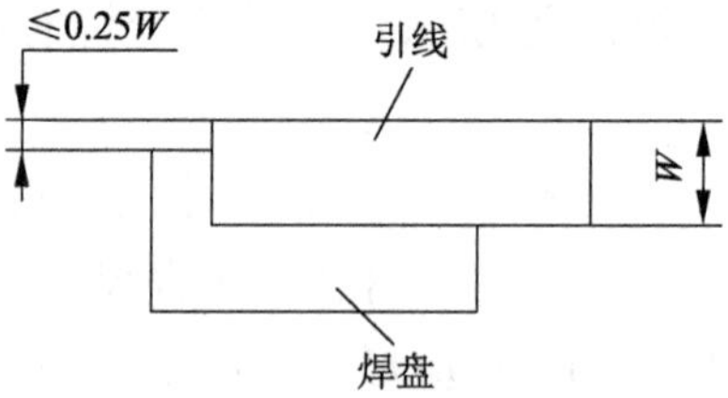

图5-3-6　元器件引线超出焊盘最大偏移量

（4）焊点返修

① 补焊。

可补焊的缺陷：

a. 有凹坑的焊点。

b. 焊点上焊料太多，有毛刺。

c. 接合面润湿良好，但焊料不够的焊点。

补焊要求：

a. 按照元器件焊接要求补焊不合格的焊点。

b. 只允许补焊一次，补焊后仍不合格的焊点，应当重焊。

② 重焊。

可重焊的缺陷：

a. 有外来夹杂物的焊点。

b. 焊点未润湿。

c. 经过补焊仍不合格的焊点。

重焊要求：

a. 拆除元器件。

b. 在解焊前，拆除被更换元器件的附加固定物及清除涂覆层。

③ 解焊。

a. 用吸锡带解焊。在焊点上放一小段吸锡带，把烙铁头放在吸锡带上，使焊料熔化并使焊料通过毛细作用吸入吸锡带，当一小段吸锡带吸满焊料后，把它切去，再插入另一段，直至将焊料从焊接面上清除干净。

b. 用吸锡器吸除焊料。将吸锡器的吸嘴靠近焊点，焊点熔化后，把焊料吸入储锡筒内。

元器件焊盘上焊料清理完毕后，用电烙铁加热元器件引线，然后将元器件按照原安装方向拔出。

还可用竹针从焊盘一侧清除孔内的焊料，把焊孔内焊料清除干净。拆除元器件后，检查焊盘是否损坏，重焊次数不得超过 3 次。

5. 电路板清洗

电路板焊装完成后应清洗，彻底清除电路板上的残留焊剂及其他污染物。清洗方式需根据不同的清洗对象采用手工清洗或超声波清洗。

手工清洗是用棉球蘸乙醇等清洗剂擦洗电路板。

超声波清洗是用超声波清洗机以乙醇、异丙醇、去离子水为清洗剂，清洗电路板。

清洗后电路板要做保护，防止二次污染。电路板拿放时应用手接触电路板四边，禁止用手直接触碰电路板上的印制电路或元器件，以防止电路板上的 ESDS 元器件损坏。

5.4　PCB 的工艺流程

PCB 生产的主要流程：发料→内层板压干膜→曝光→内层板显影→酸性蚀刻→去干膜→自动光学检测→黑化→压合→钻孔→镀通孔→表面处理→喷涂→成形→测试。

下面以双面板的制作流程为例进行介绍。

（1）发料

准备 PCB 制作所需的材料。

（2）内层板压干膜

干膜是一种能感光、显像、抗电镀、抗蚀刻的阻剂，是将光阻剂以热压的方式贴附在清洁的板面上制成的。水溶性干膜中含有机酸根，它会与强碱反应生成有机酸盐，遇水溶解，以碳酸钠显像，用稀氢氧化钠剥膜而完成显像动作。此步骤就是将处理完的 PCB 表面粘上一层会进行光化学反应的水溶性干膜，可经感光以呈现 PCB 上所有线路等的原型。

(3) 曝光

压膜后的铜板配合 PCB 制作底片,经由计算机自动定位后进行曝光,进而使板面的干膜因光化学反应而产生硬化,以便后来蚀铜的进行。

(4) 内层板显影

将未受光的干膜以显影药水去掉已曝光的干膜图案。

(5) 酸性蚀刻

将裸露出来的铜进行酸性蚀刻,从而得到 PCB 的线路。

(6) 去干膜

用药水洗去附着于铜板表面已硬化的干膜,整个 PCB 线路层至此已大致成型。

(7) 自动光学检测

用自动光学对位检测的机器,对照正确的 PCB 数据进行对位检测,以判断是否有短路等情形。如果有这种情形,再针对具体情况进行检修。

(8) 黑化

用药水处理已检修完并确认无误的 PCB 表面的铜,使铜面形成绒毛状,增加其表面积,以便于两面 PCB 层的黏合。

(9) 压合

用热压合机器在 PCB 上用钢板重压,经一定时间达到所符合的厚度及确定完全黏合后,两面 PCB 层的黏合工作才算完成。

(10) 钻孔

对照工程数据输入计算机后,由计算机自动定位,更换不同型号的钻头进行钻孔。由于整面 PCB 已经被包装,需以 X-ray 进行扫描,找到定位孔后钻出钻孔程序所必需的位孔。

(11) 镀通孔

由于 PCB 内各层之间尚未导通,需要在钻过的孔上镀铜以进行层间导通,但层间的树脂不利于镀铜,必须让其表面产生薄薄的一层化学铜,再进行镀铜反应,以使其达到 PCB 的功用需求。

(12) 外层压膜

前面步骤中经钻孔及通孔电镀后,内外层已连通,接下来需制作外层线路,让电路板完整。压膜同先前的压膜步骤,目的是制作 PCB 的外层。

(13) 外层曝光

同先前的曝光步骤(3)。

(14) 外层显影

同先前的显影步骤(4)。

(15) 线路蚀刻

外层线路在这个流程成形。在电路的图形部分预镀一层铅锡抗蚀层,然后用化学方式将其余的铜箔腐蚀掉。

(16) 去干膜

这个步骤再以药水洗去附着于铜板表面已硬化的干膜，整个 PCB 线路层至此已大致成型。

(17) 喷涂

把适当浓度的绿漆均匀地喷涂在 PCB 板上，或者使用刮刀和网板将油墨均匀地涂布在 PCB 板上。

(18) 阻焊

用光使须保留绿漆的部分产生硬化，未曝光的部分将会在显像的流程中被洗去。

(19) 显像

用水洗去未经曝光硬化的部分，留下硬化无法洗去的部分，将上好的绿漆烘烤干燥，并确定其牢固地附着于 PCB。

(20) 印文字

按照客户要求通过合适的网板印上正确的文字，如料号、制造日期、零件位置、制造商以及客户名称等信息。

(21) 喷锡

为了防止 PCB 裸铜面氧化并使其保持良好的焊锡性，板厂需对 PCB 进行表面处理，如 HASL、OSP、化学浸银、化镍浸金……

(22) 成形

用数控铣刀把大尺寸的 PCB 板裁成客户需要的尺寸。

(23) 测试

针对客户要求的性能对 PCB 板做百分之百的电路测试，以确保其功能符合规定。

(24) 终检

针对测试合格的板子，依据客户外观检验规范做百分之百的外观检验。

(25) 包装

测试与终检合格的产品，采用合适的包装整理到位。

5.5 SMT 的工艺流程

SMT 是表面组装技术，也称为表面贴装技术(Surface Mounted Technology)，是目前电子组装行业里最流行的一种技术和工艺。SMT 贴片是指在 PCB 基础之上进行加工的系列工艺流程的简称。

SMT 基本工艺流程构成要素：锡膏印刷→零件贴装→过炉固化→回流焊接→自动光学检测→维修→分板→磨板→洗板。

（1）锡膏印刷：其作用是将锡膏漏印到 PCB 的焊盘上，为元器件的焊接做准备。所用设备为丝印机，位于 SMT 生产线的最前端。

（2）零件贴装：其作用是将表面组装元器件准确安装到 PCB 的固定位置。所用设备为贴片机，位于 SMT 生产线中丝印机的后面。

（3）过炉固化：其作用是将贴片胶熔化，从而使表面组装元器件与 PCB 板牢固粘接在一起。所用设备为固化炉，位于 SMT 生产线中贴片机的后面。

（4）回流焊接：其作用是将焊膏熔化，使表面组装元器件与 PCB 板牢固粘接在一起。所用设备为回流焊炉，位于 SMT 生产线中贴片机的后面。

（5）自动光学检测：其作用是对组装好的 PCB 板进行焊接质量和装配质量的检测。所用设备为自动光学检测仪，订单量通常过万，订单量小的就通过人工检测。根据检测需要，它的位置可以配置在生产线合适的地方。

（6）维修：其作用是对检测出故障的 PCB 板进行返修。所用工具为烙铁，配置在自动光学检测后。

（7）分板：其作用是对多连板 PCBA 进行切分，使之成为单独个体，一般采用 V-CUT 与机器切割方式。

（8）磨板：其作用是对有毛刺的部位进行磨砂，使其变得光滑平整。

（9）洗板：其作用是将组装好的 PCB 板上对人体有害的焊接残留物如助焊剂等去除。它分为人工清洗和机器清洗，位置可以不固定，可以在线，也可不在线。

第 6 章

电子设备的组装与调试

6.1 组装基础

电子设备的组装是指将各种电子元器件、机电元件及结构件，按照设计要求，装接在规定的位置上，组成具有一定功能的完整电子产品的过程。

1. 电子设备组装的内容与级别

(1) 电子设备组装的内容

① 单元电路的划分。

② 元器件的布局。

③ 各种元件、部件、结构件的安装。

④ 整机联装。

(2) 电子设备组装的级别

在组装过程中，根据组装单位的大小、尺寸、复杂程度和特点的不同，将电子设备的组装分成不同的级别，如表 6-1-1 所示。

表 6-1-1 电子设备组装的级别

组装级别	特点
第 1 级(元件级)	组装级别最低，结构不可分割，主要组装通用电路元件、分立元件、集成电路等
第 2 级(插件级)	用于组装和互连第 1 级元器件，如装有元器件的电路板及插件
第 3 级(插箱板级)	用于组装和互连第 2 级组装的插件或印制电路板部件
第 4 级(箱柜级)	通过电缆及连接器互连第 2,3 级组装，构成独立的有一定功能的设备

注意：① 在不同的等级上进行组装时，构件的含义会改变。例如，组装印制电路板时，电阻器、电容器、晶体管等元器件是组装构件，而组装设备的底板时，印制电路板则为组装构件。

② 对于某个具体的电子设备，不一定各组装级别都具备，而是要根据具体情况来考虑应用到哪一级别。

2. 电子设备组装的特点与方法

(1) 电子设备组装的特点

电子设备属于技术密集型产品,组装电子设备有如下主要特点:

① 组装工作是由多种基本技术构成的,如元器件的筛选、引线成形技术、线材加工处理技术、焊接技术、安装技术、质量检验技术等。

② 装配质量在很多情况下是难以定量分析的,如对于刻度盘、旋钮等的装配质量多以手感来鉴定,以目测来判断。因此,掌握正确的安装操作方法是十分必要的。

③ 装配者须进行训练和挑选,否则会由于知识缺乏或技术水平不高,导致生产出次品,而一旦在标准品中混进次品,就不可能百分之百地被检查出来。

(2) 电子设备组装的方法

电子设备的组装不但要按照一定的方案进行,而且在组装过程中也有不同的方法可供采用,下面介绍几种常见的组装方法。

① 功能法

功能法是将电子设备的一部分放在一个完整的结构部件内,从而实现某种功能的方法。此方法广泛应用在采用电真空器件的设备上,也适用于以分立元件为主的产品或终端功能部件。

② 组件法

组件法就是制造出一些外形尺寸和安装尺寸都统一的部件的方法。这种方法广泛用于统一电气安装工作,可大大提高安装精度。

③ 功能组件法

这种方法兼顾了功能法和组件法的特点,制造出既能保证功能完整性又有规范化结构尺寸的组件。

3. 组装技术的发展

新材料、新器件的大量涌现,促进了组装工艺技术的新进展。目前,电子设备组装技术的发展具有以下特点。

(1) 连接工艺的多样化

在电子产品中,实现传统电气连接的工艺主要是手工焊接和机器焊接。现如今,除焊接技术外,压接、绕接、胶接等连接工艺越来越受到重视。压接可用于高温和大电流接点的连接,电缆和电连接器的连接;绕接可用于高密度接线端子的连接,印制电路板接插件的连接;胶接主要用于非电气接点的连接,如金属或非金属零件的粘接。采用导电胶也可实现电气的连接。

(2) 工装设备的改进

采用手动、电动、气动成形机及集成电路引线成形模具等小巧、精密、专用的工具和设备,使组装质量得到保证;采用专用剥线钳或自动剥线捻线机对导线端头进行处理,可克服伤线和断线等缺陷;采用结构小巧、温度可控的小型焊料槽或超声波搪锡机,可提高搪锡质量，也可改变工作环境。

(3) 检测技术的自动化

采用可焊性测试仪来对焊接质量进行自动检测，它可预先测定引线的可焊性水平，达到要求的元器件才能安装焊接；采用计算机控制的在线测试仪对电气连接进行检查时，它可以根据预先设置的程序，快速、准确地判断连接的正确性和装联后元器件参数的变化，避免了人工检查效率低、容易出现错检或漏检的缺点；采用计算机辅助测试(CAT)进行整机测试，由于测试用的仪器仪表已大量使用高精度、数字化、智能化的产品，使得测试精度和速度大大提高。

(4) 新工艺和新技术的应用

在焊接材料方面，采用活性氢化松香焊锡丝代替传统的普通松香焊锡丝；在波峰焊和搪锡方面，使用了抗氧化焊料；在表面防护处理方面，采用喷涂 501 - 3 聚氨酯绝缘清漆及其他绝缘清漆工艺；在连接方面，使用了氟塑料绝缘导线、镀膜导线等新型连接导线。这些对提高电子设备的可靠性起了极大的作用。

6.2 电路板组装

电子设备的组装是以印制电路板为中心展开的，印制电路板的组装是整机组装的关键环节，它直接影响产品的质量，故掌握电路板组装的技能技巧是十分重要的。

1. 元器件加工

元器件在装配到印制电路板之前，一般都要进行预加工处理，而后进行插装。良好的成形及插装工艺，不但能使机器具有性能稳定、防震等优点，还能实现机内整齐美观的效果。

(1) 预加工处理

元器件引线在成形之前必须进行加工处理，主要原因是长时间放置的元器件在其引线表面会产生氧化膜，若不进行处理，会使引线的可焊性严重下降。

引线的处理主要包括引线的校直、表面清洁及搪锡三个步骤。引线处理后不允许有伤痕，镀锡层应均匀、表面光滑、无毛刺和焊剂残留。

(2) 引线成形的基本要求

引线成形工艺就是根据焊点之间的距离将引线制成需要的形状，目的是使元器件能迅速而准确地插入孔内。元器件引线成形示意图如图 6-2-1 所示。

引线成形的具体要求：

① 元器件引线开始弯曲处，离元器件端面的最小距离 A 应不小于 2 mm。

② 弯曲半径 R 应不小于引线直径的 2 倍。

③ 怕热元器件要求引线增长，成形时应绕环。

④ 元器件标称值应处在便于查看的位置。

⑤ 成形后不允许有机械损伤。

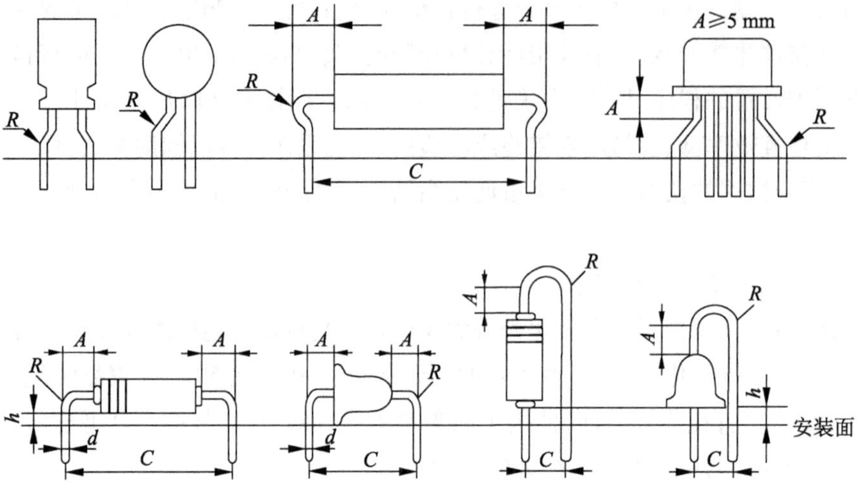

图 6-2-1　元器件引线成形示意图

（3）引线成形的方法

为保证引线成形的质量和一致性，应使用专用工具和成形模具来完成元器件引线的成形，成形模具如图 6-2-2 所示。

在没有专用工具或在加工少量元器件时，可采用手工成形，使用尖嘴钳或镊子等一般工具便可完成，手工成形示意图如图 6-2-3 所示。

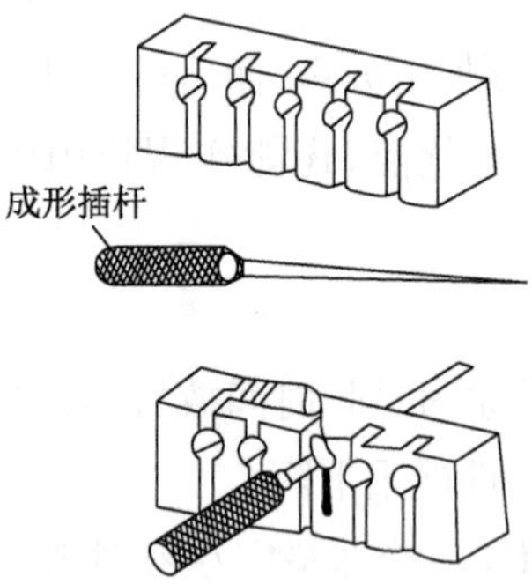

图 6-2-2　成形模具示意图

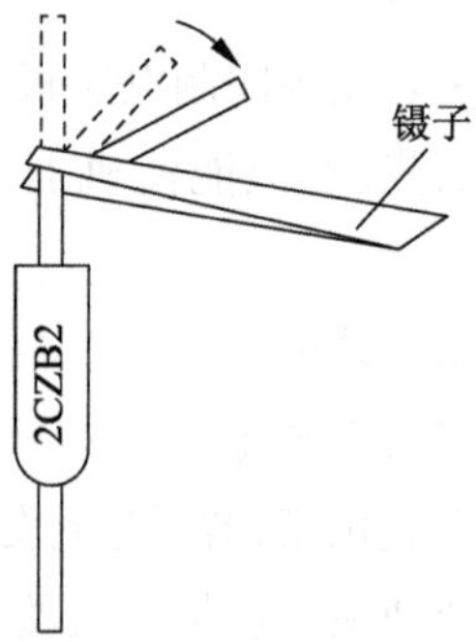

图 6-2-3　手工成形示意图

2．元器件安装

电子元器件种类繁多，引出线也多种多样，因此印制电路板的安装方法也有所差异，必须根据产品结构的特点、装配密度、产品的使用方法和要求来确定。

（1）元器件安装的技术要求

① 元器件的标志方向应符合图纸规定的要求，安装后应能看清元器件上的标志，若装配图上没有指明方向，则应使标记向外易于辨认，并按从左到右、从下到上的顺序读出。

② 元器件的极性不得装错，安装前应套上相应的套管。

③ 安装高度应符合规定的要求，同一规格的元器件应尽量安装在同一高度上。

④ 安装顺序一般为先低后高、先轻后重、先易后难、先一般元器件后特殊元器件。

⑤ 元器件在印制电路板上的分布应尽量均匀、疏密一致、排列整齐美观，不允许斜排、立体交叉和重叠排列。

⑥ 元器件外壳和引线不得相碰，要保证 1 mm 左右的安全间隙，无法做到安全间隙时，应套上绝缘套管。

⑦ 元器件的引线直径与印制电路板焊盘孔径应有 0.2 ~ 0.4 mm 的合理间隙。

⑧ MOS 集成电路的安装应在等电位工作台上进行，以免产生静电损坏器件，发热元件不允许贴板安装，较大的元器件的安装应采取绑扎、粘固等措施。

（2）元器件的安装方法

元器件的安装方法有手工安装和机械安装两种。前者简单易行，但效率低、误装率高；后者安装速度快，误装率低，但设备成本高，引线成形要求严格。

元器件一般有以下几种安装形式：

① 贴板安装

贴板安装是指元器件紧贴印制基板面且安装间隙小于 1 mm 的安装方法。

当元器件为金属外壳，安装面又有印制导线时，应加绝缘衬垫或套绝缘套管，它适用于防震要求高的产品。贴板安装形式如图 6-2-4 所示。

图 6-2-4　贴板安装形式

② 悬空安装

悬空安装是指元器件距印制基板面有一定高度且安装距离一般为 3 ~ 8 mm 的安装方法，它适用于发热元件的安装。悬空安装形式如图 6-2-5 所示。

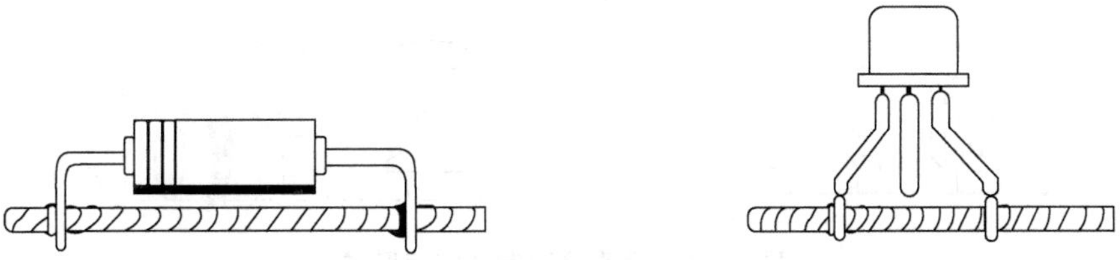

图 6-2-5　悬空安装形式

③ 垂直安装

垂直安装是指元器件垂直于印制基板面的安装方法，它适用于安装密度较高的场合，但重量大且引线细的元器件不宜采用这种形式。垂直安装形式如图 6-2-6 所示。

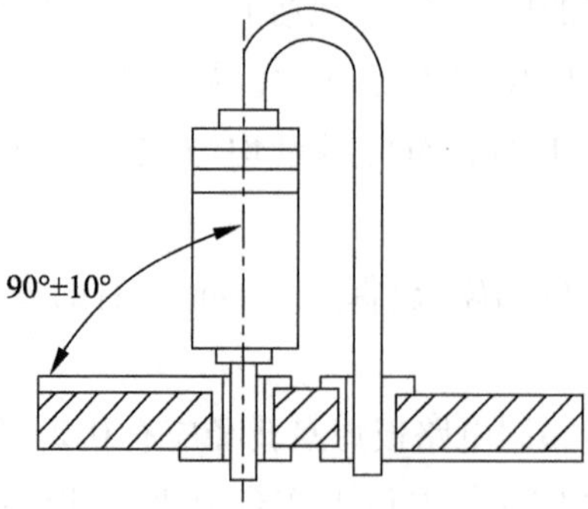

图 6-2-6　垂直安装形式

④ 埋头安装

埋头安装时元器件的壳体埋于印制基板的嵌入孔内，因此又称为嵌入式安装。这种方式可提高元器件的防震能力，降低安装高度。埋头安装形式如图 6-2-7 所示。

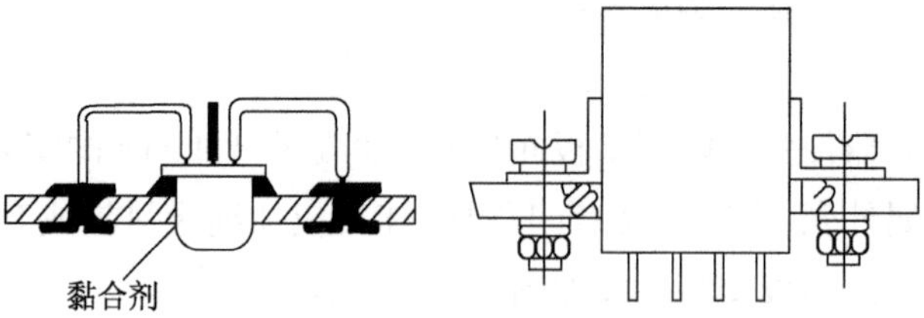

图 6-2-7　埋头安装形式

⑤ 有高度限制的安装

有高度限制时的安装通常采用将元器件垂直插入后，再朝水平方向弯曲的安装方法。元器件安装高度的限制一般在图纸上是标明的，对大型元器件要进行特殊处理，以保证足够的机械强度，经得起震动和冲击。有高度限制时的安装形式如图 6-2-8 所示。

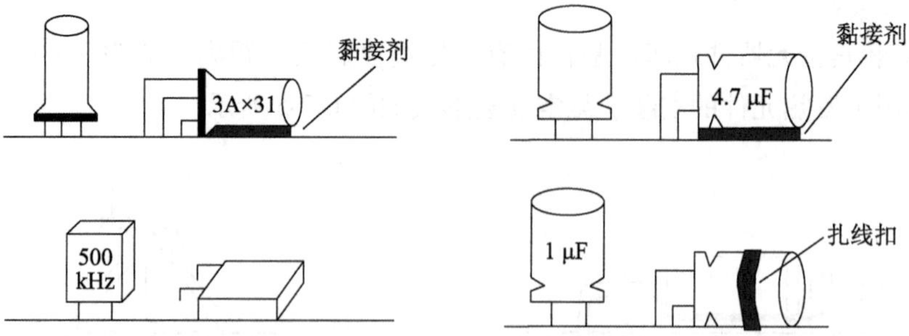

图 6-2-8　有高度限制的安装形式

⑥ 支架固定安装

支架固定安装是用金属支架在印制基板上将元件固定的安装方法，它适用于重量较大的元件，如小型继电器、变压器、扼流圈等。支架固定安装形式如图 6-2-9 所示。

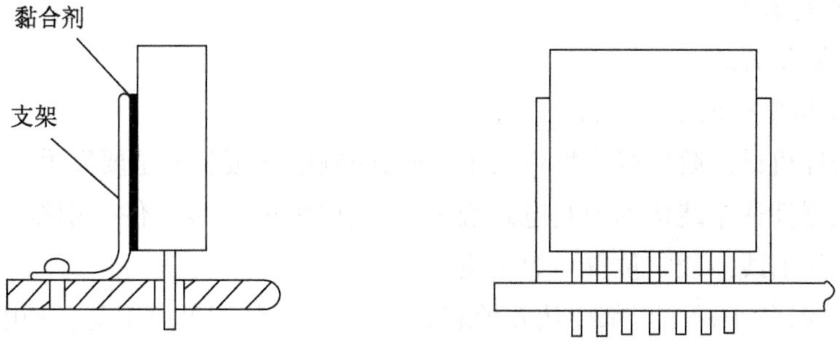

图 6-2-9　支架固定安装形式

⑦ 功率器件的安装

由于功率器件的发热量高，在安装时需加散热器，如果器件自身能支持散热器的重量，可采用立式安装，如果不能，则采用卧式安装。如图 6-2-10 所示为功率器件的一种安装形式。

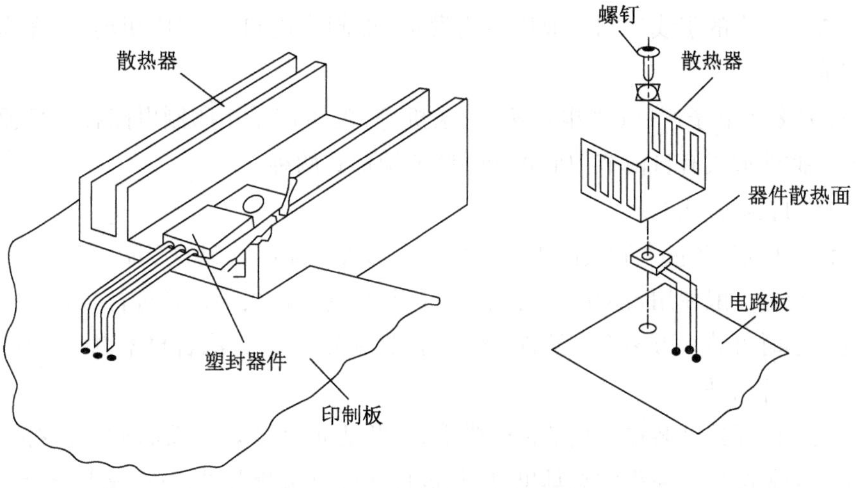

图 6-2-10　功率器件的一种安装形式

（3）元器件安装的注意事项

① 插装好元器件，其引脚的弯折方向都应与铜箔走线方向相同。

② 安装二极管时，除注意极性外，还要注意外壳封装，特别是玻璃壳体易碎，引线弯曲时易爆裂，在安装时可将引线先绕 1 ~ 2 圈再安装。对于大电流二极管，有的则将引线体当作散热器，故必须根据二极管规格要求决定引线的长度，且不宜将引线套上绝缘套管。

③ 为了区别晶体管的电极和电解电容的正负端，一般在安装时，需加上带有颜色的套管。

④ 大功率晶体管发热量大，一般不宜安装在印制电路板上。

3. 电路板组装方式

(1) 手工装配方式

① 小批量试生产的手工装配

在产品的样机试制阶段或小批量试生产时,印制电路板装配主要靠手工操作,即操作者把散装的元器件逐个装接到印制电路板上。操作顺序:待装元件→引线整形→插件→调整位置→剪切引线→固定位置→焊接检验。

手工装配时,每个操作者都要从开始装到结束,手工装配可以不受各种限制而广泛应用于各道工序或各种场合,但速度慢、易出差错、效率低,不能满足现代化大批量生产的需求。

② 大批量生产的流水线装配

对于设计稳定且大批量生产的产品,印制电路板装配工作量大,宜采用流水线装配,这种方式可大大提高生产效率,减小差错,提高产品合格率。

一般工艺流程:每排元件(约6个)插入→全部元器件插入→1次性切割引线→1次性锡焊→检查。其中的引线切割一般用专用设备(如割头机)1次完成切割,锡焊通常用波峰焊机完成。

目前,大多数电子产品(如电视机、收录机等)的生产采用印制电路板插件流水线装配的方式。插件形式有自由节拍形式和强制节拍形式两种。

(2) 自动装配方式

对于设计稳定、产量大和装配工作量大而元器件又无需选配的产品,宜采用自动装配方式。自动装配一般使用自动或半自动插件机和自动定位机等设备进行装配。先进的自动装配机每小时可装一万多个元器件,效率高、节省劳动力,产品合格率也大大提高。

① 自动插装工艺

经过处理的元器件装在专用的传输带上,间断地向前移动,以保证每一次都有一个元器件进到自动装配机装插头的夹具里,插装机自动完成切断引线、引线成形、移至基板、插入、弯角等动作,并发出插装完毕信号,使所有装配回到原来位置,准备装配第二个元器件。印制基板靠传送带自动送到另一个装配工位,装配其他元器件,元器件全部插装完毕后,即自动进入波峰焊焊接的传送带。

印制电路板的自动传送、插装、焊接、检测等工序都是用计算机进行控制的。自动插装工艺过程框图如图6-2-11所示。

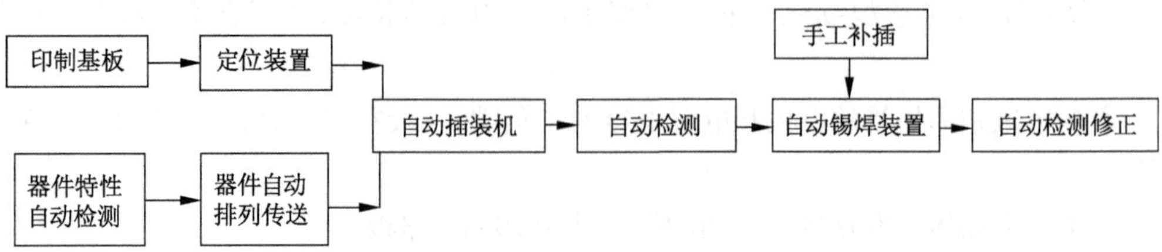

图6-2-11　自动插装工艺过程框图

② 自动装配对元器件的工艺要求

自动装配与手工装配不同，自动装配是由装配机自动完成器件插装的，故自动装配对元器件的工艺有如下要求：

a. 被装配元器件的形状和尺寸尽量简单、一致。

b. 被装配元器件的方向易于识别、有互换性。

c. 被装配元器件的最佳取向应能确定。

d. 被装配元器件的引线孔和相邻元器件引线孔之间的距离也都应该标准化。

6.3 整机组装

电子整机组装是生产过程中极为重要的环节，如果组装工艺、工序不正确，就可能达不到产品的功能要求或预定的技术指标。

整机装配的过程会因设备的种类、规模不同而有所不同，但基本过程并没有太多变化，具体如下：

（1）准备

装配前对所有装配件、紧固件等从数量配套和质量合格两个方面进行检查和准备，同时做好整机装配与调试的准备工作。

在该过程中，元器件分类是极其重要的。处理好这一工作是避免出错、迅速装配高质量产品的首要条件。在大批量生产时，一般多用流水作业法进行装配，元件的分类也应落实到各装配工序。

（2）装联

装联包括各部件的安装、焊接等内容，甚至包括各种连接的工艺。

（3）调试

整机调试包括调整和测试两部分工作。各类电子整机在总装完成后，一般都要经过调试才能达到规定的技术指标要求。

（4）检验

整机检验应遵照产品标准（或技术条件）规定的内容进行。通常有生产过程中生产车间的交收试验、新产品的定型试验及定型产品的定期试验（又称例行试验）三类。其中例行试验的目的主要是考核产品质量和性能是否稳定正常。

（5）包装

包装是电子产品总装过程中保护和美化产品及促进销售的环节，电子产品的包装通常着重于方便运输和储存两个方面。

（6）入库或出厂

合格的电子产品经过合格的包装，就可以入库储存或直接出厂运往需求部门，从而完成整个总装过程。

6.4 整机质检

整机总装完成后，按质量检查的内容对整机进行检验，检验工作要始终坚持自检、互检和专职检验的制度。通常，整机质量检查包括以下几个方面：

（1）外观检查

装配好的整机表面应无损伤，涂层无划痕、无脱落，金属结构件无开焊、无开裂，元器件安装牢固，导线无损伤，元器件和端子套管的代号符合产品设计文件的规定，整机的活动部分活动自如，机内无多余杂物（如焊料渣、零件、金属屑等）。

（2）电路检查

电路检查又称装联正确性检查，其目的是检查电气连接是否符合电路原理图和接线图要求，以及判断导电性能是否良好。

通常用万用表的“R×100”挡对各检查点进行检查，批量生产时，可根据预先编制的电路检查程序表对照电路图进行检查。

6.5 静态测试

静态测试一般是指在没有外加信号的条件下测试电路各点的电位，若测出的数据与设计的数据相比较超出了规定的范围，则应分析其原因，并进行适当调整。

1. 静态测试内容

（1）供电电源电压测试

电源电路输出的电压是供给各单元电路使用的，如果输出的电压不准确，则各单元电路的静态工作点也不准确。供电电源电压的测试示意图如图 6-5-1 所示。

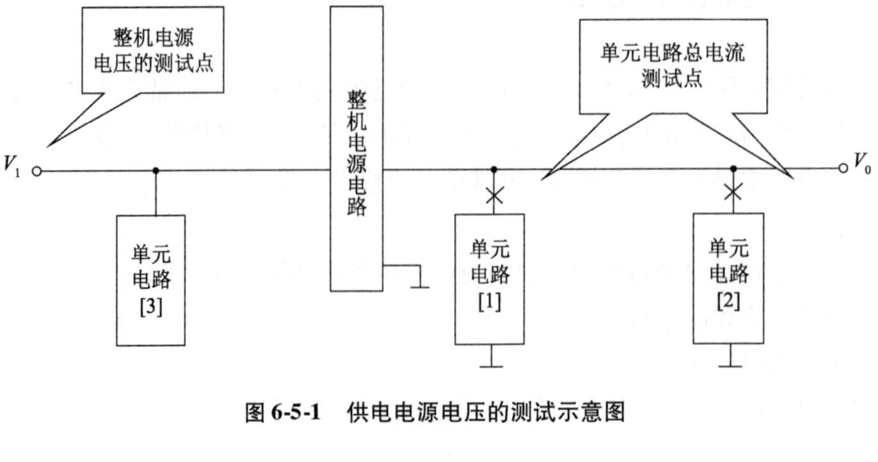

图 6-5-1　供电电源电压的测试示意图

① 空载时的测量

空载时的测量即断开所有外接单元电路的供电而对输出电压进行的测量。

② 负载时的测量

负载时的测量即在输出端接入负载时对输出电压进行的测量。标准输出电压应以接入负载时的测量为准，因为空载时的电压一般要高些。

(2) 单元电路总电流测试

测量各单元电路的静态工作电流就可知道单元电路的工作状态。若电流偏大，则说明电路有短路或漏电；若电流偏小，则说明电路有可能没有正常工作。

(3) 晶体管电压、电流测试

① 测量晶体管各极对地电压可判断晶体管的工作状态（放大、饱和或截止），如果不满足要求，可对偏置进行适当地调整。

② 测量晶体管集电极静态电流也可判断其工作状态。测量集电极静态电流有以下两种方法：

直接测量法：把集电极的铜膜断开，然后串入万用表，用电流挡测量其电流。

间接测量法：通过测量晶体管集电极电压或发射极电阻的电压，然后根据欧姆定律计算出集电极静态电流。晶体管电压电流测试示意图如图 6-5-2 所示。

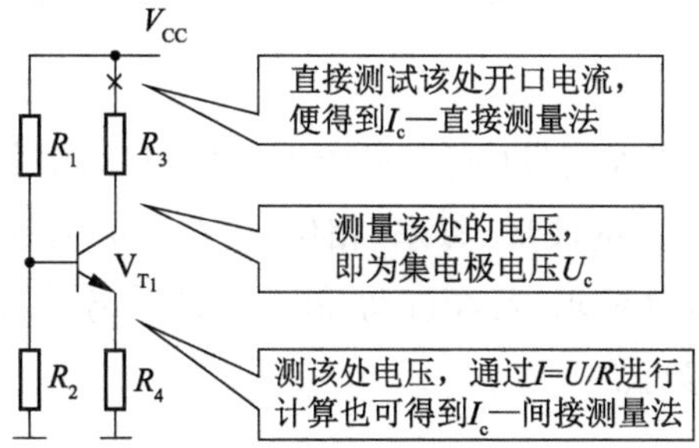

图 6-5-2　晶体管电压电流测试示意图

(4) 集成电路(IC)静态工作点测试

① IC 各引脚静态电压测试

在排除外围元件损坏或插错、短路的情况下，集成电路各引脚对地电压基本上反映了其内部工作状态是否正常，只要将所测得的电压与正常电压进行比较即可做出正确判断。

② IC 供电脚静态电流测试

若 IC 发热严重，说明其功耗偏大，是静态工作电流不正常的表现。测量时可断开集成电路供电引脚铜皮，串入万用表，使用万用表电流挡来测量。若是双电源供电（正、负电源），则必须分别测量。

(5) 数字电路逻辑电平测试

数字电路一般只有两种电平。例如 TTL 与非门电路，0.8 V 以下为低电平，1.8 V 以上为高电平。电压为 0.8 ~ 1.8 V 的电路状态是不稳定的，不允许出现。

不同数字电路高低电平界限会有所不同,但相差不远。测量时,先在输入端加入高电平或低电平,然后测量各输出端的电压,并做好记录。

2. 电路调整方法

电路调整方法常用选择法和调节可调元件法,两种方法都适用于静态调整和动态调整。

(1) 选择法

选择法是通过替换元件来选择合适的电路参数(性能或技术指标),在电路原理图中,这种元件的参数旁边通常标注了“ * ”号。

由于反复替换元件很不方便,一般总是先接入可调元件,待调整确定了合适的元件参数后,再换上与选定参数值相同的固定元件。

(2) 调节可调元件法

在电路中已经装有调整元件,如电位器、微调电容或微调电感等,其优点是调节方便,并且电路在工作一段时间后,如果状态发生了变化,也可以随时调整元件,但可调元件的可靠性差,体积也比固定元件大。

6.6 动态测试

动态测试一般是指在加入信号(或自身产生信号)后,测量晶体管、集成电路等元器件的动态工作电压,以及有关的波形、频率、相位、电路放大倍数,并通过调整相应的可调元件,使其多项指标符合设计要求,若经过动、静态调试后仍不能达到原设计要求,应深入分析其测量数据,并进行修正。

1. 动态电压测试

(1) 晶体管各极的动态电压

晶体管各引脚对地的动态工作电压同样是判断电路是否正常工作的重要依据。

(2) 振荡电路的起振判定

利用万用表测量晶体管的直流电压 U_{be},如果万用表指针出现反偏现象,利用这一特征可以判断振荡电路是否起振。当然,用示波器来判定更为直观。

2. 波形测试

利用示波器对电路中的波形进行测试是调试或排除故障过程中广泛使用的方法。对电路测试点进行波形测试时,可能会出现以下几种不正常的情况:

(1) 测试点没有波形

这种情况应重点检查电源、静态工作点、测试电路的连线等。

(2) 测试点波形失真

测试点波形失真或波形不符合设计要求,通过对其分析和采取相应的处理方法便可解决。解决的办法:首先保证电路静态工作点正常,然后检查交流通路。现以功率放大器为例,对其输出波形进行测试,如图 6-6-1 所示,可能出现的失真波形如图 6-6-2 所示。

① 图(a)所示的波形属于正常波形。

② 图(b)所示的波形属于对称性削波失真。适当减少输入信号,即可测出其最大不失真输出电压,也即该放大器的动态范围。

③ 图(c)和图(d)所示的波形是由于互补输出级中点电位偏离所引起的,所以检查并调整该放大器的中点电位以使输出波形对称。如果中点电位正常,仍然出现上述波形,则可能是由于前几级电路中某一级工作点不正常引起的,对此只能逐级测量,直到找到出现故障的那一级放大器为止,再调整其静态工作点,使其恢复正常工作。

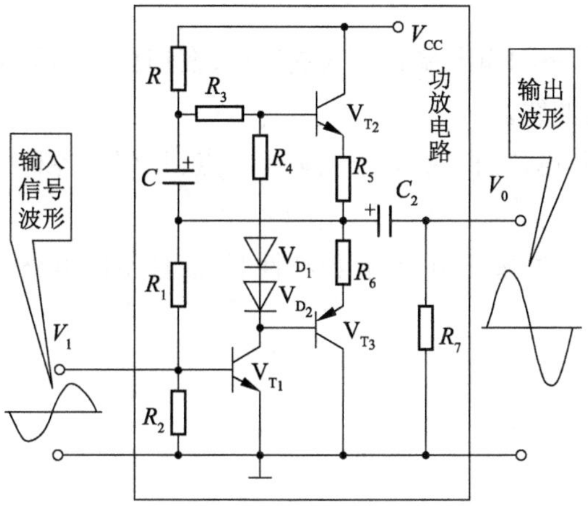

图 6-6-1　功率放大器输出波形测试

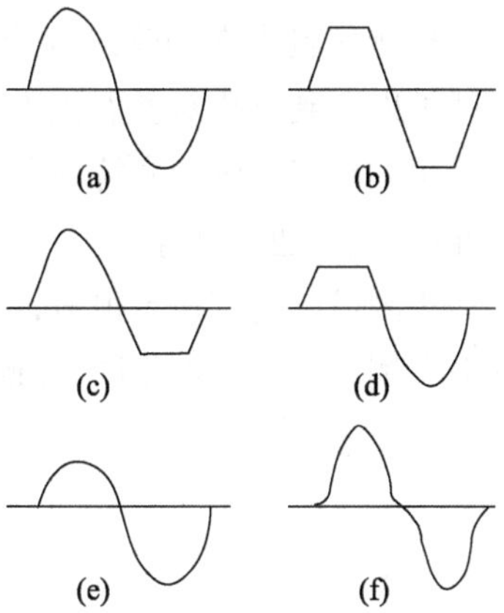

图 6-6-2　功率放大器输出失真波形图

④ 图(e)所示的波形主要是由于输出级互补管(V_{T_2}和 V_{T_3})特性差异过大导致。

⑤ 图(f)所示的波形是由于输出互补管静态工作电流太小所致,称为交越失真。

(3) 测试点波形幅度过大或过小

测试点波形幅度过大或过小主要与电路增益控制元件有关,只要细心测量有关的增益控制元件即可排除故障。

(4) 测试点电压波形频率不准确

测试点电压波形频率不准确与振荡电路的选频元件有关,电路中一般都设有可调电感(如空芯电感线圈、中周等)或可调电容来改变其频率,只要进行适当的调整就能得到准确频率。

(5) 测试点波形时有时无

测试点波形时有时无可能是由于元件或引线接触不良引起的。如果是振荡电路,则可能是由于电路处于临界状态,对此必须通过调整其静态工作点或一些反馈元件才能排除故障。

(6) 测试点有杂波混入

首先要排除外来的干扰,即做好各项屏蔽措施。若故障仍未能排除,则可能是由电路自激引起的,只能通过加大消振电容的方法来排除故障,如加大电路的输入输出端对地电容、晶体管 b-c 间电容、集成电路消振电容(相位补偿电容)等。

3. 频率特性测试

所谓频率特性是指一个电路对于不同频率、相同幅度的输入信号(通常是电压)在输出端产生的响应。它是电子电路中一项重要的技术指标。测试电路频率特性的方法一般有以下两种:

(1) 用信号源与电压表测量

用信号源与电压表测量是指在电路输入端加入按一定频率间隔的等幅正弦波,每加入一个正弦波就测量一次输出电压,然后根据频率与电压的关系得到幅频特性曲线。

(2) 用扫频仪测量

将扫频仪输入端和输出端分别与被测电路的输出端和输入端连接,在扫频仪的显示屏上就可以看到电路对各点频率的响应幅度曲线。

采用扫频仪测试频率特性具有测试简便、迅速、直观、易于调整等特点,常用于各种中频特性调试、带通调试等。

动态测试的内容还有很多,如电路放大倍数、瞬态响应、相位特性等,而且不同电路要求的动态测试项目也不相同,在此不再赘述。

第 7 章

电子工艺实训项目

7.1 电子产品技术文件

电子产品技术文件是电子产品研究、设计、试制与生产实践经验积累所形成的一种技术资料,也是产品生产、使用与维修的基本依据。电子产品技术文件按工作性质和要求的不同,形成专业制造和普通应用两类不同的应用领域。在电子产品规模生产和制造的过程中,产品技术文件具有生产法规的效力,必须执行统一标准,实行严格的管理规范,不允许生产者有个人的随意性,生产部门需按照工艺图样进行生产,技术管理部门分工明确,各司其职。

电子产品设计文件是由企业设计部门制定的产品技术文件,它规定了产品的组成、结构、原理,以及产品制造、调试、验收、储运全过程中所需的技术资料,也包括产品使用和维修资料。设计文件按表达内容的形式可分为图样(以投影关系绘制的图)、简图(以图形符号为主)和文字表格;按使用特征可分为草图、原图和底图,而底图又可分为基本底图、副底图和复制底图。

常用设计文件介绍如下:

(1) 框图

框图是一种使用非常广泛的说明性图形,它用简单的方框代表一组元器件、一个部件或一个功能块,用它们之间的连线表达信号通过电路的途径或电路的动作顺序。框图具有简单明确、一目了然的特点,它能让人们一眼就看出电路的全貌、主要组成部分及各级电路的功能。框图对于了解电路的工作原理非常有用,一般比较复杂的电路原理图都附有框图作为说明。

绘制框图要在方框内使用文字或图形注明该方框所代表的电路内容或功能,方框之间一般用带箭头的连线表示信号的流向。在框图中,也可以用一些符号代表某些元器件,如天线、扬声器等。框图往往也和其他图组合起来,表达一些特定的内容。

（2）电原理图

电原理图是详细说明产品元件或单元间电气工作原理及其相互间连接关系的略图，它是设计、编制接线图和研究产品性能的原始资料，在装接、检查、试验、调整和使用产品时，电原理图与接线图常一起使用。

（3）接线图

接线图是以电路图为依据编制的。为了清晰地表示各个连接点的相对位置或提供必要的位置信息以便于布线或布缆，接线图可近似地按照项目所在的实际位置编制，无需按比例布局进行绘制。

（4）零件图

零件图是表示电子产品所用零件的材料、形状、尺寸和偏差、表面粗糙度、涂覆、热处理及其他技术要求的图样。零件图在零件的制造中是不可缺少的技术文件。

（5）印制板装配图

印制板装配图是用来表示元器件及零部件、整件与印制电路板连接关系的图样，它主要用于指导印制板部件的装配与生产。运用印制板装配图和零件图，再结合电路原理图，可以方便地对线路进行检查和维护。

（6）技术条件

技术条件是对产品质量、规格及其检验方法所做的技术规定，是产品生产和使用的技术依据。技术条件实际上是企业产品标准的一种类型，也是实施企业产品标准的保证。在某些技术性能和参数指标方面，技术条件可以比企业产品标准要求更高、更严、更细。技术条件的内容一般包括：产品的型号及主要参数、技术要求、验收规则、试验方法、包装和标志、运输和储存要求等。

（7）技术说明书和使用说明书

技术说明书是对产品的主要用途和适用范围、结构特征、工作原理、技术性能、参数指标、安装调试、使用维修等的明确说明技术文件，供使用、维修和研究本产品使用。

使用说明书是用以传递产品信息和说明有关问题的一种设计文件。产品使用说明书有两种：一种是工业产品使用说明书；另一种是消费产品使用说明书。

（8）元器件明细表

对于非生产用图样，将元器件的型号、规格等参数标注在电路原理图中，并加以适当的说明即可。而对于生产工程图样来说，就需要另外附加供采购和计划人员使用的元器件明细表，如表 7-1-1 所示。必须注意的是，因为这些表的使用者并不明确设计者的思路，他们只是照单采购，所以明细表应当尽量详细。明细表应该包括元器件的名称及型号；元器件的规格和档次；使用数量；有无代用型号及规格；备注，如是否指定生产厂家，是否有样品等。

表 7-1-1　元器件明细表

序号	名称	型号规格	位号	数量	备注
1	电阻	RJ1 - 0.25 - 5k6 + 5%	R_1, R_5, R_9	3	
2	电容	CL21 - 160V - 47n	C_5, C_6	2	
3	晶体管	3DG12B	V_3, V_4, V_5	3	可用 9013H 代替
4	集成电路	MAX4012	A_1	1	MAXIM 公司

7.2 HX108 - 2 七管半导体收音机(超外差)

最初的收音机属于直放式收音机，它的特点是通过天线接收到高频信号，在检波以前，一直不改变它原来的高频频率(即高频信号直接放大)。它的缺点首先是对其接收频段的高段和低段的放大效果不一样，会导致整个波段的灵敏度不均匀，如果是多波段收音机，这个矛盾更加突出。其次，如果要提高灵敏度，必须增加高频放大的级数，但这样会带来各级之间的统一调谐困难，并且高频放大器增益做不高，容易产生自激。

如果能够把收音机接收到的高频信号都变换成固定的中频信号进行放大检波，那么任何电台的信号都能得到相等的放大量，同时总的放大量也可以较高，从而克服了上述缺点。

典型的超外差式收音机的框图可见 9702 说明书。振荡器产生一个始终比接收信号高一个中频频率的振荡信号，在混频器内利用晶体管的非线性将振荡信号与接收信号相减产生一个新的频率即中频，这就是“外差”。

为了获得较好的选择性和灵敏度，在获得中频信号以后再加以放大，即中频放大，这样收音机的接收质量会大大提高，这就是“超外差式”电路。

超外差式电路有以下几个优点：

① 由于变频后为固定的中频，频率比较低，容易获得比较大的放大量，因此收音机的灵敏度可以做得很高。

② 由于外来高频信号都变换成了一种固定的中频，这样就解决了不同电台信号放大不均匀的问题。

③ 由于采用“差频”方法，外来信号必须和振荡信号相差为预定的中频才能进入电路，而选频回路、中频放大谐振回路是良好的滤波器，能使其他干扰信号被抑制，从而提高了选择性。

超外差式电路也有不足之处，它会出现镜频干扰和中频干扰，这两个干扰是超外差式收音机所特有的干扰。

超外差式收音机的中频选择性，是指收音机对外来的 455 kHz 中频信号的抗干扰能力。由于输入回路的谐振频率比455 kHz高，所以输入回路对中频干扰有较大的抑制能力。根据超外差式收音机的变频原理，当振荡频率$f_{振}$与外来信号频率$f_{信}$相差一个中频频率$f_{中}$(455 kHz)时，信号就能顺利通过中频放大器实现放大，用公式$f_{振}-f_{信}=f_{中}$表示，这是信号频率比振荡频率低的情况。如果外来信号频率比振荡频率高一个中频，它们的差额$f_{信}-f_{振}=f_{中}$也是中频频率，同样，中频放大器也能顺利地让他们通过并实现放大。

1. 实训目的

(1) 通过对收音机的安装、焊接及调试，了解电子产品的生产制作过程。

(2) 掌握电子元器件的标识及质量检验方法。

(3) 学会利用工艺文件独立进行整机的装焊和调试，并达到产品质量要求。

(4) 学会编制简单的电子产品工艺文件，能按照行业规程要求撰写实训报告。

(5) 提高动手能力，培养职业道德和职业技能，培养工程实践观念及严谨细致的科学作风。

2. 电路原理简介

HX108－2型七管半导体收音机的频率范围为525～1605 kHz；输出功率为100 mW（最大）；扬声器为ϕ57 mm，电阻8 Ω；电源为3 V(5号电池二节)；体积为122 mm×66 mm×26 mm。电路原理图如图7-2-1所示，由图可见，整机中含有7只三极管，因此称为七管收音机。其中三极管V_1为变频管，V_2，V_3为中放管，V_4为检波管，V_5为低频前置放大管，V_6，V_7为低频功放管。

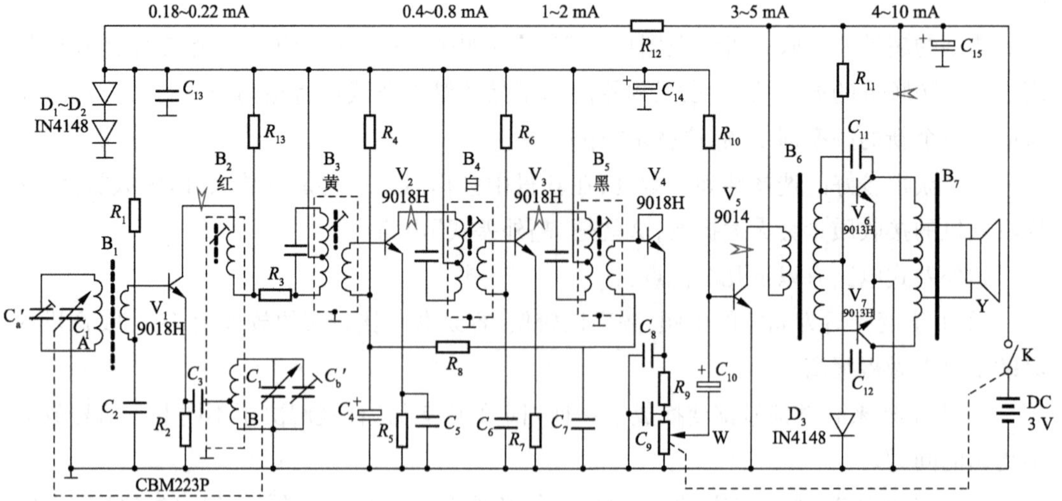

图7-2-1　总体电路原理图

主要性能：

- 频率范围：525～1605 kHz
- 中频频率：455 kHz
- 灵敏度：$S/N=26$ dB时，≤1.5 mV/m

- 选择性：选调 ±9 kHz 时，≥20 dB
- 电源：电压 3 V(2 节 5 号电池)
- 静态电流：无讯号时，<20 mA
- 输出功率：10% 失真度时，≥180 mW

本机由 3 V 直流电压供电，为了提高功放的输出功率，3 V 直流电压经滤波电容 C_{15}去耦滤波后，直接给低频功率放大器供电，而前面各级电路是用 3 V 直流电压经由 R_{12}，V_{D1}，V_{D2}组成的简单稳压电路稳压后（稳定电压约 1.4 V）供电，目的是用来提高各级电路静态工作点的稳定性。

(1) 输入电路

超外差收音机的输入电路利用了串联谐振特性来选择所需要的信号，由初级调谐线圈 L 和两个可变电容器 C 组成，调节可变电容 C_1 可使 L，C 的固有频率等于电台频率从而产生谐振，以选择不同频率的电台信号，再由 L_2 耦合到下一级变频级，而其他频率信号因未发生谐振，电路对它们呈现的阻抗较大，相应电路中的电流就小。因此，只有匹配电台频率的信号被选出来，其他频率的信号都被有效地抑制。

调节 L，C 组成的输入电路，使它对欲接收的信号发生谐振的过程称为调谐，也就是通常所说的选台。这种输入电路一般称为调谐输入电路或调谐回路。如图 7-2-2 所示，其中 Net1 ~ Net3 为网络标号，网络标号位置图见附录 1，这里不再赘述。

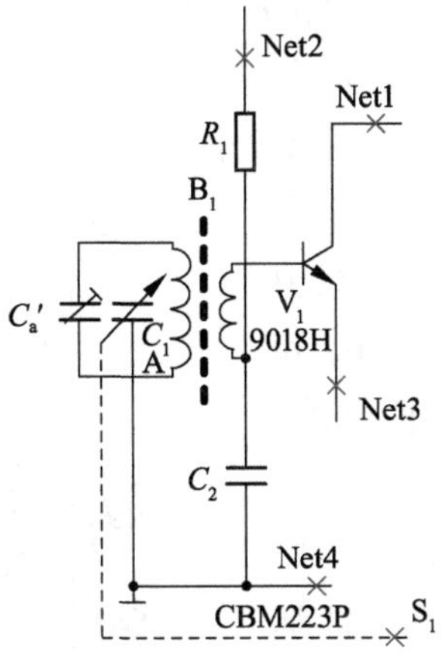

图 7-2-2　输入电路

(2) 变频电路

变频电路把输入电路送来的广播电台的高频载波信号变换成 455 kHz 的中频载波信号。三极管 V_1 的集电极负载是个中频变压器，由它选出中频信号，再送到后续的中频放大级中。由于晶体管的非线性作用，将产生多种频率的信号，其中有一种是本振频率和电台频率相差 455 kHz 的中频信号，它正是这种超外差收音机所需要的工作信号。

如图 7-2-3 所示电路中的 C'_a，C'_b为补偿电容，是为了保证振荡频率的跟踪（又称统调）而设置的；C_2 为高频旁路电容，对高频信号相当于短路；C_3为耦合电容。R_2，R_3 为 V_1 提供了静态偏置电流,使它稳定地工作在非线性区。

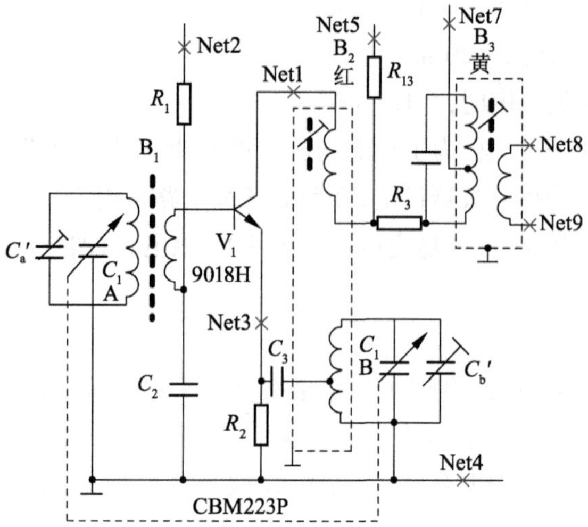

图 7-2-3 变频电路

(3) 中放电路

前一级产生的中频载波的电压非常小,所以必须先进行放大,然后再进行解调。中频放大级的作用就是放大中频电压。收音机里的中频放大器简称中放,中频放大级是指变频输出至振幅检波器之间的那一部分电路,其作用是放大经变频得到的 455 kHz 中频信号,它是收音机的"心脏"部位。中放电路性能的好坏,在很大程度上决定着收音机的整机灵敏度、选择性和频率特性等主要性能指标。

如图 7-2-4 所示,中放回路主要是由 V_2,V_3 组成的两级中频放大器。第一级中放电路中的 V_2 负载由中频变压器 B_3 和内部电容组成,它们构成并联谐振电路,谐振频率是 455 kHz。第二级中放的任务主要是进行再次放大。与直放式收音机相比,超外差式收音机灵敏度和选择性都提高了许多,主要是因为它具有中频放大电路,所以比高频信号更容易调谐和放大。

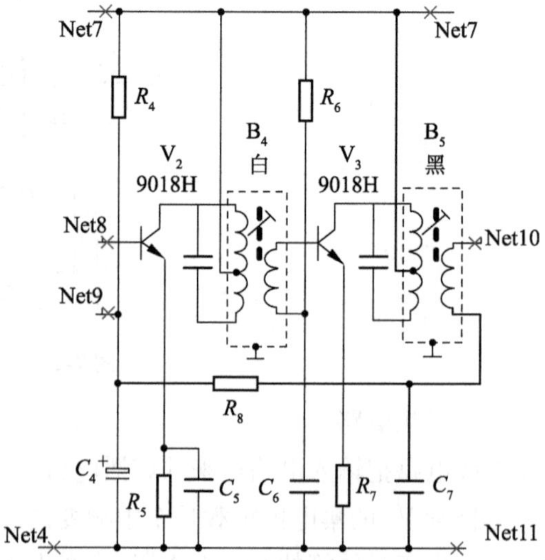

图 7-2-4 中放电路

(4) 检波级及自动增益控制(AGC)电路

① 检波级

如果在中频放大后直接接上扬声器,扬声器是无法正常播放广播的,只能听到嗒嗒的杂音。只有把音频信号从调幅波中分离出来，再将音频信号通过低频放大器和功率放大电路后加到扬声器上才行。完成这种分离作用的电路就是检波电路，也称为解调器，可以用二极管或三极管来实现。

检波级的主要任务是把中频调幅信号还原成音频信号，C_8，C_9 起到滤去残余的中频成分的作用，检波后的音频信号由 5 kΩ 阻值的电位器的滑动臂经隔直电容 C_{20} 送至低频放大器，如图 7-2-5 所示。

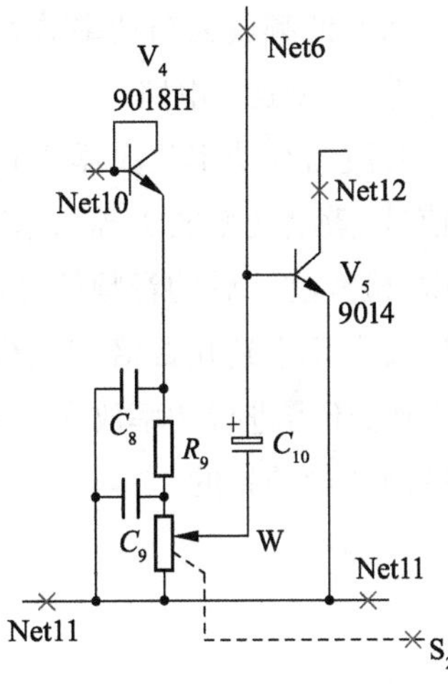

图 7-2-5　检波级部分电路

② 自动增益控制（AGC）电路

自动增益控制电路能自动调节收音机的增益，使收音机在接收强弱不同的电台信号时，音量不致变化过大。

自动增益控制电路主要由电阻 R_8 和电容 C_4 组合完成，如图 7-2-6 所示。控制过程是把检波后低频信号中的直流成分引到第一中放管 V_4 的基极，以控制中放管基极电流，从而实现 AGC 控制。电路中的 R_8 和 C_4 支路起 AGC 作用。设第一中放管 V_4 的静态基极电流为 I_b，无外来信号时，I_b 由偏置电路固定，当收音机收到电台信号时，信号经变频和中频放大，检波后的中频脉动电流被 C_8，R_9 和 C_9 滤除，音频信号经隔直兼耦合电容 C_{10} 送入低频放大器，其中的直流成分为 I_d，其中一部分（I'_d）消耗在电位器上，另一部分（I'_b）经 R_8 和 C_4 滤波后注入第一中放管 V_4 的基极。由于 I_b 和 I'_b 的流向相反，I'_b 要抵消一部分 I_b，使第一级中放的增益下降，若外来信号越强，检波后的 I'_b 越大，则第一级中放增益越低。反之，中放增益下降就越小，从而起到 AGC 的作用。

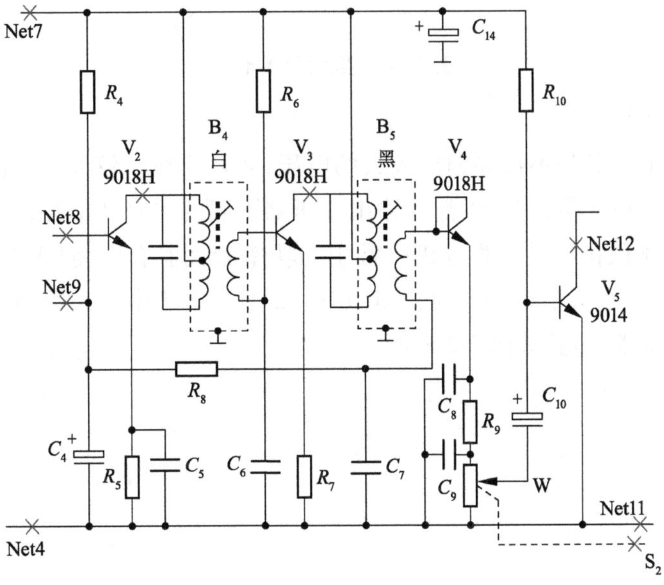

图 7-2-6　检波级及自动增益控制 AGC 电路

(5) 低频放大与功率放大电路

① 低频放大电路

检波器与功率放大器之间的电路称为低频放大电路(见图 7-2-7),主要作用是放大低频信号,激励功率放大器,使功率放大器有足够的输出功率去推动扬声器(负载)工作。图中,检波滤波后的音频信号由电位器送到前置低放管 V_5,经过低频放大可将音频信号电压放大几十到几百倍,但音频信号经过放大后带负载的能力还很差,不能直接推动扬声器工作,还需进行功率放大。旋转电位器可以改变 V_5 的基极对地信号电压的大小,以达到控制音量的目的。

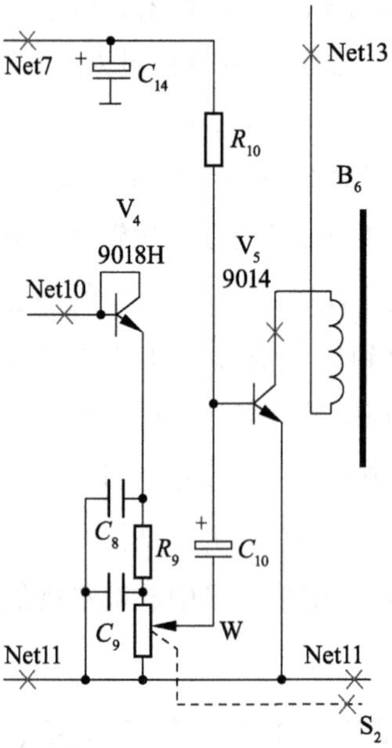

图 7-2-7　低频放大电路

② 功率放大器

功率放大器的任务是不仅要输出较大的电压,而且要输出较大的电流。本电路采用无输出变压器功率放大器,它可以消除输出变压器引起的失真和损耗,频率特性好,还可以减小放大器的体积和重量。收音机中常用的功率放大器有甲类(A 类)、推挽乙类(B 类)和无变压器功率放大器 3 种。而在 HX108 - 2 型收音机中所采用的功率放大电路是乙类推挽功率放大器,电路如图 7-2-8 所示。

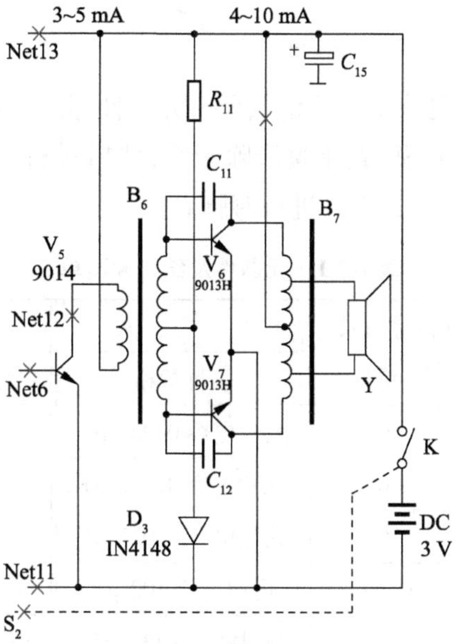

图 7-2-8　功率放大电路

推挽功放的工作原理：当输入变压器 B_6 的初级线圈加有低频信号时，在信号的正半周，初级线圈上端为正，下端为负，次级两半线圈将感应出两个大小相等的低频信号，此时功放管 V_6 的基极为正，发射极为负，加有正偏压而导通。功放管 V_7 的基极为负，发射极为正，加有负偏压，因而不能导通。V_6 管上的电流 I_6 流过输出变压器 B_7 的初级上半线圈，输出变压器次级线圈便感应出正半周信号电流流过扬声器。低放和功放总连接电路如图 7-2-9 所示。

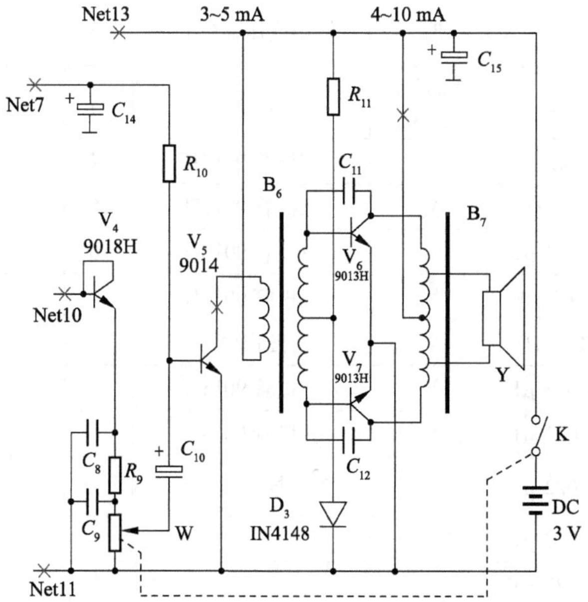

图 7-2-9　低放和功放总连接电路

3. 整机装配工艺

(1) 元器件准备

首先根据元器件清单(见表7-2-1)清点所有元器件,并用万用表粗测元器件判断质量好坏,再将所有元器件上的漆膜、氧化膜清除干净,然后进行搪锡(若元器件引脚未被氧化,则省去此步),最后将电阻、二极管进行弯脚。

表7-2-1 元器件及结构件清单

元器件位号目录				结构件清单		
位号	名称规格	位号	名称规格	序号	名称规格	数量
R_1	电阻100 kΩ	C_{11}	元片电容0.022 μF	1	前框	1
R_2	电阻2 kΩ	C_{12}	元片电容0.022 μF	2	后盖	1
R_3	电阻100 Ω	C_{13}	元片电容0.022 μF	3	周率板	1
R_4	电阻20 kΩ	C_{14},C_{15}	电解电容100 μF	4	调谐盘	1
R_5	电阻150 Ω		磁棒B5×13×55	5	电位盘	1
R_6	电阻62 kΩ	T_{r1}	天线线圈	6	磁棒支架	1
R_7	电阻51 Ω	T_{r2}	振荡线圈(红)	7	印制板	1
R_8	电阻1 kΩ	T_{r3}	中周(黄)	8	正极片	2
R_9	电阻680 Ω	T_{r4}	中周(白)	9	负极簧	2
R_{10}	电阻100 kΩ	T_{r5}	中周(黑)	10	拎带	1
R_{11}	电阻1 kΩ	T_{r6}	输入变压器(蓝绿)	11	沉头螺钉 M2.5×5	3
R_{12}	电阻220 Ω	T_{r7}	输出变压器(黄)	12	自攻螺钉 M2.5×5	1
R_{13}	电阻24 kΩ	V_{D1},V_{D2} V_{D3},V_{D4}	二极管IN4148	13	电位器螺钉 M1.7×4	1
W	电位器5 kΩ	V_1	三极管9018H	14	正极导线(9 cm)	1
C_1	双连CBM-223P	V_2	三极管9018H	15	负极导线(10 cm)	1
C_2	元片电容0.022 μF	V_3	三极管9018H	16	扬声器导线(10 cm)	2
C_3	元片电容0.01 μF	V_4	三极管9018H			
C_4	电解电容4.7 μF	V_5	三极管9014			
C_5	元片电容0.022 μF	V_6	三极管9013H			
C_6	元片电容0.022 μF	V_7	三极管9013H			
C_7	元片电容0.022 μF	Y	$2\frac{1}{4}$扬声器8 Ω			
C_8	元片电容0.022 μF					
C_9	元片电容0.022 μF					
C_{10}	电解电容4.7 μF					

(2) 插件焊接

① 按照装配图(见图 7-2-10)正确插入元件,其高低、极向应符合图纸规定。

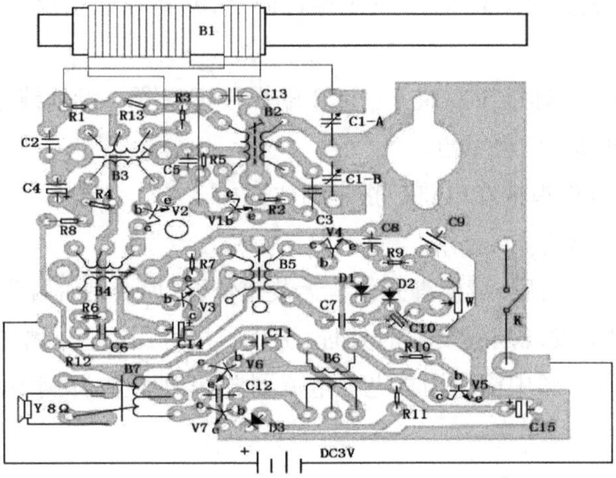

图 7-2-10　HX108－2 型收音机装配图

② 焊点要光滑,大小最好不要超出焊盘,不能有虚焊、搭焊、漏焊现象。

③ 注意二极管、三极管的极性,以及对色环电阻的识别,如图 7-2-11 所示。

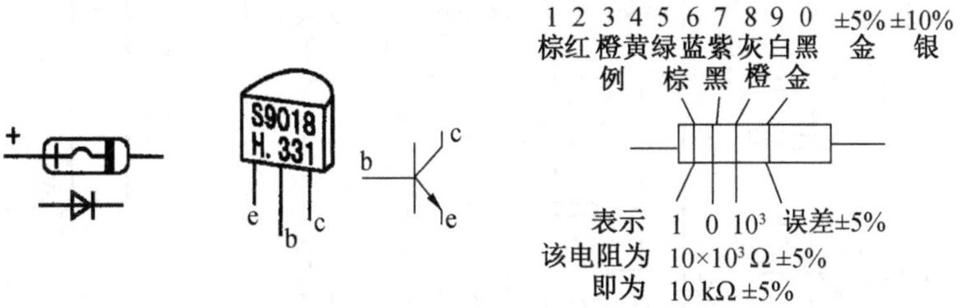

图 7-2-11　二极管、三极管、色环电阻的识别

④ 输入(绿色或蓝色)、输出(黄色)变压器不能调换位置。

⑤ 红中周 T_{r2} 插件后外壳应弯脚焊牢,否则会造成卡调谐盘。

(3) 组合件准备

① 将电位器拨盘装在 W－5 k 电位器上,用 M1.7×4 螺钉固定。

② 将磁棒按图 7-2-12 所示套入天线线圈及磁棒支架。

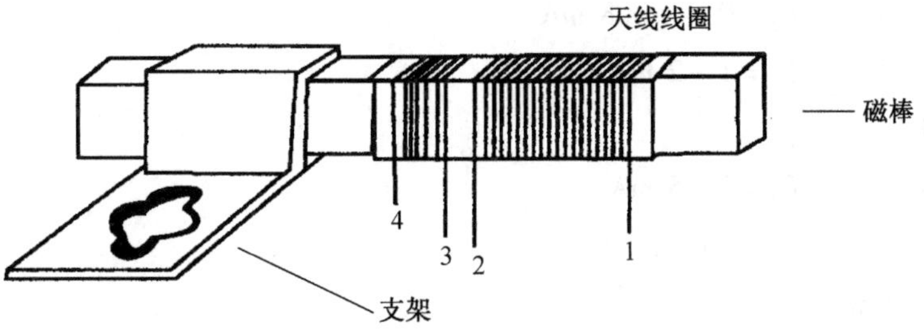

图 7-2-12　磁棒天线示意图

(4) 装大件

① 将双联 CBM－223P 安装在印刷电路板正面，将天线组合件上的支架放在印刷电路板反面的双联上，然后用 2 只 M2.5×5 螺钉固定，并将双联引脚超出电路板的部分弯脚后焊牢。

② 天线线圈的 1 端焊接于双联 C_{1A}上，2 端焊接于双联中点地线上，3 端焊接于 V_1基极(b)上，4 端焊接于 R_1，C_2公共点。

③ 将电位器组合件焊接在电路板指定的位置。

(5) 开口检查与试听

收音机装配焊接完成后，请检查元件有无装错位置，焊点是否脱焊、虚焊、漏焊。所焊元件有无短路或损坏，发现问题要及时处理、更正。用万用表进行整机工作点、工作电流测量，如图 7-2-13 所示，图中箭头为集电极电流测试点，如检查都满足要求，即可进行收台试听。

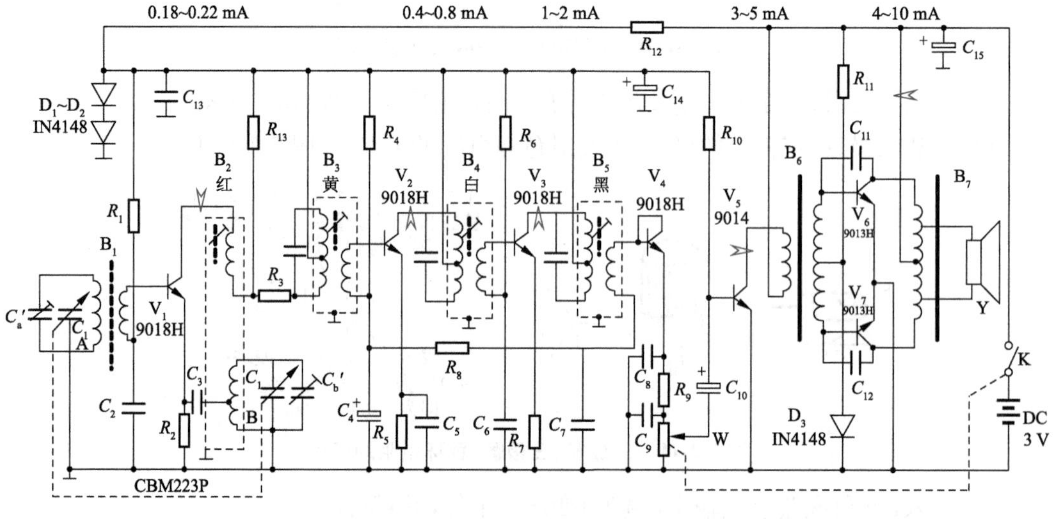

图 7-2-13 电路原理图(含集电极电流测试点)

各级工作点参考值如下：

$V_{cc}=3\ V$

$U_{c1}=1.35\ V$　　$I_{c1}=0.18\sim0.22\ mA$

$U_{c2}=1.35\ V$　　$I_{c2}=0.4\sim0.8\ mA$

$U_{c3}=1.35\ V$　　$I_{c3}=1\sim2\ mA$

$U_{c4}=1.4\ V$

$U_{c5}=2.4\ V$　　$I_{c5}=2\sim5\ mA$

$U_{c6、7}=3\ V$　　$I_{c6、7}=4\sim10\ mA$

(6) 前框准备

① 将电池的负极弹簧、正极片安装在塑壳上，如图 7-2-14 所示，同时焊好连接点及黑

色、红色引线。

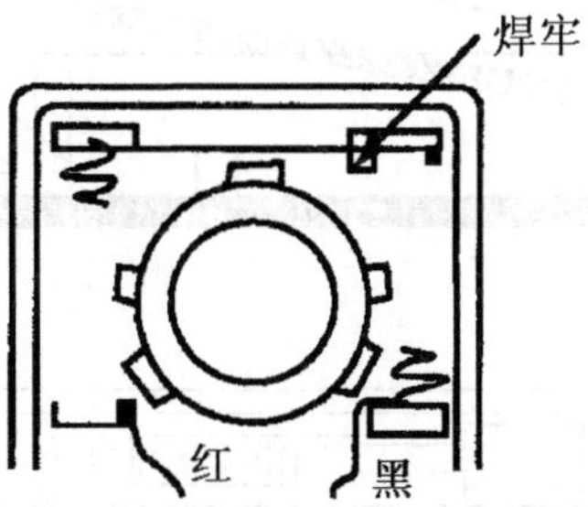

图 7-2-14　电池簧片安装示意图

② 将周率板反面的双面胶保护纸去掉，然后贴于前框，注意要安装到位，并撕去周率板正面保护膜。

③ 将喇叭 Y 安装于前框，用一字小螺丝刀导入压脚，再用烙铁热铆三只固定脚，如图 7-2-15 所示。

图 7-2-15　喇叭安装示意图

④ 将拎带套在前框内。

⑤ 将调谐盘安装在双联轴上，如图 7-2-16 所示，用 M2.5 ×5 螺钉固定，注意调谐盘方向。

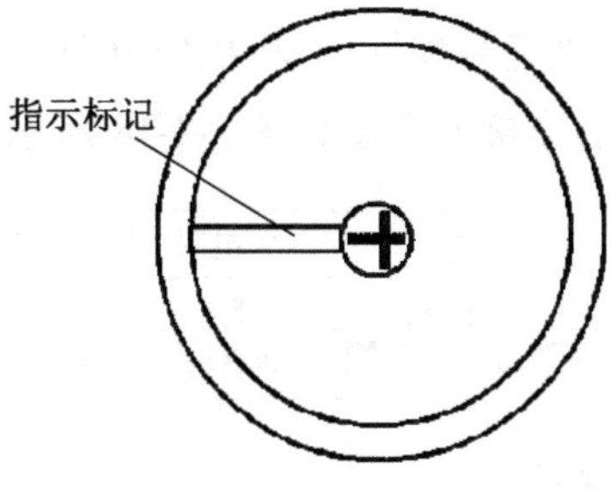

图 7-2-16　调谐盘安装示意图

⑥ 根据装配图，分别将两根白色或黄色导线焊接在喇叭与线路板上。

⑦ 将正极（红）、负极（黑）电源线分别焊在线路板指定的位置。

⑧ 将组装完毕的机心按图 7-2-17 所示装入前框，一定要装到位。

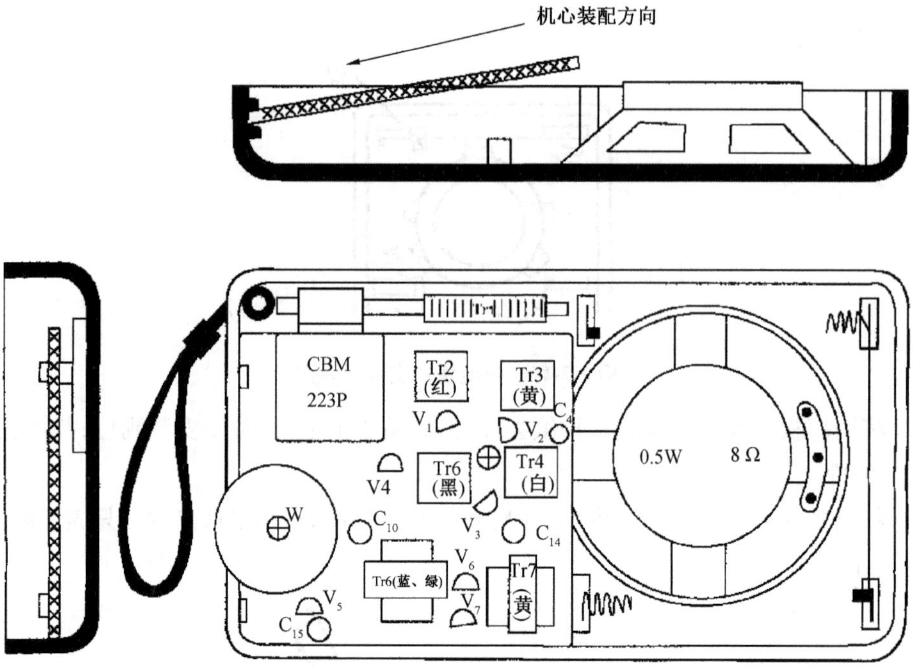

图 7-2-17　机心安装示意图

4. 整机调试工艺

(1) 仪器设备

常用仪器设备有稳压电源(200 mA,3 V)、XFG－7 高频信号发生器、示波器(一般示波器即可)、DA－16 毫伏表(或同类仪器)、圆环天线(调 AM 用)、无感应螺丝刀。

(2) 调试步骤

① 仪器连接

在元器件装配焊接无误及机壳装配好后,将机器电源接通,在中波段内能收到本地电台后,即可进行调试工作。仪器连接方框图如图 7-2-18 所示。

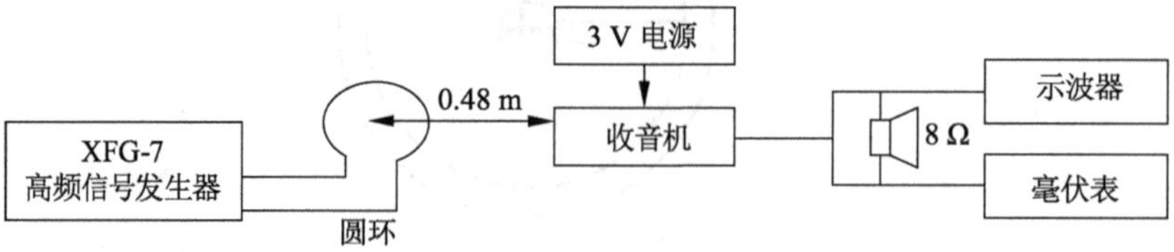

图 7-2-18　仪器连接方框图

② 中频调试

首先将双联旋至最低频率点,XFG－7 高频信号发生器置于 455 kHz 频率处,输出场强为 10 mV/m,调制频率为 1000 Hz,调制幅度为 30%。收音机收到信号后,示波器应有 1000 Hz 的信号波形,用无感应螺丝刀依次调节黑、白、黄三个中周,且反复调节,使其输出最大,此时 455 kHz 中频即调好。

③ 频率覆盖调节

将 XFG－7 置于 520 kHz 频率，输出场强为 5 mV/m，调制频率为 1000 kHz，调制幅度为 30%。双联调至低端，用无感应螺丝刀调节红中周(振荡线圈)，收到信号后，再将双联旋至最高端，将 XFG－7 高频信号发生器置于 1620 kHz，调节双联振荡微调电容 C_{1B}，收到信号后，再重复将双联旋至低端，调节红中周，以此类推。高、低端反复调整，直至低端频率为 520 kHz，高端频率为 1620 kHz 为止，频率覆盖调节到此结束。

④ 统调

将 XFG－7 高频信号发生器置于 600 kHz 频率，输出场强为 5 mV/m 左右，调节收音机调谐旋钮，收到 600 kHz 信号后，调节中波磁棒线圈位置，使输出最大，然后将 XFG－7 信号发生器旋至 1400 kHz，调节收音机，收到 1400 kHz 信号后，调节双联微调电容 C_{1A}，使输出为最大，重复调节600 kHz 和1400 kHz 统调点，直至两点输出均为最大为止，至此统调结束。

在中频调试、频率覆盖调节、统调结束后，机器即可收到高、中、低端电台，且频率与刻度基本相符，此时放入 2 节 5 号电池进行试听，在高、中、低端都能收到电台后，即可将后盖盖好。

5．修理检测方法及问题判断

焊接完成后，如果出现问题，则需要进行检测。检测的前提是安装正确、元器件无差错、无缺焊、无错焊。检测的方法是由后级向前级检测，先检查低级功放，再检查中放和变频级。

(1) 静态总电流测量

静态总电流正常值应小于 25 mA。无信号时，若静态总电流大于 25 mA，则该机可能出现短路或局部短路；无电流时，则表示电源没接上。

(2) 工作电压测量

检测 D_1 正极与 D_2 负极两端的电压，如果该电压在(1.3 ±0.1)V，那么符合要求；如果电压大于 1.4 V 或小于 1.2 V，则表示机器工作不正常。

① 如果工作电压小于 1.3 V 或者无电压，则需要检测电路是否没接好 3 V 电源或干电池接法错误，并且检查 R_{12}的 220 Ω 电阻是否接好。

② 如果工作电压大于 1.4 V，则二极管 IN4148 可能极性接反或已损坏。

(3) 变频级无工作电流

① 天线线圈次级未接好(见印刷板背面的安装)。

② 红中周次级不通，R_3 的 100 Ω 虚焊或错焊了大阻值电阻。

③ V_1 的 9018H 三极管已损坏，或未按要求接好。

④ 电阻 R_1 的 100 kΩ 和 R_2 的 2 kΩ 接错或虚焊。

(4) 第一中放无工作电流

① R_5 的 150 Ω 开路或者虚焊。

② V_2 晶体管损坏或管脚(e,b,c)插错。

③ R_4 的 20 kΩ 电阻未焊好。

(5) 第一中放电流过大

① 检波管 V_4 的 9018H 三极管损坏或管脚插错。

② C_5 的 0.022 μF 电容短路或 R_5 的 150 Ω 电阻接错,接入的阻值小于 150 Ω。

③ R_8 的 1 kΩ 电阻未接好或连接 1 kΩ 的铜箔有断裂现象。

④ 电位器损坏导致测量不出阻值,或者 R_9 的 680 Ω 未接好。

(6) 第二中放无工作电流

① 黄中周次级线圈开路。

② 黑中周初级线圈开路。

③ R_7 的 51 Ω 电阻未焊好。

④ R_6 的 62 kΩ 电阻未焊好。

(7) 第二中放电流过大

R_6 的 62 kΩ 电阻接错,接入的阻值远小于 62 kΩ。

(8) 低放级无工作电流

① V_5 三极管损坏或管脚接错。

② 输入变压器初级线圈开路。

③ R_{10}的 51 kΩ 电阻未焊好。

(9) 低放级电流过大

R_{10}的 51 kΩ 电阻装错,接入阻值太小。

(10) 功放级无电流

① R_{11}的 1 kΩ 电阻未接好。

② 输入变压器次级线圈不通。

③ V_6,V_7 三极管损坏,或管脚未焊好。

④ 输出变压器不通。

(11) 功放级电流过大

R_{11}的 1 kΩ 电阻错装,实际电阻阻值很小。

(12) 整机无声音

① 用万用表“R×1”挡检查喇叭,表笔接触喇叭的引出接头时,应有“喀喀”声,若没有,说明喇叭已坏。测量时应将喇叭取下,不可连机测量。

② 检查各级电流是否正常。

③ 黄中周外壳未焊好。

④ 音量电位器未打开。

⑤ 检查 D_1 正极和 D_2 负极两端的电压是否为(1.3±0.1)V。

⑥ 检查静态电流是否不大于 25 mA。

⑦ 检查 3 V 电池是否接好,有无接错。

6. 实训报告

实训报告应包括主要指标、电路工作原理、装配工艺、测试说明、调试工艺和实训体会等。

7.3 流水灯硬件电路设计

利用常用的集成电路 ICL8038,CD4060,74LS138 设计一个简单的流水灯。由于许多电路都需要用到信号发生器、译码器、时钟芯片等集成电路,而所用到的这三种集成电路也是较为基础和常用的,因此,通过对流水灯的设计,可掌握 ICL8038,CD4060 和 74LS138 的引脚定义和基本用法。

1. 实训目的

(1) 通过对流水灯硬件电路的安装、焊接及调试,了解电子产品的生产制作过程。

(2) 掌握电子元器件的识别及质量检验方法。

(3) 学会自行设计并画出电路原理图,会用仿真软件验证设计结果。

(4) 学会编制简单的电子产品工艺文件,能按照行业规程要求撰写实训报告。

(5) 训练动手能力,培养职业道德和职业技能,培养工程实践观念及严谨细致的科学作风。

2. 流水灯硬件电路工作原理

利用 ICL8038 函数发生器产生频率为 1 kHz、幅度为 5 V 的方波,用 CD4060 产生不同的分频,再用 74LS138 转换为 8 位二进制信号,以实现 LED 灯循环点亮。分频不同,流水灯的点亮速度也不同。流水灯硬件电路的原理框图如图 7-3-1 所示。

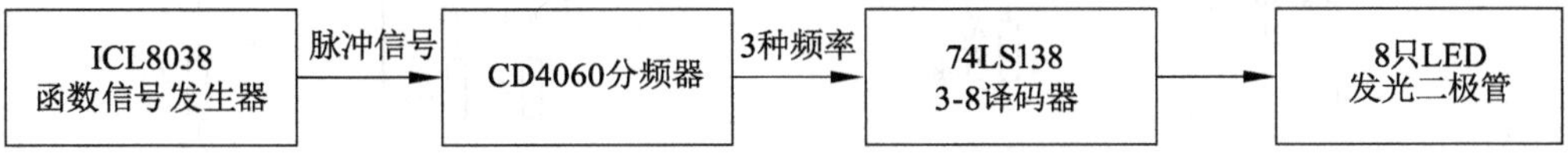

图 7-3-1　流水灯硬件电路的原理框图

(1) ICL8038 函数发生器

① 性能特点

函数信号发生器是一种可以同时产生方波、三角波和正弦波的专用集成电路,当调节外部电路参数时,还可以获得占空比可调的矩形波和锯齿波。而 ICL8038 是性能优良的集成函数信号发生器,可用单电源供电,即将引脚 11 接地,引脚 6 接 $+V_{CC}$,$+V_{CC}$ 为 10 ~ 30 V;也可以双电源供电,即将引脚 11 接 $-V_{EE}$,引脚 6 接 $+V_{CC}$,电压的值为 ±5 ~ ±15 V,频率的可调范围为 0.001 Hz ~ 300 kHz,输出矩形波的占空比可调范围为 2% ~ 98%,上升时间为 180 ns,下降时间为 40 ns。输出三角波(斜坡波)的非线性小于 0.05%,输出正弦波的失真度小于 1%。ICL8038 函数发生器如图 7-3-2 所示。

② 常用接法

图 7-3-3 所示为 ICL8038 的引脚功能图，其中引脚 8 为频率调节（简称调频）电压输入端，电路的振荡频率与调频电压成正比。引脚 7 输出调频偏置电压，数值是引脚 7 与电源 $+V_{CC}$ 电压之差，它可作为引脚 8 的输入电压。

图 7-3-2　ICL8038 函数发生器

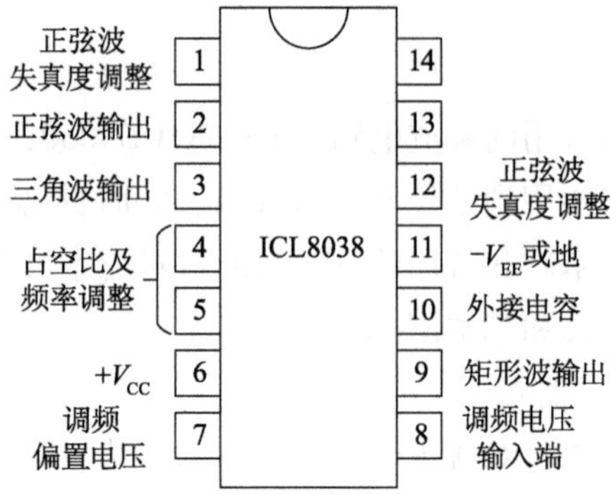

图 7-3-3　ICL8038 引脚功能图

如图 7-3-4 所示为 ICL8038 最常见的两种接法，矩形波输出端为集电极开路形式，需外接电阻 R_L 至 $+V_{CC}$。在图 7-3-4（a）所示的电路中，R_A 和 R_B 的数值可分别独立调整，在图 7-3-4（b）所示的电路中，通过改变电位器 R_w 滑动端的位置来调整 R_A 和 R_B 的数值。当 $R_A = R_B$ 时，矩形波的占空比为 50%，因而为方波；当 $R_A \neq R_B$ 时，矩形波不再是方波，引脚 2 的输出也不再是正弦波。

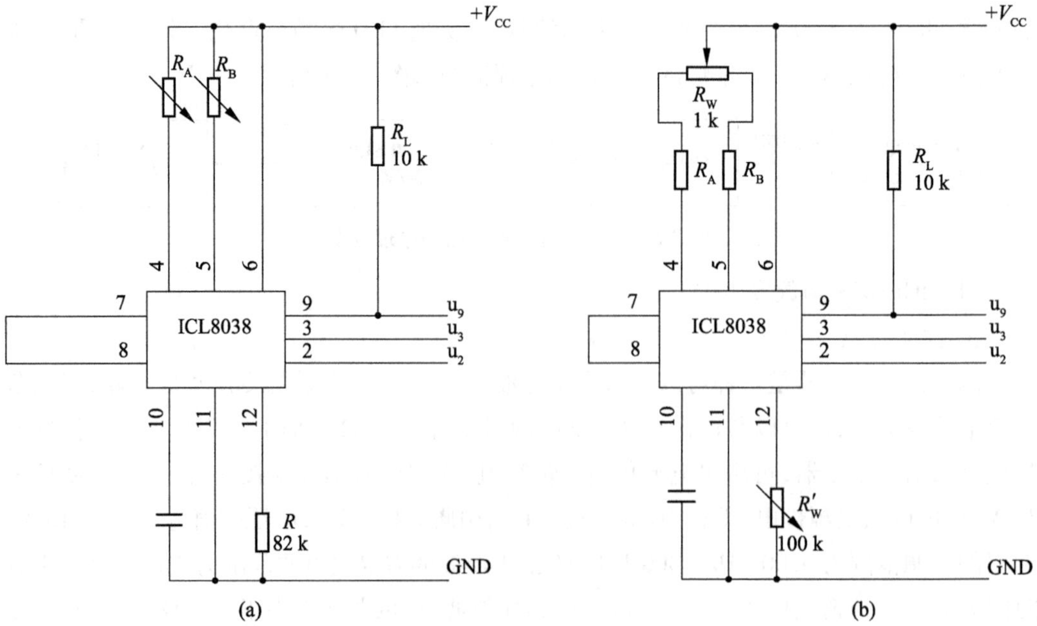

图 7-3-4　ICL8038 两种接法

（2）CD4060 分频器

CD4060 是 14 位二进制串行计数器或分频器，它有三个特点：① 内置振荡器；② 全静态操作；③ 有 14 级计数器，但只有 10 个输出端。图 7-3-5 所示为 CD4060 的引脚功能图，表 7-3-1 为 CD4060 的引脚定义，表 7-3-2 为 CD4060 时序表。

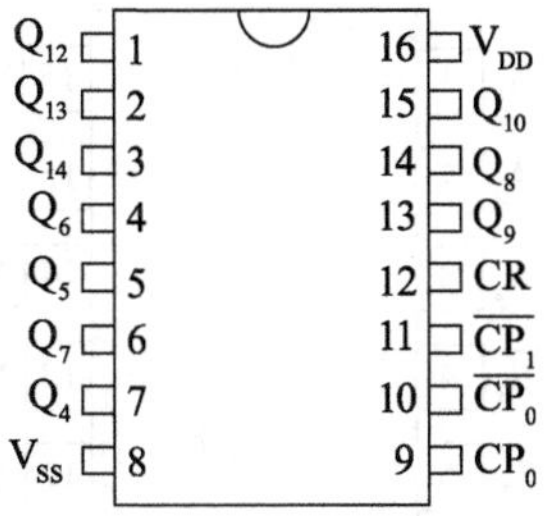

图 7-3-5　CD4060 引脚功能图

表 7-3-1　CD4060 引脚定义

引出脚号	1	2	3	4	5	6	7	8
功能	12 分频	13 分频	14 分频	6 分频	5 分频	7 分频	4 分频	地
引出脚号	9	10	11	12	13	14	15	16
功能	信号正向输出	信号反向输出	信号输入	复位信号输入	9 分频	8 分频	10 分频	电源

表 7-3-2　CD4060 时序表

$\overline{CP_1}$	$\overline{CP_0}$	CP_0	CR	功能
↓	↓	↑	0	计数
X	0	1	1	复位

CD4060 由两部分组成，一部分是 14 级分频器，由 $Q_4 \sim Q_{14}$（缺 Q_{11}）输出二进制分频信号；另一部分是振荡器，振荡器的结构可以是 RC 电路或晶振电路。因此，该集成电路可以直接实现振荡和分频的功能。

当 CR 为高电平时，处于复位状态，计数器清零且振荡器使用无效；当 CR 为低电平时，处于计数状态，在 CP_1（和 CP_0）的下降沿计数器以二进制进行计数。

在流水灯电路设计中，CD4060 是作为信号分频器工作的，该芯片有 10 个分频输出。如果函数发生器产生 1 kHz 的方波信号，那么通过 12，13，14 分频所得到的分频结果应该是 1 kHz/12≈83.3 Hz，1 kHz/13≈76.9 Hz，1 kHz/14≈71.4 Hz。在制作流水灯硬件电路的过程中，应通过电路仿真来验证设计的电路，最后确定在哪 9 个输出端能够得到较好的流水效果。

（3）74LS138 译码器

74LS138 为 3 线 ~ 8 线译码器，共有 54LS138 和 74LS138 两种线路结构形式。

74LS138 的工作原理：当一个选通端 S_1 为高电平，另外两个选通端 $\overline{S_2}$ 和 $\overline{S_3}$ 为低电平时，可将地址端（A_0，A_1，A_2）的二进制编码在一个对应的输出端以低电平译出；S_1，$\overline{S_2}$，$\overline{S_3}$ 作为该芯片的控制端，通常也称为使能选通端。74LS138 的引脚图如图 7-3-6 所示，其真值如表 7-3-3 所示。

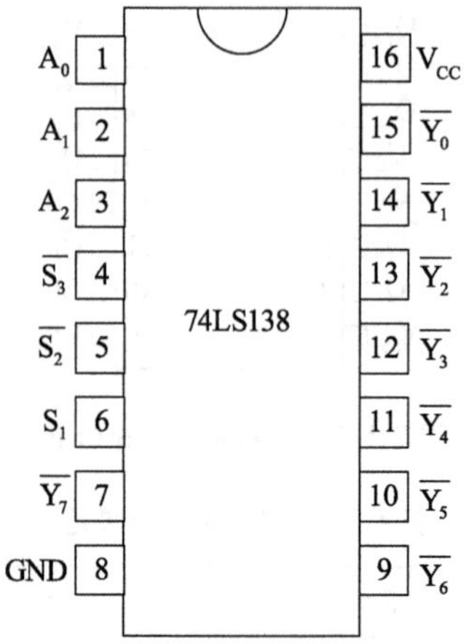

图 7-3-6　74LS138 引脚图

表 7-3-3　74LS138 真值表

输入						输出							
使能			选择										
S_1	$\overline{S_2}$	$\overline{S_3}$	A_2	A_1	A_0	Y_0	Y_1	Y_2	Y_3	Y_4	Y_5	Y_6	Y_7
×	H	×	×	×	×	H	H	H	H	H	H	H	H
×	×	H	×	×	×	H	H	H	H	H	H	H	H
L	×	×	×	×	×	H	H	H	H	H	H	H	H
H	L	L	L	L	L	L	H	H	H	H	H	H	H
H	L	L	L	L	H	H	L	H	H	H	H	H	H
H	L	L	L	H	L	H	H	L	H	H	H	H	H
H	L	L	L	H	H	H	H	H	L	H	H	H	H
H	L	L	H	L	L	H	H	H	H	L	H	H	H
H	L	L	H	L	H	H	H	H	H	H	L	H	H
H	L	L	H	H	L	H	H	H	H	H	H	L	H
H	L	L	H	H	H	H	H	H	H	H	H	H	L

通过真值表可以看出，74LS138 的 8 只输出引脚任何时刻要么全为高电平 1，芯片处于不工作状态，要么只有一个为低电平，其余 7 只输出引脚全为高电平 1。只有当 $S_1=1$ 为高电平，$\overline{S_2}+\overline{S_3}=0$，即 $\overline{S_2}$ 和 $\overline{S_3}$ 均为低电平时，该芯片才处于工作状态，否则，译码器被禁止，所有的输出端被封锁在高电平。

在该实践项目中，只要输入端 A_0，A_1，A_2 变化，输出端所接的 8 个 LED 灯就会跟随输出端高低电平的变化而变化,实现流水灯的效果。

3. 软件仿真

初步设计完成后,可通过软件进行仿真,验证设计的可行性。因为该电路由两个模块组成,所以可对函数信号发生器模块和流水灯模块分别进行仿真验证。在对流水灯模块进行验证时,直接使用软件里的信号发生器替代 ICL8038。

4. 流水灯硬件电路的焊接与调试

(1) 部件清单

流水灯电路所需的主要元件如表 7-3-4 所示,除集成块以外的其他元器件可根据设计需要自行选择。

表 7-3-4　流水灯电路所需主要元件

序号	名称
1	ICL8038
2	CD4060
3	74LS138
4	LED
5	电位器
6	电阻
7	电容

(2) 流水灯电路焊接

通过仿真对电路设计的可行性进行验证后,就可按照原理图进行焊接。在焊接过程中,通常使用万用板,万用电路板是一种按照标准 IC 间距(2.54 mm)布满焊盘、可根据自己的意愿插装元器件及连线的印制电路板。相比专业的 PCB,万用板有使用门槛低、成本低、使用方便、扩展灵活等优点。通常又将万用板称为洞洞板,如图 7-3-7 所示。

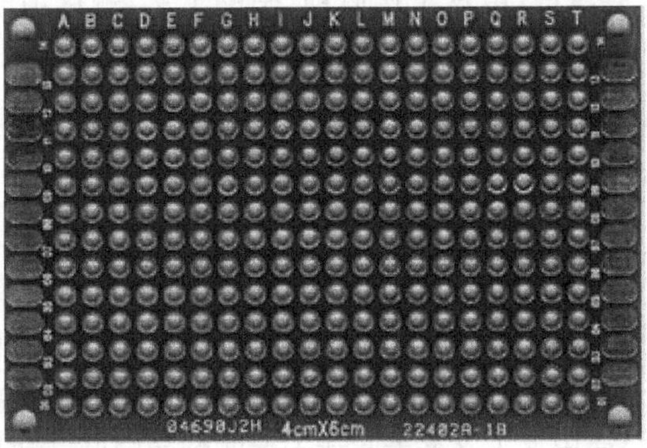

图 7-3-7　万用板

在焊接之前,应在纸上做好初步的布局,然后利用铅笔画到万用板的元件面上,将走线规划出来,以方便做到有序焊接。常见的万用板焊接方法有两种:一种是利用单芯导线进行飞线连接,飞线尽量做到水平和竖直走线,板面整洁清晰;另一种是走锡焊接,纯粹的走锡焊接难度较高,容易受到焊锡丝、个人焊接工艺等方面的影响。如果先拉一根铜丝,再随着细铜丝进行拖焊,则简单很多。飞线焊接和走锡焊接如图 7-3-8 所示。

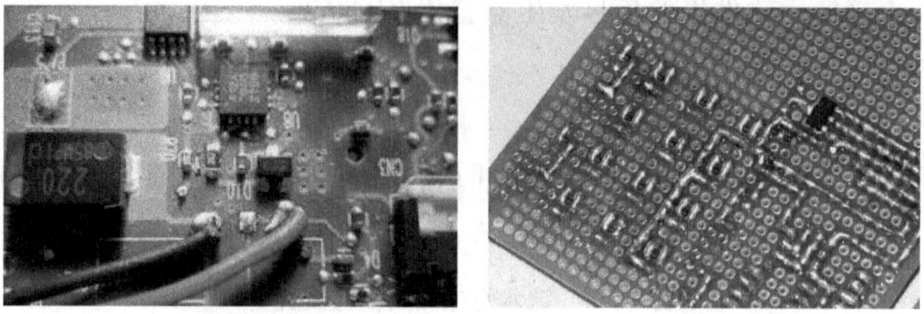

(a) 飞线焊接法　　(b) 走锡焊接法

图 7-3-8　飞线焊接和走锡焊接

根据先前设计好的原理图和布局好的焊接线路进行焊接,在电路较为复杂的情况下,最好选择分模块进行焊接,这样不仅方便调试,也方便故障检测。

(3) 流水灯电路调试

① 首先应对 ICL8038 函数信号发生器进行测试,将直流电源的正极接至 ICL8038 电源引脚端,另一端接地,ICL8038 的输出端接示波器,观察示波器的波形。通过检测,示波器应当显示为方波,并且可以通过调节可调电阻来改变输出频率和占空比。

② 对 CD4060 和 74LS138 组成的联合控制端进行测试,在测试过程中用函数信号发生器代替 ICL8038。给出一个固定的频率输入信号接入 CD4060 的输入端,然后用示波器分别测试 CD4060 的输出端,看分频是否正确,若示波器频率变化正确,说明 CD4060 正常工作。

③ 将各个模块用杜邦线正确连接,观察流水灯电路是否正常工作。

5. 实训报告

实训报告应包括主要指标、电路工作原理、装配工艺、测试说明、调试工艺和实训体会等。

7.4　有源音箱

有源音箱(Active Speaker)又称为主动式音箱。它通常是指带有功率放大器的音箱,如监听音箱、多媒体音箱、有源超低音箱,以及一些新型的家庭影院有源音箱等。有源音箱由于内置了功放电路,使用者不必考虑与放大器匹配的问题,同时也便于用较低电平的音频信号直接驱动。另外,由于在音箱内还装有在放大器前的电子分频器,以及每台功放仅负责放大一段频率的声频信号,所以放大器的效率往往可以做得高一些,失真也相对可以小一些。

1. 实训目的

(1) 通过对有源音箱的安装、焊接及调试,了解电子产品的生产制作过程。

(2) 掌握电子元器件的识别及质量检验方法。

(3) 深入了解音频功率放大器的工作原理,加深对电路工作原理的理解。

(4) 学会编制简单的电子产品工艺文件,能按照行业规程要求撰写实训报告。

(5) 训练动手能力,培养职业道德和职业技能,培养工程实践观念及严谨细致的科学作风。

2. 有源音箱的工作原理

本实验中的有源音箱是由集成电路 TDA2822 构成的双声道音频功率放大器,通过制作本产品,可深入了解音频功率放大器的工作原理,通过理论联系实际加深对电路工作原理的理解。

核心器件 TDA2822M 是双声道音频功率放大集成电路,通常在盒式放音机、收录机和有源音箱中作音频放大器使用。它是一种低电压、低功耗的立体声功率放大器,TDA2822M 在 1.8 ~ 12 V 电压范围内均可正常工作,其最高工作电压可达 15 V。TDA2822M 总共有 8 只引脚,在本实习件中使用的芯片采用 DP 封装形式。

(1) TDA2822 芯片特点

① 电源电压范围为 1.8 ~ 15 V,电源电压低至 1.8 V 时仍能正常工作。

② 静态电流小,交越失真小。

③ 外围元件少。

④ 开关机冲击噪声。

⑤ 适用于单声道桥式(BTL)或立体声线路两种工作状态。

⑥ 采用双列直插 8 脚塑料封装(DIP8)和贴片式封装(SOP8)。

(2) TDA2822 引脚定义

集成块 TDA2822 的引脚功能定义如表 7-4-1 所示。

表 7-4-1　集成块 TDA2822 的引脚功能定义

引出脚号	1	2	3	4
功能	左声道输出	电源	右声道输出	接地
引出脚号	5	6	7	8
功能	右声道负反馈	右声道输入	左声道输入	左声道负反馈

音频信号经 L－IN,R－IN 输入后经过一电位器(该电位器本质是一个可调电阻),改变电位器的电阻,就可以改变电压的大小,从而控制音响的音量。而后信号经过 C_1,C_2 电容耦合送入集成块进行音频功率放大,再由集成块 TDA2822 的 1,3 引脚输出,经 C_7,C_8 耦合送入扬声器。其工作原理如图 7-4-1 所示。

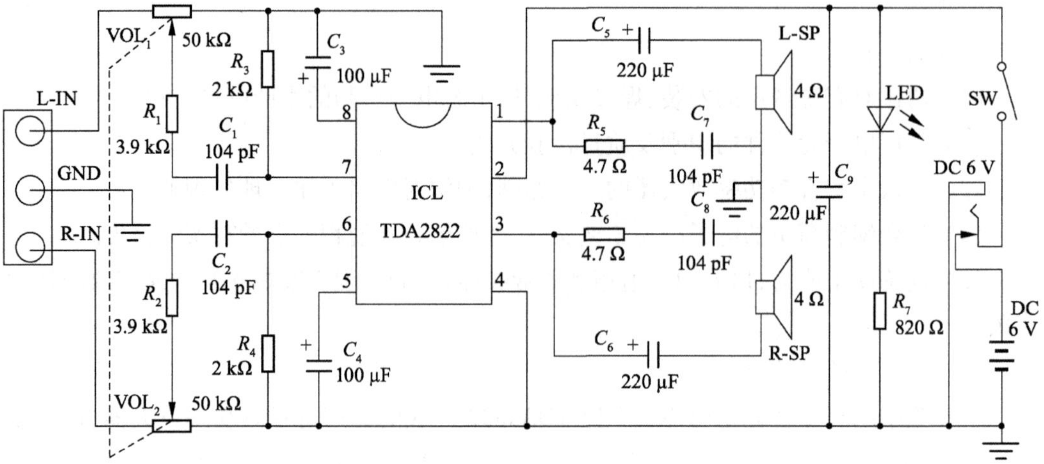

图 7-4-1　有源音箱工作原理图

各元件的作用如下：

R_1，R_2：消除可能出现的高频自激。

R_3，R_4：茹贝尔网络电阻，抵制高频自激，改善音质。

C_7，C_9：茹贝尔网络电容，抵制高频自激，改善音质，滤除信号中的直流成分。

R_5：二极管限流保护。

VOL：双声道音量电位器，调节左右声道音量大小。

C_2，C_4：左右声道输入端耦合电容，用来耦合来自外部的音频信号。

C_5，C_6：负反馈回路电容，隔直流，通交流。

C_8，C_{10}：功放输出端耦合电容，输出声道信号到扬声器。

C_{11}：整机电源滤波、退耦电容。

IC 集成电路 D2822：双声道 OTL 功放集成电路，可对左右声道音频信号的功率进行放大。

3. 整机装配工艺

(1) 部件清单

有源音箱所需元器件如表 7-4-2 所示。

表 7-4-2　有源音箱所需元器件清单

序号	名称	参数	用量	标号
1	线路板	ADS－228	1 块	
2	集成电路	D2822	1 块	ICL
3	发光二极管	3 mm(绿色)	1 只	D_1
4	电位器	B50K(双声道)	1 只	VRI
5	DC 插座		1 个	DC

续表

序号	名称	参数	用量	标号
6	开关	SK22D03VG2	1 个	S_1
7	电阻	3.9 kΩ	2 个	R_1, R_2
8	电阻	2 kΩ	2 个	R_3, R_4
9	电阻	4.7 Ω	2 个	R_5, R_6
10	电阻	820 Ω	1 个	R_7
11	瓷介电容	10^4 pF	3 个	C_1,C_2,C_8
12	电解电容	100 μF,220 μF	各 2 个	C_3,C_4,C_6,C_9
13	立体声插头		1 个	
14	喇叭	4 Ω/5 W	2 只	
15	电池片		1 套	
16	动作片		4 片	
17	排线	1 × 90 mm × 2P	2 根	SP + ,SP –
18	导线	1 × 60 mm	2 根	B + ,B –
19	螺丝	PA 2 × 6	10 颗	底壳等
20	螺丝	PA 2 × 8	12 颗	喇叭座

(2) 安装前检查

检查元器件的数量是否与清单相符,观察元器件的外观是否损坏,测试元器件的性能参数是否与表中给出的一致。

(3) 焊接与安装

① 注意事项

相比收音机的焊接,有源音箱的焊盘更为紧凑,焊接更为困难,稍不注意就会将两个相邻的焊点焊接在一起造成短路,通电后可能会损坏元器件,如果情况严重,还会将整块电路板烧坏。因此,在焊接时应注意以下几点:

a. 焊接电阻时,由于焊接距离较近,所以应当采用立式安装法。当焊接电阻引脚之间的距离小于电阻本身的长度时,一般采用立式安装法,如图 7-4-2 所示。

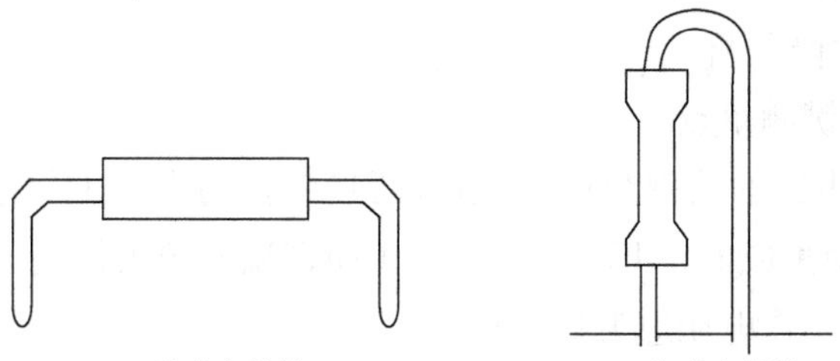

(a) 卧式安装法　　(b) 立式安装法

图 7-4-2　电阻安装方法

b. 焊接立体声插头时,注意区分音频线的三种颜色(金色、红色和绿色)。金色接地,绿色和红色分别为音频的左右输入,应当焊在正确的焊接位置。在焊接前,应当检查音频线的线头是否做过预焊处理,如果没有做预焊处理,则应当对其做预焊处理。

焊接音频线时,若音频线从元件面穿过,则在焊接面应当先焊接此线,再安装电位器;若音频线从焊接面穿过,则在焊接面焊接时就不必考虑该顺序。

c. 焊接集成块时,应当判断集成块的引脚顺序,集成块的缺口方向要与电路板上的缺口方向一致,核对无误后方可焊接。焊接完成后,用万用表检查线路有无短路或焊接不良,一定要确保焊接质量。

② 元件的焊接

a. 电阻的焊接。由于焊接距离近,应采用立式安装法。

b. 电位器的焊接。焊接在 3 s 内完成,外界环境温度在 270 ℃以下。

c. 瓷片电容的焊接。立式插装要求瓷片电容紧贴电路板。

d. 集成电路的焊接。在焊接集成电路时,注意元器件引脚顺序。

e. 发光二极管的焊接。因发光二极管起到指示作用,而音箱外壳留出的指示灯孔的位置在电路板的侧面,在安装发光二极管时,应注意将其引脚留出约 8 mm 的余量,直角弯制。

f. 音频线的焊接。在焊接音频线时,应注意音频线的不同颜色所对应的不同位置,红色和绿色是左右声道输出,金色是接地端。在焊接音频线之前,应用万用表测试音频线的好坏。

③ 音箱的组装

a. 安装扬声器。用烙铁烫压扬声器周围的塑料,将其固定在壳中,扬声器的导线从壳中穿出。

b. 安装金属弹片。

c. 安装电池极片。在安装电池极片前,应当给电池极片做预焊处理(即上锡)。

d. 将电池正负极的导线与焊片连接。

e. 将电路板固定在壳中。

f. 安装电源开关。电源的正负极不能接反。

g. 固定后盖。用四颗螺钉将后盖固定好。

4. 整机调试及故障分析

(1) 集成电路关键测量点

1,3 引脚为集成电路的关键测量点,当这两只引脚的直流工作电压等于直流电源工作电压的 1/2 时,说明集成电路 IC 工作正常。(如直流电源工作电压是 5 V,那么 1,3 引脚正常工作时的直流工作电压应为 2.5 V)

电路故障及状态:

① 1,3 引脚的直流工作电压有一个大于 2.5 V,说明集成电路 IC 已经损坏。

② 1,3 引脚的直流工作电压有一个低于 2.5 V,断开 C_8,C_{10}后电压还是低,说明集成电路已损坏,否则是断开的 C_8,C_{10}漏电。

(2) 音箱无声故障

① 音频线输入故障

音频线输入故障有两种原因:一是音频线本身故障,即音频线是坏的;二是音频线焊接不良,如果两边扬声器都没有声音,应首先检查金色的接地线是否未焊好。

② 检查电源电压是否正常

电子产品出现故障的原因有很多,任何一个焊点或元器件问题都有可能导致产品的故障。若要快速找出故障的原因,首先必须掌握该产品的电路原理,了解各个元器件在电路中的作用,认真分析产生故障的原因,然后再逐步排查,并按照下列原则进行检修。

a. 由外到内。检查音箱时,先看电路板的外观,观察是否有漏焊,是否有焊盘脱落,是否将两个相邻的焊点焊接到一起,初步分析故障可能的原因,然后再用仪表测试,检查电路和元器件。

b. 由易到难。先从容易的地方着手,如检查电源线是否焊好,开关是否没打开,音频线触点是否有故障,元件的引脚是否过长导致碰到其他元件造成短路等。

c. 由粗到细。首先要粗略地判断,然后逐步缩小范围,最后找出故障点。

5. 实训报告

实训报告应包括主要指标、电路工作原理、装配工艺、测试说明、调试工艺和实训体会等。

7.5 数字定时器

在数字系统中,为了使各部分在时间上协调动作,需要有一个统一的时间基准,用来产生时间基准信号的电路称为时基电路。555 集成定时器就是其中的一种,它是由模拟电路与数字电路组合而成的多功能、中规模集成组件,只要配备少量的外部器件,便可很方便地组成触发器、振荡器等多种功能电路,因此它发展迅速并得到广泛应用。

本设计要求如下:

① 计时显示范围要求自 00 时 00 分 00 秒开始到 23 时 59 分 59 秒截止。

② 具有校时功能,可对小时、分、秒分别进行校准。

③ 要求预选时刻到达时被控对象连续响 10 秒,蜂鸣器在 10 秒内断续鸣叫 5 次,即响 1 秒停 1 秒。

1. 实训目的

(1) 掌握电子技术基础知识,提高具体电路设计能力。

（2）熟练掌握EDA仿真的使用方法。

（3）增强实践能力，在遇到问题后能寻找问题产生的原因，提升解决问题的能力。

2. 工作原理

数字定时器由振荡电路、分频电路、计时电路、数码管显示电路、校时电路和闹钟电路组成。首先由振荡电路产生2 Hz的方波信号，经分频器产生1 Hz和0.5 Hz的信号。其中，计时电路用1 Hz的信号，闹钟电路用0.5 Hz的信号，校时电路用2 Hz与1 Hz的信号。计时电路使用的是6片CD4518和5片CD4028，分秒计数器为60进制，小时计数器为24进制，CD4028输出进位脉冲给下一位的CP端，当计数器满24小时，输出清零信号给各计数器完成清零，重新计数。校时电路由CD4015与一些门电路组成，闹钟电路由门电路和蜂鸣器组成。

（1）振荡电路

振荡电路可用555定时器与RC振荡电路来实现，如图7-5-1所示。V_o管脚输出的信号即为2 Hz的方波信号。

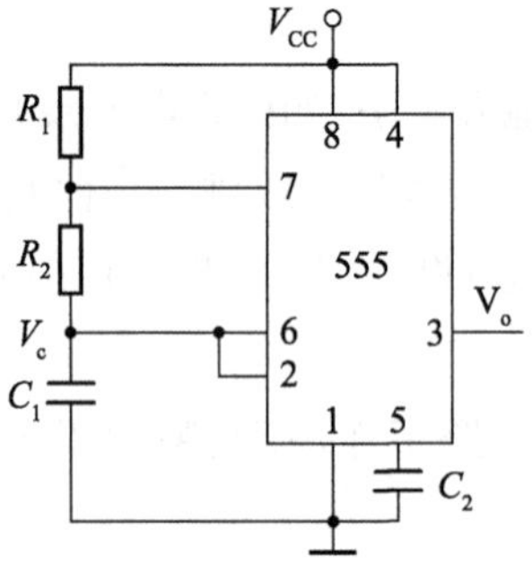

图7-5-1 555定时器RC振荡电路

（2）分频电路

因为需要用到1 Hz与0.5 Hz的方波信号，所以把74LS160设计成分频器，把振荡电路产生的2 Hz的信号接到CLK管脚，则其QA端输出的信号为1 Hz方波信号，QB端输出的信号为0.5 Hz方波信号，如图7-5-2所示。

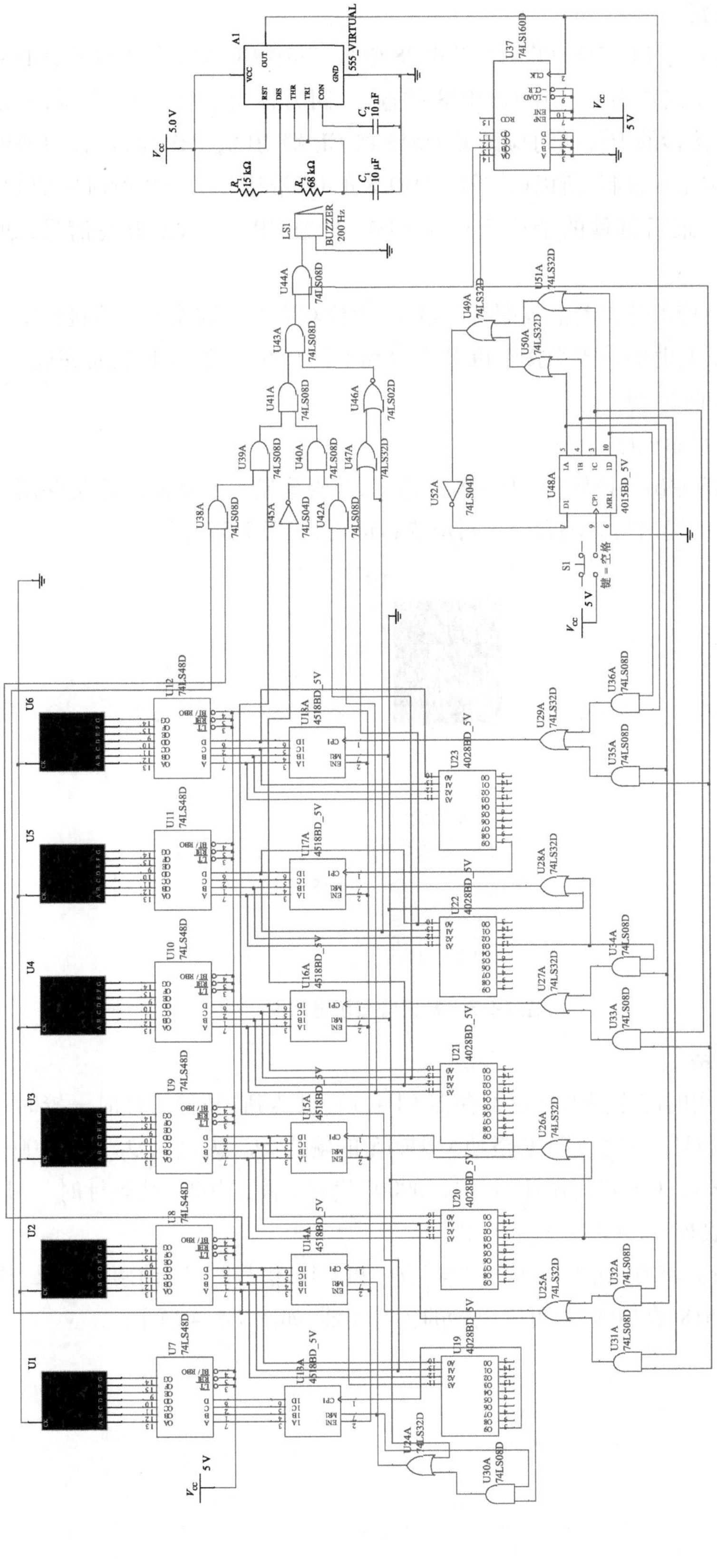

图 7-5-2　数字定时器总电路图

（3）计时电路

计时电路由 6 片 CD4518 和 5 片 CD4028 组成，其中 CD4518 负责计数，CD4028 负责进位。秒的个位输出作为第一片 CD4028 的输入，因为秒的个位是 10 进制，所以第一片 CD4028 的 00 端接秒的十位所对应的 CD4518 的 CP 端，其输出作为第二片 CD4028 的输入，因为秒的十位是 6 进制，所以第二片 CD4028 的 06 端接分的个位所对应的 CD4518 的 CP 端，以此类推，最后将秒的个位所对应 CD4518 的 CP 接 1 Hz 方波信号，如图 7-5-2 所示。

分、秒个位对应的计数器清零端接低电平，十位对应的计数器清零端接低电平和前一位进位信号的或门，时的清零端接十位 B 端口和个位 C 端口的与门，从而完成分、秒的 60 进位后清零及时的 24 清零。

（4）数码管显示电路

将 CD4518 的输出接译码器 74LS48 的输入，数码管显示电路使用的是共阴极七段数码管，将 74LS48 的输出与数码管一一对应连接即可，如图 7-5-3 所示。

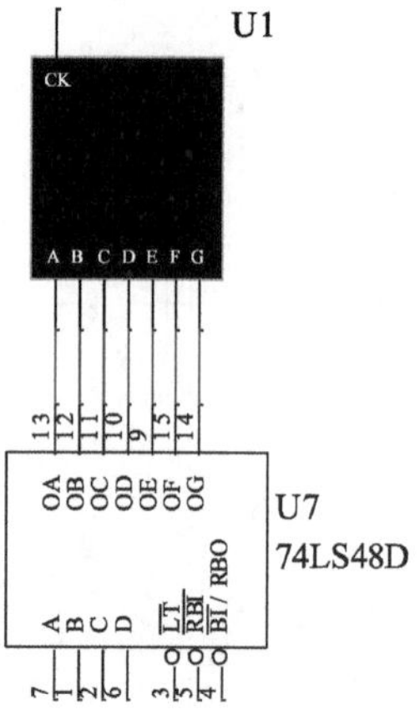

图 7-5-3　数码管显示电路图

（5）校时电路

校时电路使用的芯片多为移位寄存器 CD4015，以达到“暂停—计时—校时—校分—校秒—暂停”的循环，即通过门电路使 CD4015 的输出 Q_0，Q_1，Q_2，Q_3 在“0000—1000—0100—0010—0001—0000”间循环，其中，“0000”代表暂停，“1000”代表计时，“0100”代表校时，“0010”代表校分，“0001”代表校秒。

① 校秒部分。将 Q_3 和 2 Hz 信号“与”，Q_0 和 1 Hz 信号“与”，前两项结果“或”，接秒个位对应的 CD4518 的 CP 端即可完成秒的校时功能，如图 7-5-4 所示。

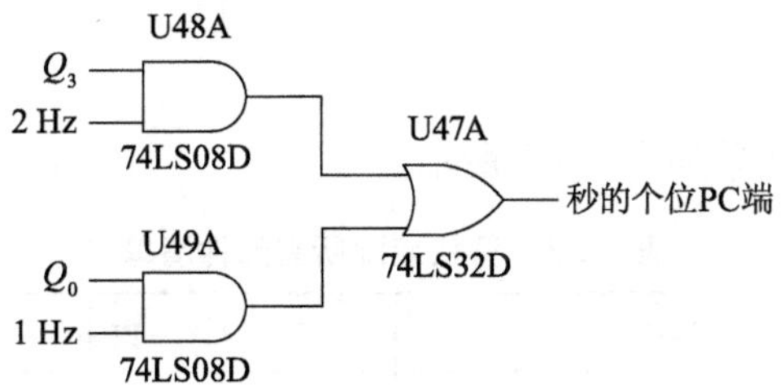

图 7-5-4　秒校时电路

② 校分部分。将 Q_2 和 2 Hz 信号"与"，Q_0 和秒的十位进位信号"与"，前两项结果"或"，接分个位对应的 CD4518 的 CP 端即可完成分的校时功能，如图 7-5-5 所示。

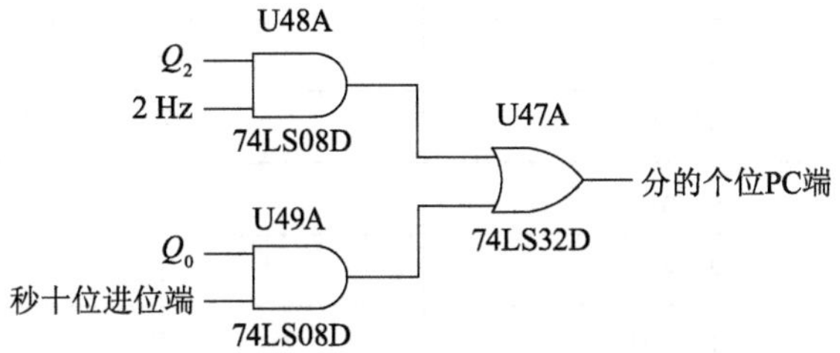

图 7-5-5　分校时电路

③ 校时部分。将 Q_1 和 2 Hz 信号"与"，Q_0 和分的十位进位信号"与"，前两项的结果"或"，接时个位对应的 CD4518 的 CP 端即可完成时的校时功能，如图 7-5-6 所示。

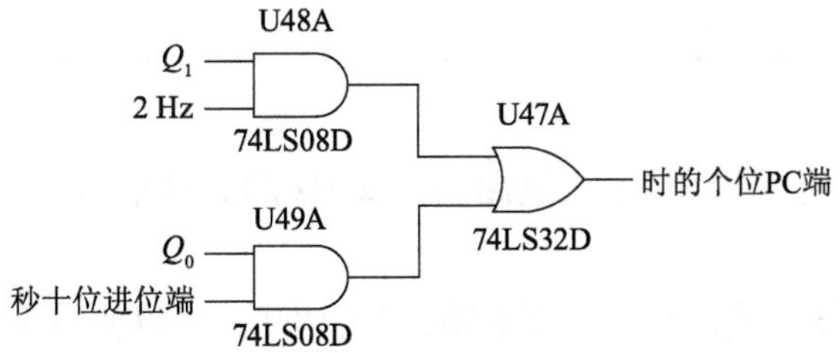

图 7-5-6　时校时电路

（6）闹钟电路

预定时间假设为 7 点 05 分，到达此时间后，蜂鸣器在 10 秒内响停 5 次，因此需要一个 0.5 Hz 的方波信号和译码信号"与"后传递给蜂鸣器。将时的个位的 ABC 端口接与门，即 0111 = 7 点时输出高电平，将分的个位的 AC 端口接与门，其输出和 B 端口的"非"再接与门，即 0101 = 5 分时输出高电平，将秒的十位的 AB 端口接或门，其输出和 C 端口接或非门，即 0X 秒时输出高电平，而 10 秒后输出低电平，最后将之前所有的输出接与门并和 0.5 Hz 信号"与"后接蜂鸣器，这样就实现了 7 点 05 分时蜂鸣器响 10 秒，并且达到响 1 秒停 1 秒的效果。

3. 整机装配工艺

(1) 部件清单

整机装配所需部件清单如表7-5-1所示。

表7-5-1 整机装配所需部件清单

名称	数量
CD4518	3
CD4028	5
CD4015	1
74LS160	1
74LS32	5
74LS08	6
74LS04	1
74LS02	1
CD4060	1
32 768 Hz 晶振	1
20 MΩ 电阻	1
20 pF 电容	2
导线	若干

(2) 总电路图

由右上角的555定时器RC振荡电路给出2 Hz的方波信号,经分频器产生1 Hz和0.5 Hz信号。

右下角为CD4015搭建的状态循环电路,即按动开关可以使数字定时器进行“计时—校时—校分—校秒—暂停—计时”的循环,并且因为有与门锁存进位部分,校时时不会产生进位,只有计时时才有进位。

左上6片CD4518、5片CD4028及6片数码管构成计时电路和显示电路,时、分、秒的个位CP端由校时部分提供,十位CP端由个位进位信号提供,从而构成满足要求的计时电路。

计时电路右侧的逻辑门电路部分为闹钟电路,通过对时的个位、分的个位、秒的十位各个输出端口进行逻辑门控制,完成7点05分蜂鸣器响停5次(共10秒)的要求。

4. 整机调试工艺

(1) 上电前调试

可能出现的问题:部分电路焊盘虚焊或电路短路。

解决办法:根据原电路图,用万用表检测电路板,找出并解决出现的问题,特别是电路的正负极问题。

（2）上电测试

① 可能出现的问题：数码管不亮或数码管的显示不正确。

解决办法：重新观察数码管显示模块的连线；检查是否虚焊。

② 可能出现的问题：LED 不亮。

解决办法：检查数值比较器芯片是否损坏；检查数值比较器的连线与焊接是否正确。

5. 实训报告

实训报告应包括主要指标、电路工作原理、装配工艺、测试说明、调试工艺和实训体会等。

7.6 八路数字抢答器

抢答器是通过设计电路准确判断出抢答者座位号的电器。例如，在知识竞赛、文体娱乐活动（抢答赛）中，能准确、公正、直观地判断出抢答者的座位号，以更好地促进各个团体的竞争意识，让选手们体验到战场般的压力感。

1. 设计的任务与要求

一个可供八个人抢答的多路抢答器，可以显示优先抢答者的序号，并同时有灯光提示，当一次抢答完毕后，可由主持人按复位键重新开始下一次抢答。

① 抢答器可同时供 8 名选手或 8 组选手比赛，他们的编号分别是 0，1，2，3，4，5，6，7；

② 设置一个系统清零和抢答器控制开关，该开关由主持人控制；

③ 抢答器具有锁存和显示功能，即当选手按动按钮，抢答器锁存相应的编号，并在 LED 数码管上显示；

④ 设置指示灯，有人抢答时则灯亮。

2. 工作原理

（1）总体方框图

如图 7-6-1 所示为数字抢答器工作原理总体框图：接通电源后，主持人将开关拨到“清零”状态，抢答器处于禁止状态，编号显示器显示“0”；主持人将开关置于“开始”状态，宣布“开始”抢答；选手开始抢答直到抢答完成（优先判断、编号锁存、编号显示）。一轮抢答完成之后，禁止二次抢答，如果需再次抢答，必须由主持人再次操作“清除”和“开始”状态开关。

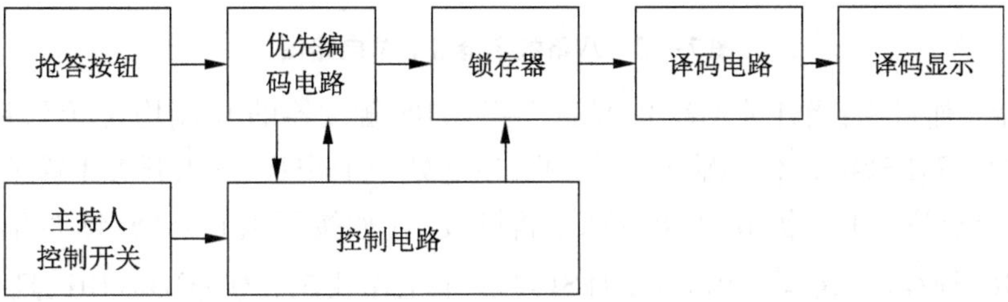

图 7-6-1　数字抢答器总体工作框图

(2) 设计思路

抢答器的根本任务是准确判断出第一个抢答者并将其锁存。为实现这一功能可选择触发器或锁存器等,在得到第一信号之后立即将电路的输入封锁,即让其他组的抢答信号无效。同时还须注意,第一个抢答信号应该在主持人发出"抢答"命令之后输入才有效。

当电路形成第一抢答信号之后,用编码、译码电路及数码显示电路显示出抢答者的组别,同时该组的指示灯点亮。

(3) 总电路图

八路数字抢答器总电路如图 7-6-2 所示。该电路能实现三项功能:一是分辨出选手按键的先后并锁存优先抢答者的编号,译码显示电路显示该编号;二是在锁存优先抢答者编号后禁止其他选手操作,使其按键无效;三是使抢答者的指示灯点亮。

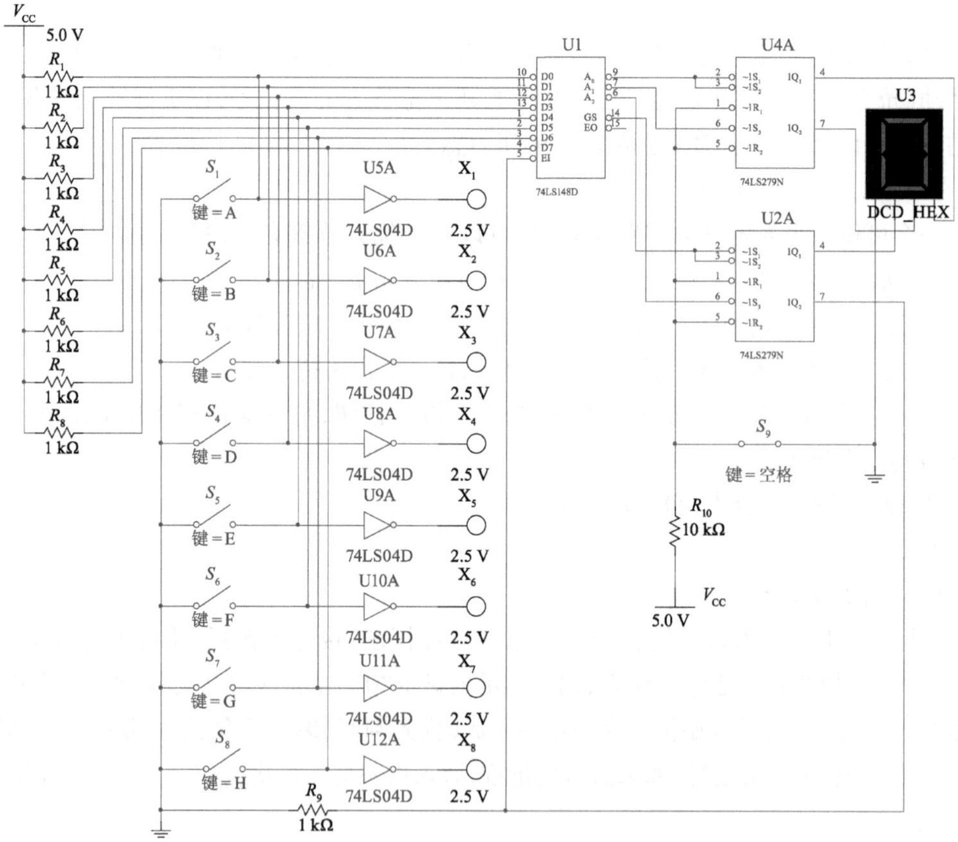

图 7-6-2　八路数字抢答器总电路图

抢答器工作过程:当开关 J 置于"清除"端时,RS 触发器的 $\overline{R}$ 端均为"0",4 个触发器输出均置"0",74LS148 的使能输入端为"0",使之处于工作状态;当开关 J 置于"开始"端时,抢答器处于等待工作状态,如果有选手将键按下(如按下 J_3),74LS148 的输出 $\overline{Y_2}$, $\overline{Y_1}$, $\overline{Y_0}$, $\overline{Y_{EX}}$ 经 RS 锁存后, 2Q = 1, $\overline{BI}$ = 1, 74LS148 处于工作状态, 5Q4Q3Q = 101, 且 1Q = 0, 经译码显示为"2",而 J_3 闭合, X_3 的指示灯会点亮。此外 2Q = 1,使 74LS148 的使能输入端

为“1”，处于禁止状态，封锁其他按键的输入。当按键按下时，74LS148 的 $\overline{Y}_{EX}=1$，此时由于仍有 $2Q=1$，使能输入端为“1”，所以 74LS148 仍处于禁止状态，确保不会出现二次按键时的输入信号，保证了抢答者的优先性。如有再次抢答，需由主持人将 J_9 开关重新置于“清除”，然后再进行下一轮抢答。

(4) 性能指标测量及记录

当主持人将开关 J_9 闭合再打开时显示器显示“清零”，此时仿真电路处于开始抢答状态。当参赛者闭合 J_8 时显示器显示“7”，此时其他选手无论是否抢答，显示数字已被锁存不会再改变，需要主持人按下“清零”开关再按“开始”才能进行下一轮抢答。

(5) 硬件操作

在硬件操作实验中可适当地简化电路，验证实验设计的准确性，以实现清零、抢答及亮灯显示等功能。

3. 整机装配工艺

本实验使用的主要器件如表 7-6-1 所示。

表 7-6-1　实验用器件表

器件名称	数量
集成电路 74LS148	1
RS 触发器 74LS279	2
非门 74LS04	8
七段数码显像管	1
电阻 1.0 kΩ	9
电阻 10.0 kΩ	1
开关	9
指示灯	8

主要器件说明：

(1) 74LS148

① 74LS148 逻辑符号如图 7-6-3 所示。

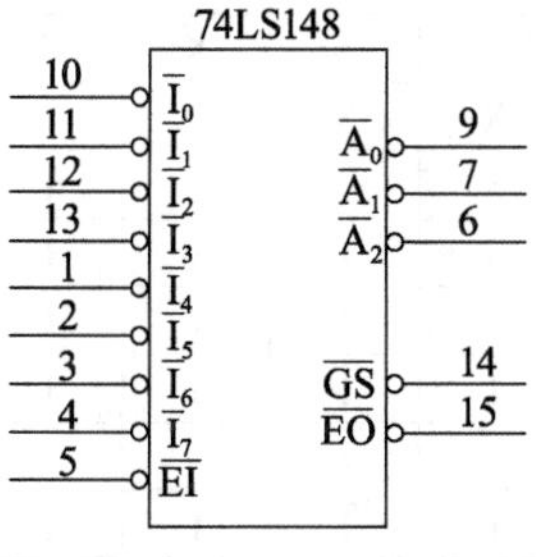

图 7-6-3　74LS148 逻辑符号

② 74LS148 内部原理图如图 7-6-4 所示。

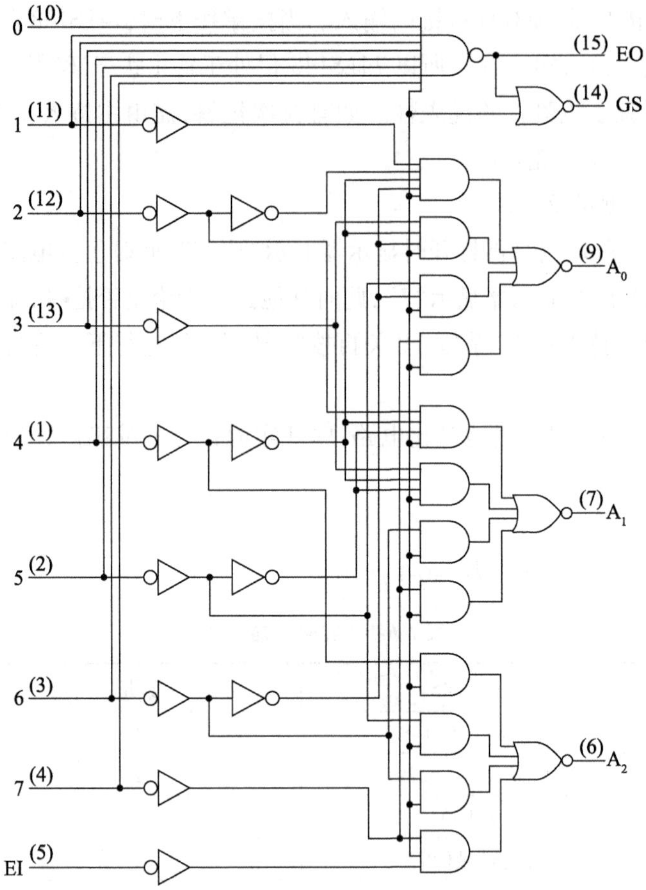

图 7-6-4　74LS148 内部原理图

③ 74LS148 逻辑功能表如表 7-6-2 所示。

表 7-6-2　74LS148 逻辑功能表

输入									输出				
EI	0	1	2	3	4	5	6	7	A_2	A_1	A_0	GS	EO
1	X	X	X	X	X	X	X	X	1	1	1	1	1
0	1	1	1	1	1	1	1	1	1	1	1	1	0
0	X	X	X	X	X	X	X	0	0	0	0	0	1
0	X	X	X	X	X	X	0	1	0	0	1	0	1
0	X	X	X	X	X	0	1	1	0	1	0	0	1
0	X	X	X	X	0	1	1	1	0	1	1	0	1
0	X	X	X	0	1	1	1	1	1	0	0	0	1
0	X	X	0	1	1	1	1	1	1	0	1	0	1
0	X	0	1	1	1	1	1	1	1	1	0	0	1
0	0	1	1	1	1	1	1	1	1	1	1	0	1

逻辑功能说明：

当 EI 输入高电平时，输出全为高电平；当 EI 输入低电平时，对最大输入数字优先进行编码，输出信号为低电平有效的 3 位二进制编码。

（2）74LS279

① 74LS279 逻辑符号如图 7-6-5 所示。

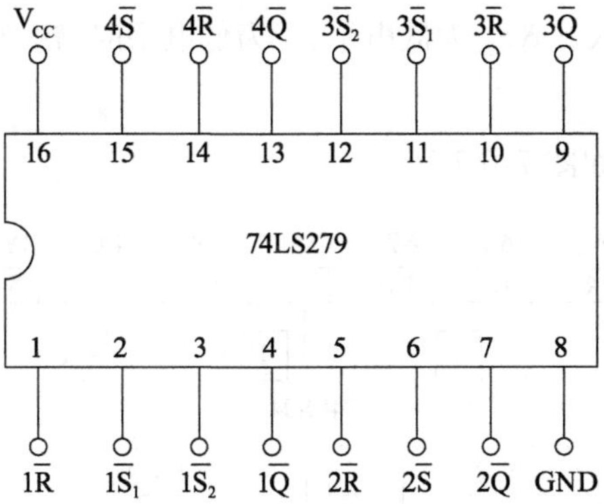

图 7-6-5　74LS279 逻辑符号

② 74LS279 内部原理图如图 7-6-6 所示。

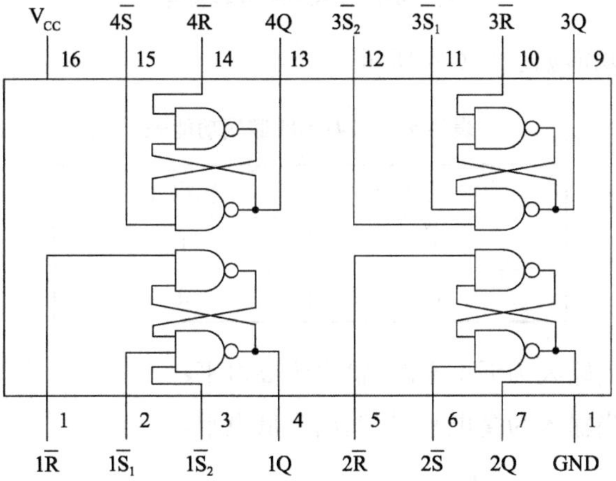

图 7-6-6　74LS279 内部原理图

③ 74LS279 逻辑功能表如表 7-6-3 所示。

表 7-6-3　74LS279 逻辑功能表

输入		输出
$S_1\&S_2$	R	Q
1	1	Q
0	1	1
1	0	0
0	0	X

逻辑功能说明：当输入 $S_1\&S_2$ 为高电平，R 为高电平时，输出为 Q，有保持的功能；

当输入 $S_1\&S_2$ 为低电平，R 为高电平时，输出为高电平，有置“1”的功能；

当输入 S_1&S_2 为高电平，R 为低电平时，输出为低电平，有置“0”的功能；

当输入 S_1&S_2 为低电平，R 为低电平时，输出为不存在，即不允许。

（3）74LS04

① 74LS04 逻辑符号如图 7-6-7 所示。

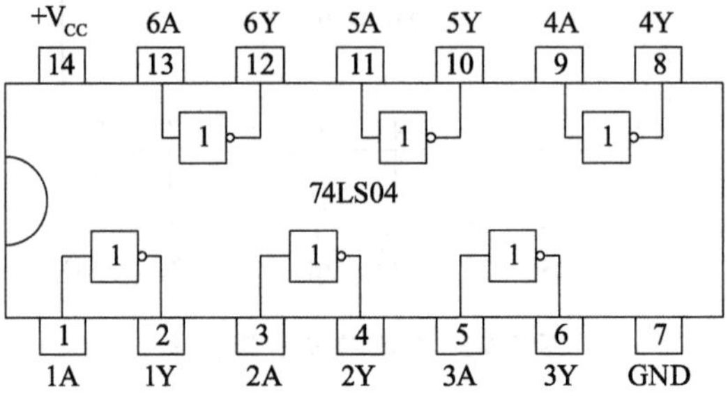

图 7-6-7　74LS04 逻辑符号

② 74LS04 逻辑功能如表 7-6-4 所示。

表 7-6-4　74LS04 逻辑功能表

输入 A	输出 Y
0	1
1	0

逻辑功能说明：当输入为低电平时，输出为高电平；

当输入为高电平时，输出为低电平。

4. 整机调试工艺

（1）开关阵列电路

该电路由多路开关组成，供抢答者使用，每一抢答者与一个开关相对应（开关 J_1 ~ J_8 的代号分别是 0，1，2，…6，7，即抢答者的组号，便于主持人看到显示器上的数字后能准确宣布谁是优先抢答者）。开关应为常开型，按下开关，则开关闭合；松开开关，则开关自动弹出断开。

（2）触发锁存电路

触发锁存电路如图 7-6-8 所示，当某一开关被按下时，触发锁存电路被触发，在输出端产生相应的开关电平信号，同时，为了防止其他开关随后触发而产生紊乱，让最先产生的输出电平返回并将触发锁存器的电路锁定。若有多个开关同时按下，则在它们之间存在着随机竞争的问题，结果只能是它们中的任一个产生有效输出，仍然能达到优先判断的效果。

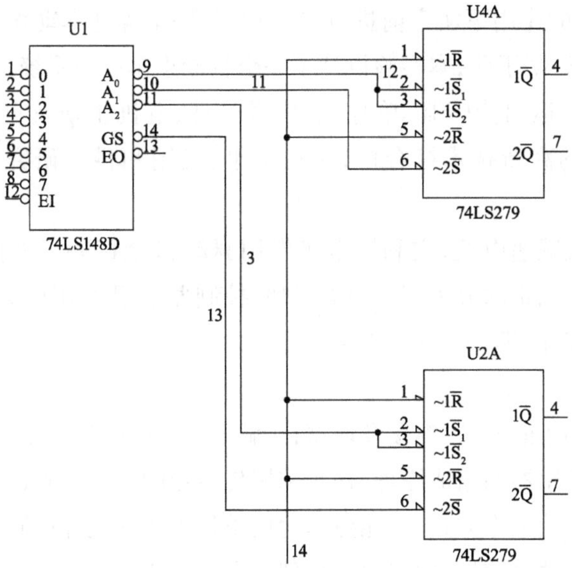

图 7-6-8　触发锁存电路

(3) 数码显示器电路

数码管通常有发光二极管(LED)数码管和液晶(LCD)数码管。LED 数码管是目前最常用的数字显示器,它分为共阴管和共阳管。一个 LED 数码管可显示一位 0 ~ 9 的十进制数和一个小数点。小型数码管(0.5 寸和 0.36 寸)每段发光二极管的正向压降随着显示光(通常为红、绿、黄、橙色)颜色的不同而略有差别,通常为 2 ~ 2.5 V,每个发光二极管的点亮电流为 5 ~ 10 mA。LED 数码管若要显示 BCD 码所表示的十进制数字就需要有一个专门的译码器,该译码器不但要完成译码任务,还要有相当的驱动能力。

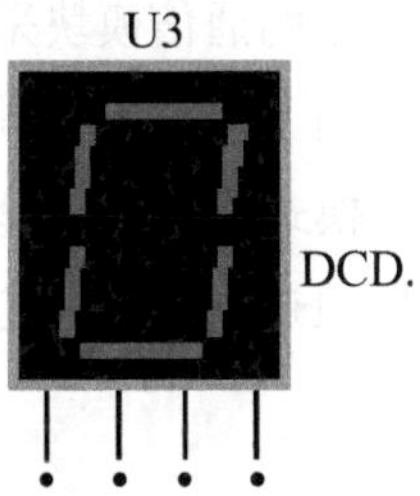

图 7-6-9　LED 数码管电路

本设计提供的 LED 数码管,其电路如图 7-6-9 所示,它显示最先抢答者的相应代号,方便主持人宣布最先抢答者。

(4) 指示灯电路

该部分电路由 8 个非门和 8 个指示灯组成。当开关闭合时,输入为低电平,通过非门后变成高电平,则灯点亮。

5. 实训报告

实训报告应包括主要指标、电路工作原理、装配工艺、测试说明、调试工艺、实训体会等。

7.7　基于单片机的智能小车

当前市面常见的电动小汽车采用的是基于纯硬件电路的一种开环控制方法,它们或直线行驶，或在遥控的作用下实现前进、后退、转弯、停车等基本动作，但是仍不能满足某些特殊场合下的要求，基于此，本实验设计了一个智能小车控制系统。

智能小车是一个运用传感器、单片机、信号处理、电机驱动及自动控制等技术实现环境感和自动行驶的高新技术综合体，它在军事、民用和科学研究等方面已获得广泛应用。

本设计采用直流减速电机，它利用电机专用驱动芯片 L298N 进行电机驱动控制，主控芯片为 STC89C51，测距部分采用超声波模块，控制器采用 NRF24L01 无线电通信模块，自动避障部分采用红外 STC89C51 RC 收发模块。

1. 实训目的

（1）通过智能小车的安装、焊接及调试，了解电子产品的生产制作过程。

（2）了解简单传感器的组成原理，初步掌握传感器的调整及测试方法。

（3）理解单片机的工作方式，并能熟练运用单片机实现硬件控制。

（4）巩固已学的理论知识，构建单片机理论和实践的结合。

（5）了解传感器各单元电路之间的关系及相互影响。

（6）提高动手能力和排除故障的能力。

2. 方案论证

（1）小车遥控部分

小车的通信模块采用 NRF24L01 模块，NRF24L01 是一款工作在 2.4 GHz ~ 2.5 GHz 世界通用 ISM 频段的单片无线收发器芯片。无线收发器包括频率发生器、增强型 Schock-Burst™模式控制器、功率放大器、晶体振荡器、调制器和解调器。输出功率、频道选择和协议可以通过 SPI 接口进行设置。如图 7-7-1 所示为 NRF24L01 无线模块实物图。

图 7-7-1　NRF24L01 无线模块实物图

（2）小车驱动部分

方案一：小车的电机驱动部分采用自己搭建的 9012 三极管电路来实现，9012 三极管电路具有电路简单，操作方便等特点。

方案二：小车的电机驱动部分采用 L298N 芯片直流电机驱动模块，该模块具有较大的驱动带载能力，驱动部分端子供电范围为 +5 ~ +35 V，并且另外自带了 5 V，3 V 的输出端口。

方案论证:本设计为 4 轮驱动小车,对于小车驱动部分的要求是能够有较大的带载能力,并且在小车的实际设计过程中,需要提供不同的输出电压给小车的各个模块,因此采用方案二,即小车的电机驱动部分使用 L298N 芯片直流电机驱动模块。

3. 系统硬件构成

(1) 系统设计原理

本设计主要分为两部分:遥控部分和小车部分。遥控部分主要由电源电路、STC 单片机最小系统及无线电模块组成。遥控部分的系统框图如图 7-7-2 所示。

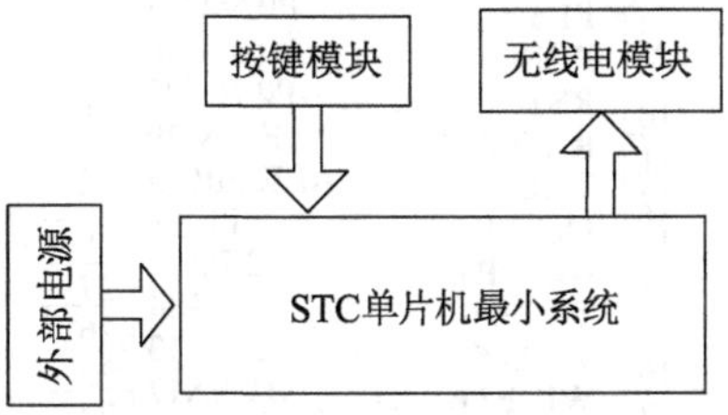

图 7-7-2　遥控部分的系统框图

小车部分由电源电路、STC 单片机最小系统、显示电路、无线电模块、报警电路、超声波电路等组成。小车部分的系统框图如图 7-7-3 所示。

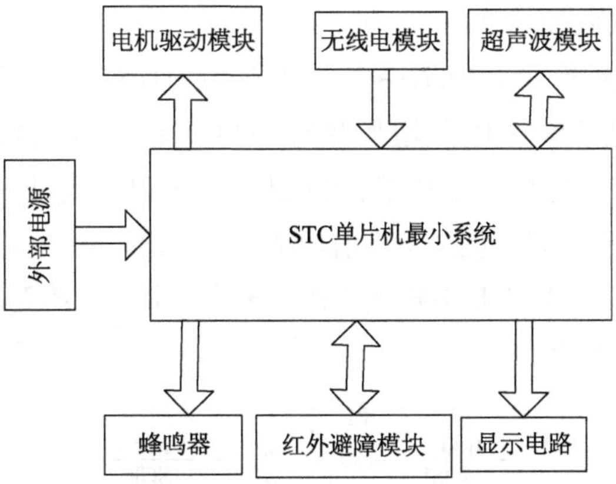

图 7-7-3　小车部分的系统框图

(2) 主要元器件简介

① STC89C51 RC 单片机

常用的单片机有很多种类,如 Intel 8051 系列、Motorola 和 M68HC 系列、Atmel 的 AT89 系列、台湾华邦(Winbond)的 W78 系列、荷兰 Philips 的 PCF80C51 系列、Microchip 公司的系列 4 位单片机、台湾义隆的 EM - 78 系列等。本次设计选用 STC89C51 RC 单片机。

本系统采用的 STC89C51 RC 单片机是一种带 4K 字节闪烁可编程可擦除只读存储器(FPEROM—Flash Programmable and Erasable Read Only Memory),也是一种具有低电压、

高性能的 CMOS 8 位微处理器。该器件采用了高密度非易失存储器制造技术，与工业标准的 MCS－51 指令集和输出管脚相兼容。由于它将多功能 8 位 CPU 和闪烁存储器组合在单个芯片中，所以 STC89C51 RC 是一种高效微控制器，它为很多嵌入式系统提供了一种灵活性高且价廉的方案。它的引脚排列如图 7-7-4 所示。

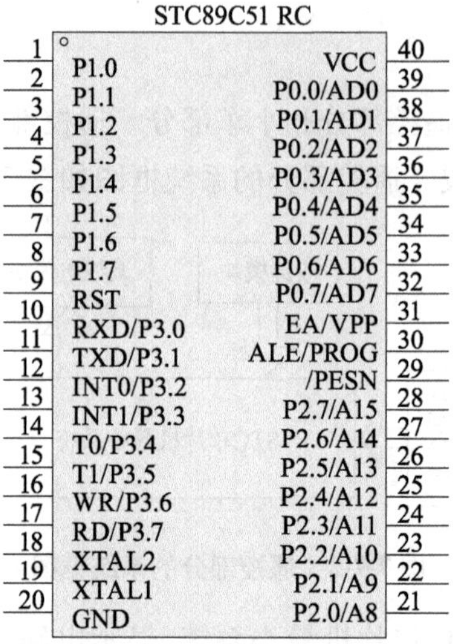

图 7-7-4　STC89C51 RC 单片机引脚排列

② NRF24L01 无线收发芯片

NRF24L01 是一款工作在 2.4 GHz～2.5 GHz 世界通用 ISM 频段的单片无线收发器芯片。该无线收发器包括频率发生器、增强型 SchockBurst™ 模式控制器、功率放大器、晶体振荡器、调制器和解调器，它的输出功率、频道选择及协议可通过 SPI 接口进行设置。它的电流消耗极低，当工作在发射模式下发射功率为 －6 dBm 时，电流消耗为 9 mA，在接收模式时电流消耗为 12.3 mA，在掉电模式或待机模式下电流消耗更低。NRF24L01 无线模块的引脚排列如图 7-7-5 所示。

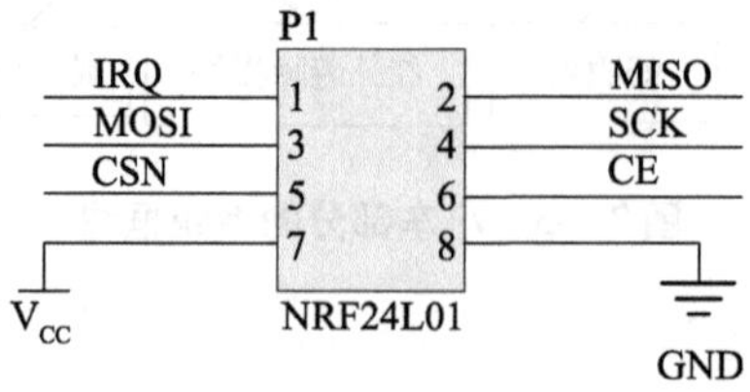

图 7-7-5　NRF24L01 无线模块引脚排列

③ L298N 芯片直流电机驱动模块

该模块以 L298N 作为“双 H 桥”直流电机驱动芯片，驱动部分端子供电范围 V_s 为 ＋5～＋35 V。如果从模块上取电压供电，则模块的供电范围 V_s 为 ＋7～＋35 V，模块的驱动峰值电流为 2 A，其他相关参数如表 7-7-1 所示。

表 7-7-1　L298N 芯片直流电机驱动模块产品参数

参数	指标
逻辑部分端子供电范围 V_{ss}	+5 ~ +7 V(可板内取电 +5 V)
逻辑部分工作电流范围	0 ~ 36 mA
控制信号输入电压范围	低电平: −0.3 V ≤ V_{in} ≤ 1.5 V 高电平: 2.3 V ≤ V_{in} ≤ V_{ss}
使能信号输入电压范围	低电平: −0.3 V ≤ V_{in} ≤ 1.5 V(控制信号无效) 高电平: 2.3 V ≤ V_{in} ≤ V_{ss}(控制信号有效)
最大功耗	20 W(温度 T = 75 ℃时)
存储温度	−25 ~ +130 ℃
驱动板尺寸	82 mm × 57 mm × 33 mm(带固定铜柱和散热片高度)
驱动板重量	60 g
其他扩展	控制方向指示灯、逻辑部分板内取电接口

④ 红外避障模块

红外避障的原理:利用红外线传感器进行避障。红外线传感器包含红外线发射头与接收头于一体的检测开关,发射头发出光束,若前方有物体,则有光线反射回来,输出低电平;若前方没有物体,则没有光线反射回来,输出高电平。单片机根据接收头输出电平的高低做出相应控制,避免小车碰到障碍物,由于接收管输出 TTL 电平,也有利于单片机对信号的处理。红外接收二极管又称红外光电二极管,也可称为红外光敏二极管,它广泛应用于各种家用电器的遥控接收器中,如音响、彩色电视机、空调器、VCD 视盘机、DVD 视盘机及录像机等。红外接收二极管能很好地接收红外发光二极管发射的波长为 940 nm 的红外光信号,而对于其他波长的光线则不能接收,因而保证了接收的准确性和灵敏度。

遥控小车采用红外线传感器进行避障的电路原理图如图 7-7-6 所示,红外线模块实物图如图 7-7-7 所示。

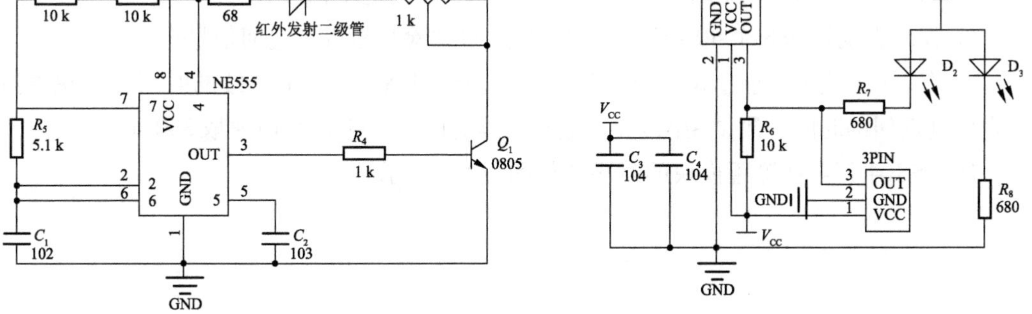

图 7-7-6　红外线传感器避障电路原理图

图 7-7-7　红外线模块实物图

红外模块的功能指标如表 7-7-2 所示。

表 7-7-2　红外模块的功能指标

基本特性	参数指标
使用芯片	NE555
工作电压	3.3 ~ 5 V
输出模式	数字信号
测量距离	1 ~ 200 cm
探测距离是否可以调节	是
检测信号	探测到障碍物时为高电平，无障碍物或超出探测范围时为低电平
LED	红色为“Power”指示灯，绿色为“Status”指示灯

⑤ HC-SR04 超声波测距模块

HC-SR04 超声波测距模块可提供 2 ~ 400 cm 的非接触式距离感测能力，测距精度可达 3 mm，模块包括超声波发射器、接收器与控制电路。

测距模块基本工作原理：

a．采用 IO 口 TRIG 触发测距，输出至少 10 μs 的高电平信号；

b．模块自动发送 8 个 40 kHz 的方波信号，自动检测是否有返回信号；

c．有返回信号时，通过 IO 口 ECHO 输出一个高电平，高电平持续的时间就是超声波从发射到返回的时间。测试距离 =（高电平持续时间 × 声速）/2，声速取 340 m/s。

HC-SR04 超声波测距模块的时序图如图 7-7-8 所示。

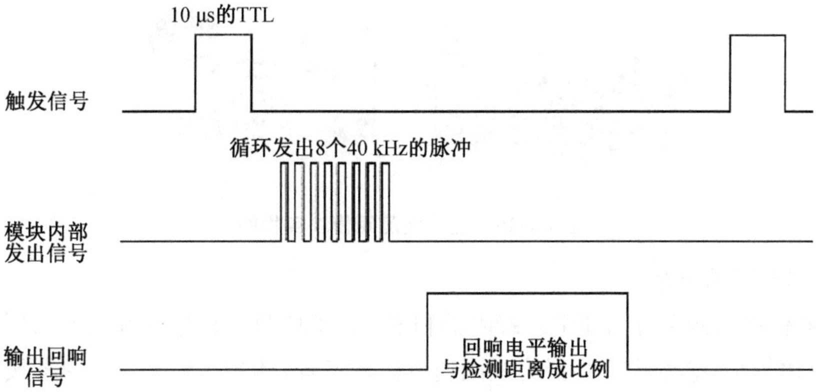

图 7-7-8　超声波测距模块时序图

以上时序图表明,测试者只需要提供一个 10 μs 以上的脉冲触发信号,该模块内部就可发出 8 个 40 kHz 的周期电平并检测回波,一旦检测到回波信号则输出回响信号,回响信号的脉冲宽度与所测的距离成正比。因此,通过发射信号与收到回响信号的时间间隔就可以计算出距离。建议测量周期为 60 ms 以上,以防止发射信号对回响信号的影响。

HC-SR04 超声波测距模块的电路图如图 7-7-9 所示,实物图如图 7-7-10 所示。

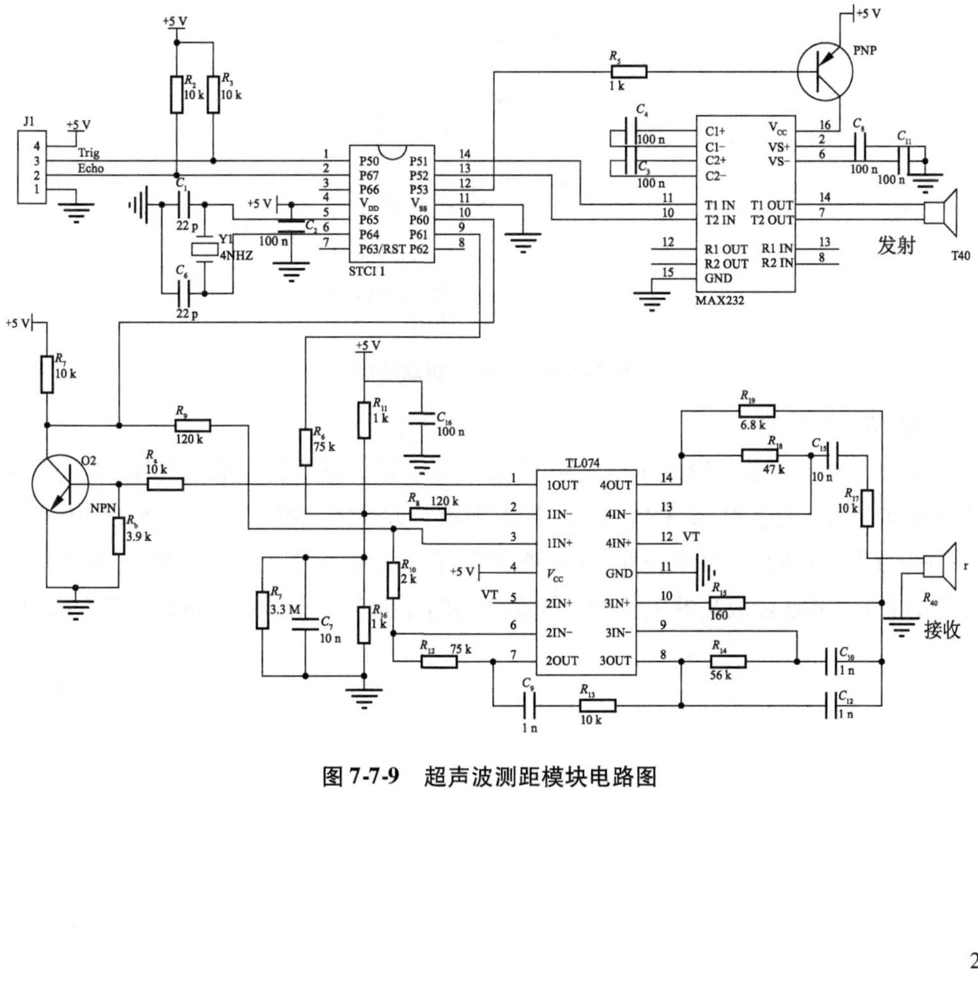

图 7-7-9　超声波测距模块电路图

图 7-7-10　超声波测距模块实物图

⑥ 蜂鸣器驱动电路

蜂鸣器依据结构可分为压电式蜂鸣器和电磁式蜂鸣器。压电式蜂鸣器为压电陶瓷片发音,电流比较小;电磁式蜂鸣器为线圈通电振动发音,体积比较小。蜂鸣器按照驱动方式分为有源蜂鸣器和无源蜂鸣器。这里的“有源”和“无源”不是指电源,而是指振荡源。有源蜂鸣器内部带有振荡源,如图 7-7-11 所示中,给 BEEP 引脚一个低电平,蜂鸣器就会直接鸣响。而无源蜂鸣器内部不带振荡源,正常工作时需要 500 Hz ~ 4.5 kHz 的脉冲信号进行驱动。通常,有源蜂鸣器价格高(带有振荡电路),驱动发音也简单(靠电平就可以驱动),而无源蜂鸣器价格比较低。此外,无源蜂鸣器声音频率可以控制,而音阶与频率有对应关系,因此可以做出“do re mi fa sol la si”的效果,可以用它制作简单的音乐曲目,如《生日歌》《两只老虎》等。本次设计采用有源蜂鸣器驱动。

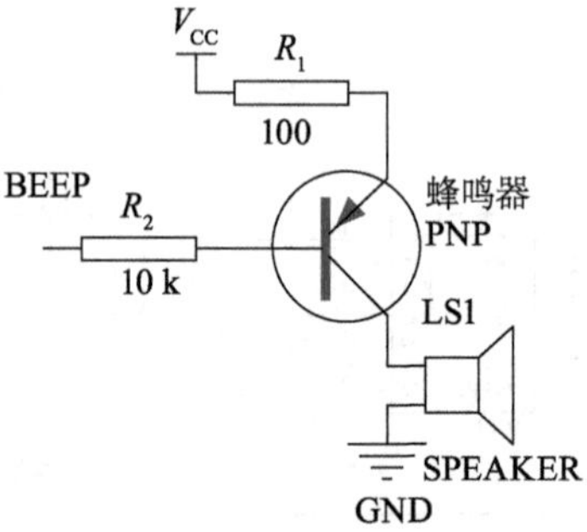

图 7-7-11　蜂鸣器驱动电路

⑦ 液晶显示电路

液晶显示相对于数码管显示电路更简洁、明了。液晶分字符型和点阵型,本设计选用的 LCD1602 液晶是字符型液晶,将超声波测距模块测得的距离显示在 LCD1602 上。LCD1602 自带字符库,不需要查找代码,英文字符可直接使用。使用过程中,如果发现液晶不亮,可以调节连接液晶的电位器以提高液晶的亮度。液晶显示电路如图 7-7-12 所示。

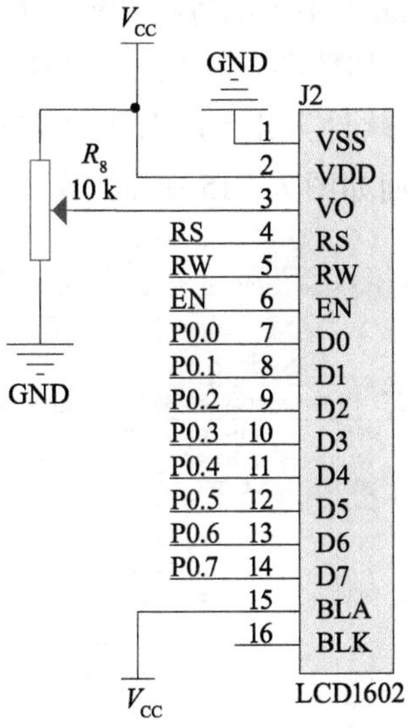

图 7-7-12　液晶显示电路

⑧ 遥控部分独立按键电路

遥控部分的独立按键与单片机的接口设置为 P2.0,P2.1,P2.2,P2.3,P2.4,它们分别控制小车的前进、后退、左转弯、右转弯及功能切换。独立按键采用低电平触发,即当按键按下时便给单片机一个低电平信号,单片机随后做出相应的处理,当按键松开时,单片机接收到一个高电平信号,单片机随后做出相应处理。遥控部分的独立按键电路如图 7-7-13 所示。

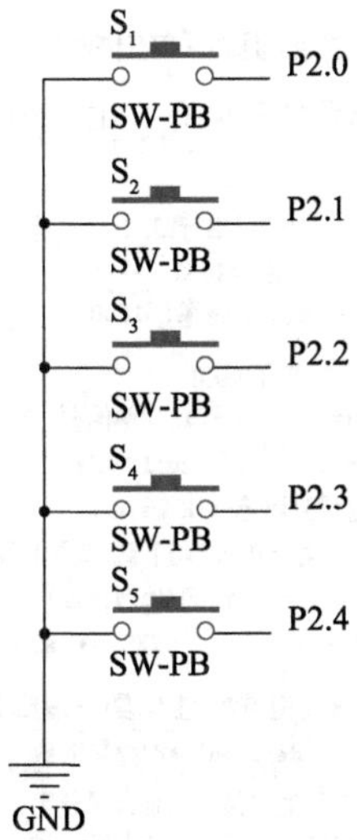

图 7-7-13　遥控部分独立按键电路

4. 软件的设计与说明

(1) 软件设计

系统功能的实现依赖于软硬件的协同工作。本设计的主控芯片为 STC89C51 RC 单片机，该单片机控制软件可实现遥控小车的各项功能。程序编译采用 Keil uVision4 编程软件，Keil uVision4 程序编译界面如图 7-7-14 所示。程序部分采用目前单片机领域通用的 C 语言进行编程，程序的烧录软件采用 STC_ISP_V479 软件烧写编译好的 hex 文件。STC_ISP_V479 软件程序烧写界面如图 7-7-15 所示。

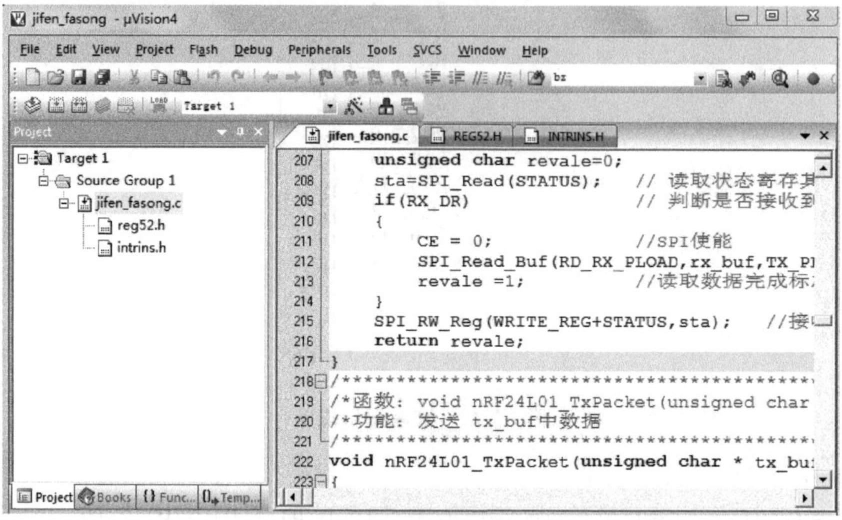

图 7-7-14 Keil uVision4 程序编译界面

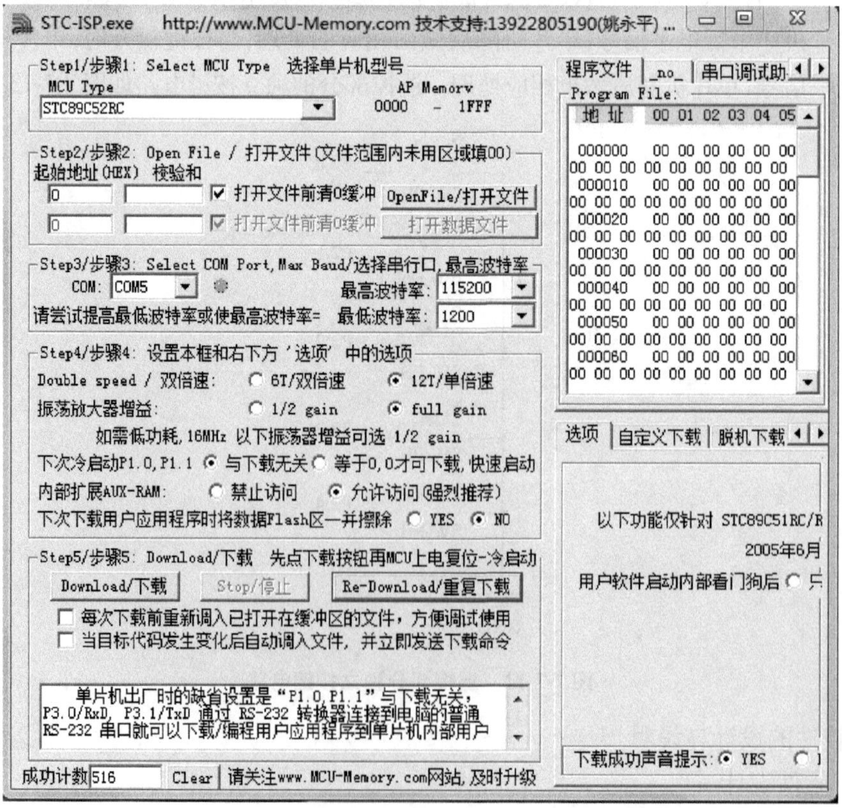

图 7-7-15 STC_ISP_V479 软件程序烧写界面

（2）软件的说明

① 遥控部分主程序流程

遥控部分主程序流程图如图 7-7-16 所示，程序从主函数开始执行，NRF24L01 无线模块先初始化，初始化的同时在主函数中定义单片机口对应的按键按下时所发出的函数值，接下来判断是否有按键按下，如果有按键按下，则发送相应的按键对应的函数值，然后接着判断是否有按键按下，如果未发现按键按下，则在主函数中循环判断是否有按键按下。

② NRF24L01 子程序流程图

NRF24L01 子程序流程图如图 7-7-17 所示，本模块子程序采用收发一体的驱动程序，即使该模块既可以在需要时发送信号，又可以在需要时接收信号。NRF24L01 子程序模块先初始化，初始化的同时在设置的写入 reg 函数中写入本地地址，然后写入接收端地址，并且设置频道 0 自动 ACK 应答允许，设置 NRF24L01 的允许接收地址只有频道 0，并且使信道工作在 2.4 GHz，设置数据长度为 32 字节、发射速率为 1 Mbps。

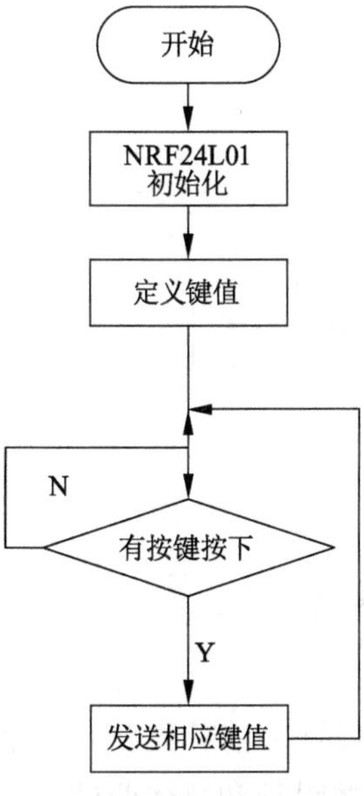

图 7-7-16　遥控部分主程序流程图

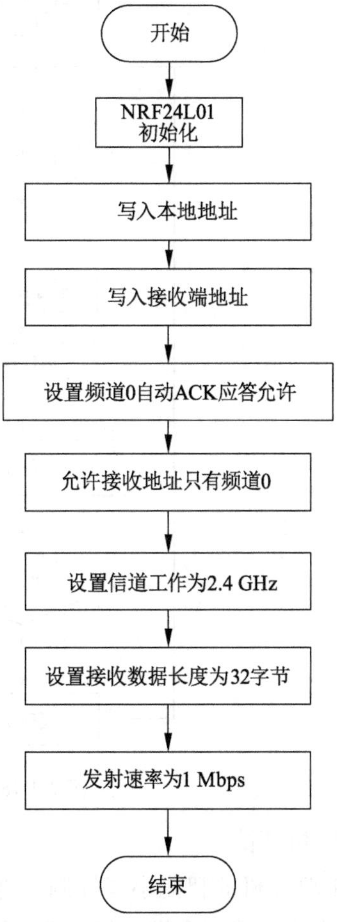

图 7-7-17　NRF24L01 子程序流程图

③ 小车部分主程序流程图

小车部分主程序流程图如图 7-7-18 所示。程序从主函数开始执行,即主函数初始化、液晶初始化、NRF24L01 无线模块初始化、超声波模块初始化。各个模块初始化完毕后,单片机判断是否接收到了信号。如果没有接收到信号,则返回继续判断是否接收到信号;如果接收到信号,则判断相应的按键值,小车开始执行按键值对应的命令,而超声波测距在液晶上显示相应的距离,危险距离报警均贯穿在整个循环语句中。

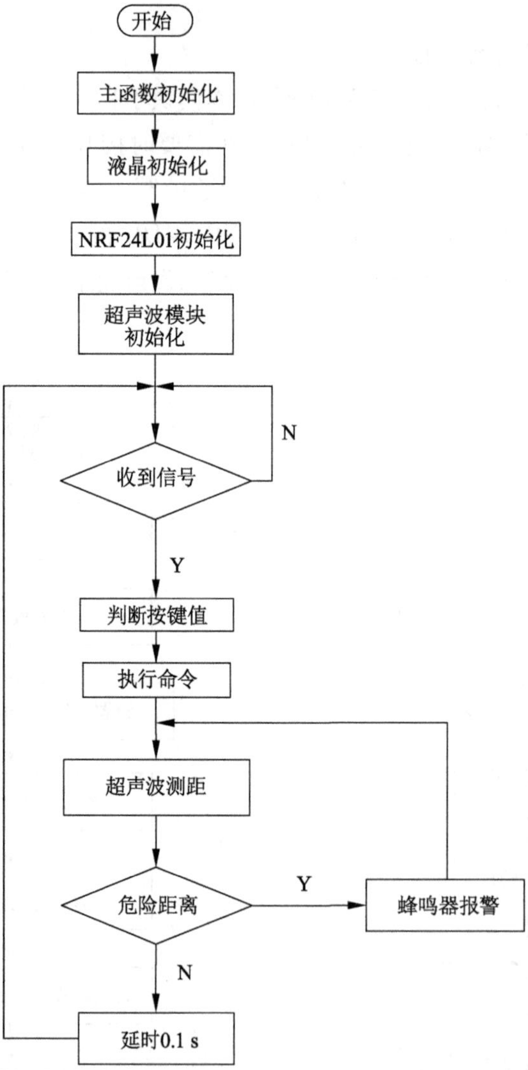

图 7-7-18　小车部分主程序流程图

5. 整机调试

基于单片机的智能小车控制有许多模块,在做整体设计之前首先要对每个模块进行调试,只有在确保每个模块都正常的情况下,才能进行总体设计和总体调试。每个模块都需要经过软硬件的调试才能判断其能否正常工作。

（1）硬件部分

① 硬件的焊接

单片机的电路系统相对简单一些，对于焊接只要多练习就不会出现问题。但需要注意的是，单片机的电路系统只要出现一处错误，就会给检测造成很大的不便，而且电路的交叉线较多，对各种锋利的引脚都要仔细处理，否则，锋利的引脚会刺破带有包皮的导线，严重时会造成电路的短路现象。

② NRF24L01 无线电模块

NRF24L01 需要 3.3～3.6 V 电源供电，若在该电源处并入 1 个 104 瓷片电容和 1 个 100 μF 电解电容，则可减小电源电压的波动对模块带来的影响。

③ 外接电源模块

该小车是四轮驱动的，它使用的减速电机要求的电流值非常大，故采用 12 V 电源适配器，该适配器可以提供 12 V 的输出电压，以及高达 2 A 的直流电流。本项目采用 7805 降压芯片作为小车的外部供电电源。

（2）软件部分

软件部分如超声波测距模块，在调试的时候应按照模块的时序图编写程序，但程序编好后发现超声波测距模块只测量一次，不能一直保持测量状态。经检查发现，电路焊接正常，接口也正常，所以排除了硬件问题的可能性。在接下来的程序检查中发现超声波中 count( ) 计算函数放在了 while( ) 函数的外面。

解决方案：将超声波中 count( ) 计算函数放在 while( ) 函数的循环内，并且根据时序图加上 1 ms 的延时。该方案的实施能使小车一直保持测距状态，并且在 LCM1602 上持续显示正确的数值。

（3）小车联调

小车的联调是一个非常复杂的过程，此过程不仅仅是对调试者专业知识的考验，更是对其耐心的考验。

小车联调的时候会遇到很多问题，例如：

① 在无线电模块调试的时候，小车执行的动作与发射信号所需要执行的动作不一致，要求小车往左的时候小车并没有往左转弯，要求小车前进的时候小车也并没有前进。

解决方案：对控制小车电机转动的 IO 口逐一排查，发现小车的 IO 口与程序定义的有所不同，重新在程序中定义 IO 口后，小车就能按照无线信号发射的要求做出相应的动作。

② 当无线电模块发射了相应的信号后，小车执行的动作正确，但有时候小车并没有执行相应的动作，如同“聋哑”一般不接收信号，当按键多次按下后，小车才执行相应的动作。

解决方案：小车的“聋哑”并不是真正的“聋哑”，无线电模块发射信号时并不是每次都能发射成功，或者小车接收信号部分的无线模块不一定能够接收之前发射的信号，而且，按键的抖动也会对无线的发射信号产生影响，故在程序中设置“当有按键按下时，令无线电模块发射 5 次信号”，即提高无线模块的信号发射次数，并且在按键程序中加入

10 ms 的去抖动程序。实施该方案后,小车对信号的接收灵敏度大幅度提高,能够准确快速的做出相应信号所要求的动作。

6. 实训报告

实训报告应包括主要指标、电路工作原理、装配工艺、测试说明、调试工艺和实训体会等。

附录1　七管收音机电路网络标号位置图

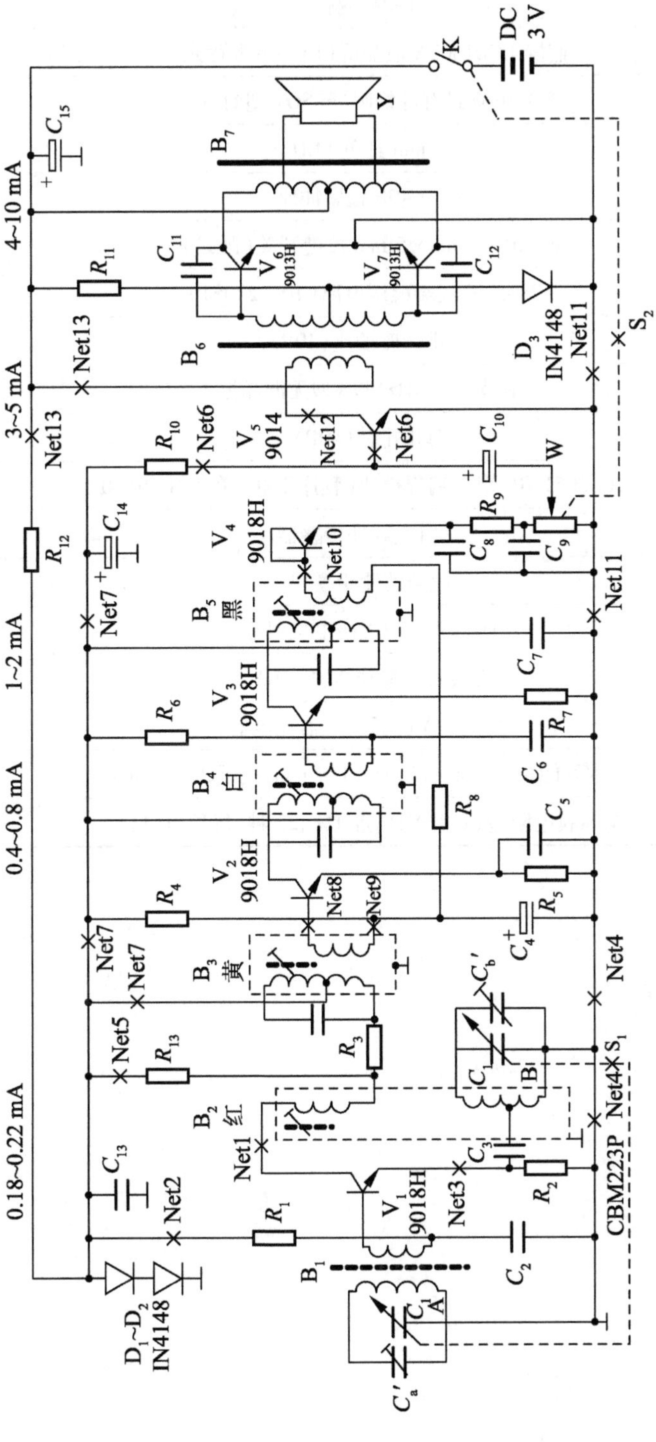

附录2 智能小车元器件清单

	商品名称	数量/个
1	蓝屏 LCD1602A 液晶屏(白字体带背光)	1
2	5 V 电磁式有源蜂鸣器(SOT 塑封管)	2
3	3 mm 红色 LED	1
4	绿色 40P 锁紧插座	1
5	6 mm×6 mm×5 mm 按键开关(卧式)	25
6	L7805CV 三端稳压电路(TO－220ST)	2
7	单排母座插座(40P)	2
8	晶体(12 MHz)49S 型无源晶振	2
9	单排排针(40P)	5
10	STC89C51 RC 串口编程模块(程序下载)单片机 DIP40	3
11	反射式红外传感器	2
12	超声波测距模块	1
13	四轮驱动力强磁电机码盘	1
14	无线收发模块 NRF24L01	1
15	12 V/2 A 电源适配器充电器	1
16	电木万能板(9 cm×15 cm×1.4 mm,孔距 2.54 mm)	3
17	金属膜电阻包(1/4 W,精度 1%,25 种,每种 20 只)	1

附录3 智能小车总电路图

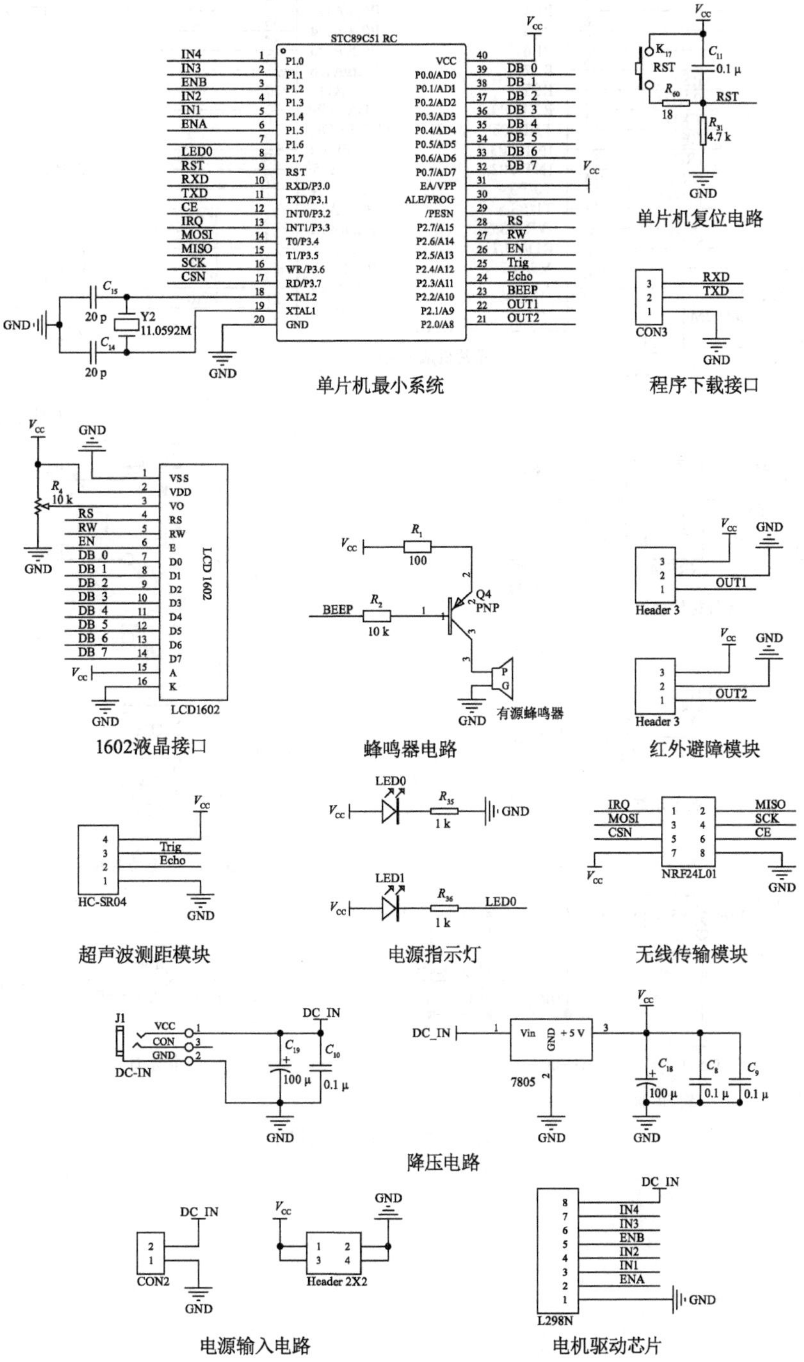

(a) 智能小车电路图

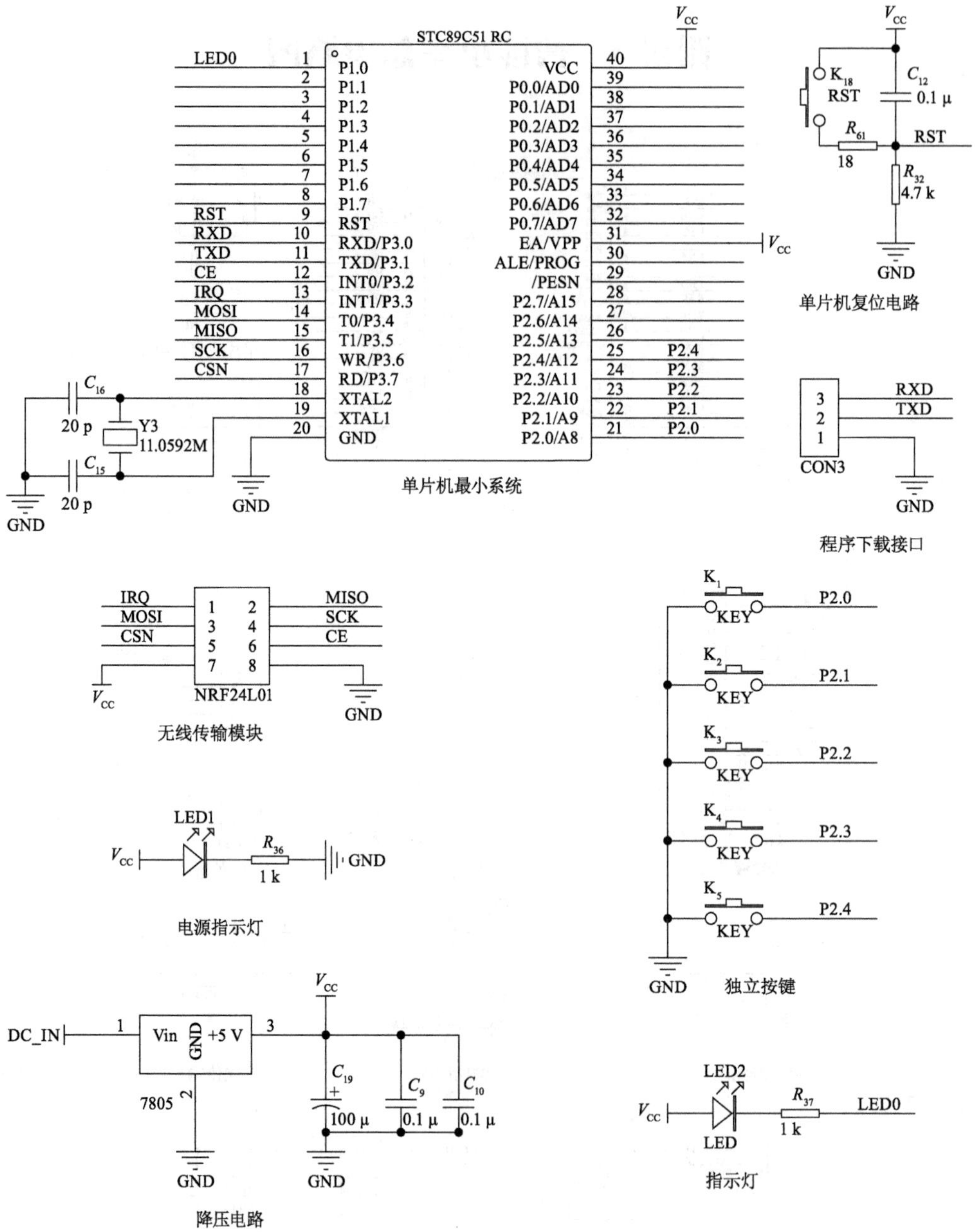
STC89C51 RC
LED0
RST
RXD
TXD
CE
IRQ
MOSI
MISO
SCK
CSN
P1.0
P1.1
P1.2
P1.3
P1.4
P1.5
P1.6
P1.7
RST
RXD/P3.0
TXD/P3.1
INT0/P3.2
INT1/P3.3
T0/P3.4
T1/P3.5
WR/P3.6
RD/P3.7
XTAL2
XTAL1
GND
VCC
P0.0/AD0
P0.1/AD1
P0.2/AD2
P0.3/AD3
P0.4/AD4
P0.5/AD5
P0.6/AD6
P0.7/AD7
EA/VPP
ALE/PROG
/PESN
P2.7/A15
P2.6/A14
P2.5/A13
P2.4/A12
P2.3/A11
P2.2/A10
P2.1/A9
P2.0/A8
P2.4
P2.3
P2.2
P2.1
P2.0
V_{CC}
C_{16}
20 p
Y3
11.0592M
C_{15}
20 p
GND
GND
单片机最小系统
K_{18}
RST
C_{12}
0.1 μ
R_{61}
18
RST
R_{32}
4.7 k
GND
单片机复位电路
CON3
RXD
TXD
GND
程序下载接口
IRQ
MOSI
CSN
MISO
SCK
CE
NRF24L01
V_{CC}
GND
无线传输模块
LED1
R_{36}
1 k
GND
电源指示灯
K_1
KEY
P2.0
K_2
KEY
P2.1
K_3
KEY
P2.2
K_4
KEY
P2.3
K_5
KEY
P2.4
GND
独立按键
DC_IN
Vin
GND
+5 V
7805
C_{19}
100 μ
C_9
0.1 μ
C_{10}
0.1 μ
GND
GND
降压电路
LED2
LED
R_{37}
1 k
LED0
指示灯

(b) 智能小车遥控电路图

附录4 半导体集成电路常见封装缩写解释

DIP(Dual In-line Package):双列直插式封装。

BGA(Ball Grid Array Package):球栅阵列封装。

SOP(Small Outline Package):小外形封装。

SSOP(Shrink Small Outline Package):收缩型小外形封装。

QTCP(Quad Tape Carrier Package):四侧引脚带载封装。

COB(Chip on Board):板上芯片封装。

JLCC(J-Leaded Chip Carrier):J 形引脚芯片载体。

QTP(Quad Tape Carrier Package):四侧引脚带载封装。

SOI(Small Out-line I-leaded Package):I 形引脚小外形封装,表面贴装型封装之一。

SOW[Small Outline Package(Wide-Jype)]:宽体 SOP。

SIMM(Single In-line Memory Module):单列存贮器组件。

DSO(Dual Small Out-lint):双侧引脚小外形封装。

SIP(Single In-line Package):单列直插式封装。

QUIP(Quad In-line Package):四列引脚直插式封装。

SOJ(Small Out-line J-Leaded Package):J 形引脚小外形封装。

CQFP(Ceramic Quad Flat Pack):带保护环的四侧引脚扁平封装。

H-(with heat sink):表示带散热器的标记。例如,H-SOP 表示带散热器的 SOP。

LCC(Leadless Chip Carrier):无引脚芯片载体。

SONF(Small Out-line Non-Fin):无散热片的 SOP。

FQFP(Fine Pitch Quad Flat Package):小引脚中心距 QFP。

SMD(Surface Mount Devices):表面贴装器件。

DICP(Dual Tape Carrier Package):双侧引脚带载封装。

PGA(Pin Grid Array):表面贴装型 PGA。

FP(Flat Package):扁平封装。

LGA(Land Grid Array):触点阵列封装。